数字媒体技术应用专业系列教材

视频编辑技术
——Premiere Pro CS5

Shipin Bianji Jishu

——Premiere Pro CS5

（第2版）

谢夫娜　段　欣　主编

高等教育出版社·北京
HIGHER EDUCATION PRESS　BEIJING

内容提要

本书是数字媒体技术应用专业主干课程教学用书，在第1版的基础上，根据教育部2010年修订颁布的《中等职业学校专业目录》及相关职业岗位的职业能力要求修订而成。

本书采用案例教学法，以案例引领的方式，介绍了视频编辑技术的基本概念、方法与技巧，主要内容包括视频编辑基础、Premiere视频编辑入门、运动效果、视频转场、视频特效、字幕设计、音频的应用、导出作品等内容；最后一章为综合应用，通过详细讲解典型案例的制作过程，将软件功能和实际应用紧密结合起来，启发读者逐步掌握使用 Adobe Premiere Pro CS5软件设计实际作品的技能。

本书采用案例教学的模式，边讲、边练，学习轻松、激发兴趣、培养动手能力；并且这些案例与就业岗位的职业需求结合紧密，可为学生将来的就业奠定良好的基础。

本书配套网络教学资源，通过封底所附学习卡，可登录网站（http://sve.hep.com.cn），获取相关教学资源。

本书可作为中等职业学校数字媒体技术应用专业及相关方向的基础课程教材，也可作为各类计算机动漫与游戏制作培训班的教材，还可供计算机动漫与游戏从业人员参考。

图书在版编目（CIP）数据

视频编辑技术：Premiere Pro CS5/谢夫娜，段欣主编. --2版. --北京：高等教育出版社，2012.5
ISBN 978-7-04-034691-6

Ⅰ.①视… Ⅱ.①谢… ②段… Ⅲ.①视频编辑软件，Premiere Pro CS5-中等专业学校-教材 Ⅳ.①TN94

中国版本图书馆 CIP 数据核字（2012）第 037005 号

策划编辑 郭福生　责任编辑 郭福生　封面设计 张申申　版式设计 于 婕
责任校对 杨凤玲　责任印制 韩 刚

出版发行	高等教育出版社	网　址	http://www.hep.edu.cn
社　址	北京市西城区德外大街4号		http://www.hep.com.cn
邮政编码	100120	网上订购	http://www.landraco.com
印　刷	北京鑫丰华彩印有限公司		http://www.landraco.com.cn
开　本	787mm×1092mm 1/16		
印　张	13	版　次	2009年5月第1版
字　数	300 千字		2012年5月第2版
购书热线	010-58581118	印　次	2012年5月第1次印刷
咨询电话	400-810-0598	定　价	21.70元

物 料 号 34691-00

前言

本书是为适应中等职业学校人才培养的需要，在第1版的基础上，根据教育部2010年修订颁布的《中等职业学校专业目录》确定的数字媒体技术应用专业教学内容及相关职业岗位的职业能力要求修订而成，也可作为计算机动漫与游戏制作专业的教学用书。

Premiere Pro CS5是Adobe公司推出的一款集视频采集、剪辑、转场、特效、运动效果、字幕设计、音频编辑和影片合成等功能为一体的专业级非线性视频编辑软件，被广泛应用于电视台、广告制作、电影剪辑、游戏场景制作、单位及个人视频制作等领域，是目前最流行的视频编辑制作平台。

本书依据教学大纲的要求和初学者的认识规律，从实用角度出发，由浅入深、循序渐进，系统地介绍了Premiere Pro CS5的使用方法和技巧。本书采用“案例教学法”，通过案例的引领让读者在实践过程中掌握Premiere Pro CS5编辑制作视频的方法和技巧，以案例为引导，通过“案例描述”、“案例分析”、“操作步骤”等过程，先给读者展示应用Premiere Pro CS5进行实际操作的具体方法；然后系统地对该案例涉及的知识点进行全面解析，帮助读者进一步掌握并扩展基本知识，最后通过“练习与实训”，促进读者巩固所学知识并熟练操作。

本书共分9章，第1章介绍音视频编辑基本知识和Premiere Pro CS5的入门知识，初步了解影片制作的基本流程；第2章介绍视频编辑基本操作、Premiere素材的采集、导入与管理、素材剪切等内容；第3章介绍关键帧相关知识和运动效果的应用；第4章介绍视频转场的应用；第5章介绍视频特效基本知识和常见的视频特效；第6章介绍字幕设计的应用；第7章介绍音频编辑基本知识，以及音频特效和音频转场的应用、声音的录制；第8章介绍影片导出和光盘刻录方法；第9章为综合应用。通过对典型案例的详细分析和制作过程讲解，将软件功能和实际应用紧密结合起来，全面掌握Premiere Pro CS5设计实际作品的技能。

采用本书进行教学时应以操作训练为主，建议安排72学时，其中上机不少于54学时。具体的学时安排可参考下表。

章	学　时	章	学　时
第1章	4	第6章	8
第2章	6	第7章	6
第3章	4	第8章	4
第4章	10	第9章	12
第5章	14	机动	4

本书配套网络教学资源,通过封底所附学习卡,可登录网站(http://sve.hep.com.cn/),获取相关教学资源。学习卡兼有防伪功能,可查阅图书真伪,详细说明见书末“郑重声明”页。

本书由谢夫娜、段欣任主编,宁阳职教中心刘晓梅任副主编,泰安岱岳区职专王东军、临朐机电工程学校张娟参加编写,李伟、王冬洋等一些职业学校老师参与了程序测试、试教和编写修改工作。

淄博市职工教育培训中心的李波老师在百忙之中审阅了全书,并给出了许多宝贵的意见和建议,在此表示衷心的感谢。

由于编者水平有限,书中不妥之处在所难免,恳请广大读者批评指正。编者的联系方式:dx866@126.com。

编　者

2011年10月

第1版前言

本书为适应中等职业学校技能型紧缺人才培养的需要，根据《中等职业学校计算机应用与软件专业领域技能型紧缺人才培养培训指导方案》的要求编写，是电脑动漫制作技术专业的主干课程。

Premiere是Adobe公司推出的一款集视频采集、剪辑、转场、特效、运动效果、字幕设计、音频编辑和影片合成等功能为一体的专业级非线性视频编辑软件，被广泛应用于电视台、广告制作、电影剪辑、游戏场景制作、单位及个人视频制作等领域，是目前最流行的视频编辑制作平台，也是电脑动漫制作技术专业的必修课程。

本书依据教学要求和初学者的认识规律，从实用角度出发，由浅入深、循序渐进，系统地介绍Premiere Pro CS3的使用方法和技巧。本书采用案例教学法，通过案例的引领让读者在实践过程中掌握使用Premiere编辑制作视频的方法和技巧。以案例为引导，通过"案例描述"、"案例分析"、"操作步骤"等过程，先给读者一个应用Premiere进行实际操作的具体案例，然后系统地对该案例涉及的知识点进行全面解析，帮助读者进一步掌握并扩展基本知识，最后通过"上机实训"，促进读者巩固所学知识并熟练操作。

全书共分9章：第1章介绍视音频编辑的基础知识和Premiere Pro CS3的入门知识，初步了解影片制作的基本流程；第2章介绍视频编辑的基本操作、Premiere素材的采集、导入与管理、素材剪切等内容；第3章介绍关键帧相关知识和运动效果的应用；第4章介绍视频转场的应用；第5章介绍视频特效基本知识和常见的视频特效；第6章介绍字幕设计的应用；第7章介绍音频编辑基本知识以及音频特效和音频转场的应用、声音的录制；第8章介绍影片输出和光盘刻录方法；第9章为综合应用，通过对典型案例的详细分析和制作过程的讲解，将软件功能和实际应用紧密结合起来，使读者全面掌握使用Premiere设计实际作品的技能。

本书教学应以操作训练为主，建议教学总学时为72学时，其中上机不少于54学时。教学中的学时安排可参考下表。

章	学　时	章	学　时
第1章	4	第6章	8
第2章	6	第7章	6
第3章	4	第8章	4
第4章	10	第9章	12
第5章	14	机　动	4

本书采用出版物短信防伪系统，同时配套学习卡资源。用封底下方的防伪码，按照本书最后一页“郑重声明”下方的使用说明进行操作，可进入“中等职业教育教学在线”（http://sve.hep.com.cn）网络教学平台，获得本教材使用的所有图片和视、音频素材。

本书由段欣、刘鹏程任主编，山东师范大学杨杰、宁阳职教中心刘晓梅任副主编，李伟、王冬洋等一些职业学校的老师参与了程序测试、试教和编写修改工作。济南学院的孙小燕教授审阅了全书，提出很多宝贵的修改建议，在此一并表示衷心的感谢！

本书由中国职业技术教育学会教学工作委员会计算机应用专业教学研究会审定。

本书中所涉及的肖像、艺术形象及影视图像和片段仅供教学使用，版权归原作者及著作权人所有，在这里对他们表示感谢！

由于编者水平有限，书中若有不妥之处，恳请广大读者批评指正。编者的联系邮箱为：dx866@126.com。

编　者

2009年3月

目 录

第1章 视频编辑基础

Premiere Pro CS5 是美国 Adobe 公司开发的一款非常优秀的非线性编辑软件，它集视频、音频特效编辑于一身，被广泛地应用于电视台节目制作、广告制作、电影剪辑等领域，成为 PC 和 Mac 平台上应用广泛的专业数字视频（Digital Video）编辑软件之一。配合 Adobe 公司开发的 After Effects CS5、Photoshop CS5 及 Audition CS5 软件，可以制作出专业级的视频作品。

本章主要介绍视频相关概念、Premiere Pro CS5 工作界面、视频编辑的基础知识和 Premiere 视频编辑流程，让读者对使用 Premiere Pro CS5 进行视频编辑的工作流程有初步的了解。

1.1 视频概述

视频（Video）由一系列的静态影像组成。利用摄像机之类的视频捕获设备，可将现实世界影像的亮度和颜色转变为电信号（即视频信号），加以捕捉、记录、格式转换等各种处理，存储到外部介质（如录像带、磁盘、光盘）。我们看到的电影、电视、VCD、DVD 等都属于视频的范畴。

视频信号分为模拟信号和数字信号两种。

常见的电视信号和录像机信号一般为模拟视频信号，通常采用磁介质（如录像带）存储。模拟视频信号的处理需用专门的视频编辑设备，无法用计算机进行处理。要想使用计算机对视频信号进行处理，首先要将视频模拟信号转换成数字信号。

数字视频信号也称为数字视频，就是用二进制的 0 和 1 记录图像信息，能用计算机进行处理，一般用磁盘、光盘进行存储。与模拟视频信号相比，数字视频信号具有抗干扰能力强，便于编辑和传播等优点。

模拟视频信号和数字视频信号可以相互转换。模拟视频信号转换为数字视频信号的过程称为“模/数转换”，在 Premiere 中称为“采集”；反之称为“数/模转换”，如在电视机上观看 DVD。

1. 线性编辑和非线性编辑

根据视频载体（存储介质）和处理方式的不同，视频编辑方式可分为线性编辑和非线性编辑两种。传统的磁带编辑方式为线性编辑。使用计算机对视频文件进行的数字编辑方式为非线性编辑。随着计算机技术的飞速发展，非线性编辑使影视作品编辑就

像操作文字处理软件一样简单和快捷，以其独特的优势在影视制作领域应用越来越广泛，越来越受影视制作人员的青睐。

(1) 线性编辑

线性编辑指的是一种需要按时间顺序从头至尾进行编辑的节目制作方式，它所依托的是以一维时间轴为基础的线性记录载体，如磁带编辑系统。素材在磁带上按时间顺序排列，这种编辑方式要求编辑人员首先编辑素材的第一个镜头，结尾的镜头最后编，这意味着编辑人员必须对一系列镜头的组接做出确切的判断，事先做好构思，因为一旦编辑完成，就不能轻易改变这些镜头的组接顺序。因为对编辑带的任何改动，都会直接影响到记录在磁带上的信号的真实地址的重新安排，从改动点以后直至结尾的所有部分都将受到影响，需要重新编一次或者进行复制。

线性编辑的技术比较成熟，相对于非线性编辑来讲操作比较简单，主要设备有编放机、编录机、字幕机、特技器、时基校正器等。

(2) 非线性编辑

从狭义上讲，非线性编辑是指剪切、复制和粘贴素材时无须在存储介质上重新安排它们。从广义上讲，非线性编辑是指在用计算机编辑视频的同时，还能实现诸多的处理效果，例如特技等。它是对数字视频的一种编辑方式，能实现对原素材任意部分的随机存取、修改和处理。在实际编辑过程中只是编辑点和特技效果的记录，因此任意的剪辑、修改、复制、调动画面前后顺序，都不会引起画面质量的下降，克服了传统设备的致命弱点。

非线性编辑的实现，要靠软件与硬件的支持，它们构成了非线性编辑系统。从硬件上看，非线性编辑系统包括计算机、视频卡或 IEEE 1394 卡、声卡、高速 AV 硬盘、专用板卡以及音箱等外围设备。为了直接处理高档数字录像机传输的信号，有的非线性编辑系统还带有 SDI(Serial Digital Interface，串行数字接口)接口，以充分保证数字视频的输入、输出质量，其中视频卡用来采集和输出模拟视频，也就是承担 A/D 和 D/A 的实时转换。从软件上看，非线性编辑系统主要由非线性编辑软件以及二维动画软件、三维动画软件、图像处理软件和音频处理软件等软件构成。随着计算机硬件性能的提高，视频编辑处理对专用设备的依赖越来越小，软件的作用则越来越突出，因此掌握像 Premiere 之类的非线性编辑软件就显得非常重要。

非线性编辑系统的出现与发展，一方面使影视制作的技术含量在增加，越来越“专业化”；另一方面，也使影视制作更为简便，越来越“大众化”。就目前的计算机配置来讲，一台家用计算机加装 IEEE 1394 卡和 Premiere 软件后就可以构成一个非线性编辑系统。因此，每个人都可以将自己拍摄的 DV 编辑成一部数字作品，成为自己表达情怀、挥洒想象的一种新手段。非线性编辑系统是计算机技术和电视数字化技术的结晶。

2. 电视制式

电视信号的标准也称为电视制式。目前各国的电视制式不尽相同，制式的区分主要在于其帧频(场频)、分辨率、信号带宽以及载频、色彩空间的转换关系等方面的不同。目前世界上用于彩色电视广播的主要有以下 3 种制式。

(1) NTSC 制式

NTSC 制式属于同时制，是由美国在 1953 年 12 月首先研制成功的。这种制式为正交平衡调幅制式，包括了平衡调制和正交调制两种。NTSC 制式有相位容易失真、色彩不太稳定的缺点。采用 NTSC 制的国家有美国、日本、加拿大等。

(2) PAL 制式

PAL 制式是为了克服 NTSC 制式对相位失真的敏感性,在 1962 年,由前联邦德国在综合 NTSC 制式的技术成就基础上研制出来的一种改进方案。PAL 是英文 Phase Alteration Line 的缩写,意思是逐行倒相,也属于同时制。它对同时传送的两个色差信号中的一个色差信号采用逐行倒相,另一个色差信号进行正交调制方式。这样,如果在信号传输过程中发生相位失真,则会由于相邻两行信号的相位相反起到互相补偿作用,从而有效地克服了因相位失真而起的色彩变化。因此,PAL 制式对相位失真不敏感,图像彩色误差较小,与黑白电视的兼容也好,但 PAL 制式的编码器和解码器都比 NTSC 制式的复杂,信号处理也较麻烦,接收机的造价也高。采用 PAL 制式的国家较多,如中国、德国、新加坡和澳大利亚等。

(3) SECAM 制式

SECAM 制式是法文 Sequentiel Couleur Avec Memoire 缩写,意为"按顺序传送彩色与存储",是一种首先在法国应用的模拟彩色电视系统标准,1966 年由法国研制成功,属于同时顺序制,特点是不怕干扰,彩色效果好,但兼容性差。采用这种制式的主要有法国、俄罗斯以及中东和西欧的一些国家。

3. 帧和场

帧是构成视频的最小单位,每一幅静态图像被称为一帧,因为人的眼睛具有视觉暂留现象,所以一张张连续的图片会产生动态画面效果。而帧速率是指每秒能够播放或录制的帧数,其单位是帧/秒(fps)。帧速率越高,动画效果越好。传统电影播放画面的帧速率为 24 fps,NTSC 制式规定的帧速率为 29.97 fps(一般简化为 30 fps),而我国使用的 PAL 制式的帧速率为 25 fps。

场是指视频的一个垂直扫描过程,分为逐行扫描和隔行扫描。电视画面是由电子枪在屏幕上一行一行地扫描而形成的,电子枪从屏幕最顶部扫描到最底部称为一场扫描。若一帧图像是由电子枪顺序地一行接着一行连续扫描而成,则称为逐行扫描。若一帧图像通过两场扫描完成,则是隔行扫描;在两场扫描中,第一场(奇数场)只扫描奇数行,依次扫描 1、3、5…行,而第二场(偶数场)只扫描偶数行,依次扫描 2、4、6…行。

在 Premiere 中,奇数场和偶数场分别称为上场和下场。每一帧由两场构成的视频在播放时要定义上场和下场的显示顺序,先显示上场后显示下场称为上场顺序,反之称为下场顺序。

4. 其他常用术语

(1) 项目

制作视频的第一步就是创建"项目"。在"项目"中,要对视频作品的规格进行定义,如帧尺寸、帧速率、像素纵横比、音频采样、场等,这些参数的定义会直接决定视频作品输出的质量及规格。

(2) 像素纵横比

像素纵横比就是组成图像的像素在水平方向与垂直方向之比。而"帧纵横比"就是一帧图像的宽度和高度之比。计算机产生的像素是正方形,电视所使用图像像素是矩形的。在影视编辑中,视频用相同帧纵横比时,可以采用不同的像素纵横比,例如,帧纵横比为 4∶3 时,可以用 1.0(正方形)的像素比输出视频,也可以用 0.9(矩形)像素比输出视频。以 PAL 制式为例，帧纵横比为 4∶3 输出视频时，像素纵横比通常选择 1.067。

（3）SMPTE 时间码

视频编辑中，通常用时间码来识别和记录视频数据流中的每一帧。从一段视频的起始帧到终止帧，其间的每一帧都有一个唯一的时间码地址。根据电影与电视工程师协会（SMPTE）使用的时间码标准，其格式为“时:分:秒:帧（Hours:Minutes:Seconds:Frames）”，用来描述剪辑持续的时间。若时基设定为每秒 30 帧，则持续时间为 00:02:50:15 的剪辑表示它将播放 2 分 50.5 秒。

（4）序列

“序列”就是将各种素材编辑（添加转场、特效、字幕等）完成后的作品。Premiere Pro CS5 的一个“项目”中可以有多个“序列”存在，而且“序列”可以作为素材被另一个“序列”所引用和编辑，通常将这种情况称为“嵌套序列”。

5. 常用的文件格式

（1）常用的图像文件格式

图像文件的格式是图像文件的存储形式。Premiere Pro CS5 中常用的图像格式有以下几种。

1）JPEG 格式

JPEG 是常见的一种图像格式。JPEG 代表联合图像专家组（Joint Photographic Experts Group）。JPEG 压缩技术十分先进，可以用最少的磁盘空间得到较好的图像品质，是非常流行的图像文件格式。

2）BMP 格式

BMP 格式是 Windows 操作系统中使用的标准图像文件格式，使用非常广，它采用位映射存储格式，除了图像深度可选以外，不采用其他任何压缩，因此，BMP 文件所占用的存储空间很大。

3）PSD 格式

PSD 格式是 Adobe 公司的图像处理软件 Photoshop 的专用格式。PSD 文件可以存储成 RGB 或 CMYK 模式，还能够自定义颜色数并加以存储，还可以保存层、通道、路径等信息，是目前唯一能够支持全部图像色彩模式的格式，许多平面设计软件都支持这种格式，但 PSD 格式文件占用存储空间较大。

4）GIF 格式

GIF 格式是为了网络传输和 BBS 用户使用图像文件而设计的，特别适合于动画制作、网页制作及演示文稿制作等方面。GIF 采用无损压缩存储，在不影响图像质量的情况下，可以生成很小的文件，但 GIF 只支持 256 色以内的图像。

5）TGA 格式

TGA 格式是由美国 Truevision 公司为其显示卡开发的一种图像文件格式，结构比较简单，属于一种图形、图像数据的通用格式，在多媒体领域有很大影响，是计算机生成图像向电视转换的一种首选格式。在 Premiere Pro CS5 中会经常使用 TGA 格式的图片序列为视频作品增添各种动态画面。

6）TIFF 格式

TIFF 是最复杂的一种位图文件格式。它是基于标记的文件格式，它广泛地应用于对图像质量要求较高的领域,便于图像的存储与转换。由于它的结构灵活和包容性大,它已成为图像文件格式的一种标准,绝大多数图像系统都支持这种格式。

(2)常用的音频文件格式

1)WAV 格式

WAV 格式是微软公司开发的一种声音文件格式,也称为波形声音文件格式,是最早的数字音频格式,Windows 平台及应用程序都支持这种格式,是目前广为流行的声音文件格式。

2)MP3 格式

MP3 格式是一种音频文件格式,它采用 MPEG Audio Layer3 数据压缩技术,能够在音质丢失很小的情况下把文件压缩到更小的程度,而且还非常好地保持了原来的音质。

3)MIDI 格式

MIDI 是 Musical Instrument Digital Interface 的缩写,意为乐器数字接口,是数字音乐、电子合成乐器的国际标准。MIDI 文件中存储的是一些指令,把这些指令发送给声卡,由声卡按照指令将声音合成出来。

4)WMA 格式

WMA 格式的全称是 Windows Media Audio,是微软公司推出的用于 Internet 的一种音频格式,即使在较低的采样频率下也能产生较好的音质,它支持音频流技术,适合在线播放。

5)RealAudio 格式

RealAudio 是 Real Networks 公司所开发的软件系统,其特点是可以实时地传输音频信息,尤其是在网速较慢的情况下,仍然可以较为流畅地播放声音,主要适用于网络上的在线播放。现在的 RealAudio 文件格式主要有 RA、RM 和 RMX 三种。

(3)常用的视频文件格式

1)AVI 格式

AVI 是微软公司 1992 年推出的,将语音和影像同步组合在一起的文件格式,可以将视频和音频交织在一起进行同步播放。AVI 的分辨率可以随意调整,窗口越大,文件的数据量也就越大。AVI 主要应用在多媒体光盘上,用来保存电视、电影等各种影像信息。

2)MPEG 格式

MPEG 原指成立于 1988 年的动态图像专家组(Moving Picture Experts Group),该专家组负责为数字视频/音频制定压缩标准。目前已提出 MPEG-1、MPEG-2、MPEG-4 等,MPEG-1 被广泛用于 VCD 与一些供网络下载的视频片段的制作上。使用 MPEG-1 算法,可以把一部 120 分钟长的非数字视频的电影,压缩成 1.2 GB 左右的数字视频,其文件扩展名有.mpg、.m1v、.mpe、.mpeg 及 VCD 光盘中的.dat 等。MPEG-2 则应用在 DVD 的制作方面,在一些 HDTV(高清晰电视)和一些高要求的视频编辑、处理上也有一定的应用空间,MPEG-2 视频文件制作的画质要远超过 MPEG-1 的视频文件,但是文件较大,同样对于一部 120 分钟长的非数字视频的电影,压缩得到的数字视频文件大小为 4~8 GB,其文件扩展名有.mpg、.m2v、.mpe、.mpeg 及 DVD 光盘中的.vob 等。MPEG-4 采用了新压缩算法,可以将 MPEG-1 格式 1.2 GB 的文件进一步压缩 300 MB 左右,方便网络在线播放。

3）MOV 格式

MOV 格式也称为 QuickTime 格式，是苹果公司开发的一种视频格式，在图像质量和文件大小的处理上具有很好的平衡性，不仅适合在本地播放而且适合作为视频流在网络中播放，在 Premiere 中需要安装 QuickTime 播放器才能导入 MOV 格式视频。

4）TGA 格式

TGA 格式是 Truevision 公司开发的位图文件格式，已成为高质量图像的常用格式，文件一般包括由 01 开始的一系列图像，如 A00001. tga、A00002. tga……一个 TGA 静态图像序列导入 Premiere 中可作为视频文件使用，这种格式是计算机生成图像向电视转换的一种首选格式。

5）WMV 格式

WMV 格式是微软公司推出的一种流媒体格式，是一种独立于编码方式的在 Internet 上实时传播的多媒体技术标准，在同等视频质量下，WMV 格式的体积非常小，因此很适合在网上播放和传输。

6）ASF 格式

ASF 格式是微软公司开发出来的一种可以直接在 Internet 上观看视频节目的流媒体文件压缩格式，也就是可以一边下载一边播放。它使用了 MPEG-4 的压缩算法，所以在压缩率和图像的质量方面都非常好。

7）FLV 格式

FLV 格式是 FLASH VIDEO 的简称，由于它形成的文件非常小、加载速度非常快，使得网络观看视频文件成为可能，它的出现有效地解决了视频文件导入 Flash 后，导出的 SWF 文件体积庞大，不能在网络上很好地使用的缺点。

1.2 视频编辑的基础知识

1. 景别

景别也称为镜头范围，是指摄影机与被摄对象的距离不同，会造成被摄对象在画面中呈现出大小的不同。景别是影视作品的重要手段，不同的景别会产生不同的艺术效果。我国古代绘画有这么一句话：“近取其神，远取其势”。一部电影的影像就是这些能够产生不同艺术效果的景别组合在一起的结果。影视画面的景别大致划分为五种：远景、全景、中景、近景、特写。

（1）远景

远景是视距最远的景别。远景画面如以人为尺度，人在画面中占极小面积，呈现为一个点。远景画面开阔，景深悠远。这种景别，能充分展示人物活动的环境空间，可以用来介绍环境，展示事物的规模和气势，还可以抒发感情，渲染气氛，创造某种意境。影视创作中有“远景写其势，近景写其质”的说法。远景画面常被运用在电视片的开头、结尾。比远景中视距还要远的景别，称为大远景。它的取景范围最大，适宜表现辽阔广袤的自然景色，能创造深邃的意境。

（2）全景

对于景物而言，全景是表现该景物全貌的画面。而对于人物来说，全景是表现人物全身形貌的画面。它既可以表现单人全貌，也可以同时表现多人。从表现人物情况来说,全景又可以称为“全身镜头”,在画面中,人物的比例关系大致与画幅高度相同。与场面宏大的远景相对比,全景所表现的内容更加具体和突出。无论是表现景物还是人物,全景比远景更注重具体内容的展现。对于表现人物的全景,画面中会同时保留一定的环境内容,但是这时画面中的环境空间处于从属地位,完全成为一种造型的补充和背景衬托。

(3) 中景

表现成年人体膝盖以上部分或场景局部的画面称为中景。但一般不正好卡在膝盖部位,因为卡在关节部位是摄影构图中所忌讳的,比如脖子、腰部、膝盖、脚踝等部位。和全景相比,中景包容景物的范围有所缩小,环境处于次要地位,重点在于表现人物的上身动作。中景画面为叙事性的景别。因此中景在影视作品中占的比重较大。

(4) 近景

表现人物胸部以上或物体的局部的画面称为近景。近景的屏幕形象是近距离观察人物的体现,所以近景能清楚地看清人物细微动作,也是人物之间进行感情交流的景别。近景着重表现人物的面部表情,传达人物的内心世界,是刻画人物性格最有力的景别。电视节目中节目主持人与观众进行情绪交流也多用近景。这种景别适应于电视屏幕小的特点,在电视摄像中用得较多,因此有人说电视是近景和特写的艺术。近景产生的接近感,往往给观众以较深刻的印象。

(5) 特写

画面的下边框在成人肩部以上的头像,或其他被摄对象的局部称为特写镜头。特写镜头中,被摄对象充满画面,比近景更加接近观众。背景处于次要地位,甚至消失,特写镜头能细微地表现人物画部表情,它具有生活中不常见的特殊的视觉感受,主要用来描绘人物的内心活动。演员通过面部把内心活动展现给观众。特写镜头中无论是人物或其他对象,均能给观众以强烈的印象。

2. 蒙太奇

蒙太奇就是镜头组接的章法和技巧,根据影片所要表达的内容,和观众的心理顺序,将一部影片分别拍摄成许多镜头,然后再按照原定的构思组接起来。电影的基本元素是镜头,而连接镜头的主要方式、手段是蒙太奇,所以可以说,蒙太奇是影视艺术的独特的表现手段。

例如,把以下 A、B、C 三个镜头,以不同的次序连接起来,就会出现不同的内容与意义。

A:一个人在笑; B:一把手枪直指着;C:同一个人脸上露出惊惧的样子。

如果按 A—B—C 次序连接,会使观众感到那个人是个懦夫、胆小鬼。如果,镜头不变,只是把上述的镜头的顺序改变一下,按 C—B—A 的次序连接,则给观众的感觉就完全不同了:这个人的脸上露出了惊惧的样子,是因为有一把手枪指着他;可是,当他考虑了一下,觉得没有什么了不起,于是,他笑了——在死神面前笑了。因此,他给观众的印象是一个勇敢的人。

如此这样,改变一个场面中镜头的次序,而不用改变每个镜头本身,就完全改变了一个场面的意义,产生完全不同的效果。可以把蒙太奇的句型划分为三种最基本的类型。

(1) 前进式句型

这种叙述句型是指景物由远景、全景向近景、特写过渡。用来表现由低沉到高昂向上的情绪和剧情的发展。

(2) 后退式句型

这种叙述句型是由近到远,表示由高昂到低沉、压抑的情绪,在影片中表现由细节扩展到全部。

(3) 环行句型

是把前进式和后退式的句子结合在一起使用。由全景—中景—近景—特写,再由特写—近景—中景—远景,或者也可反过来运用。表现情绪由低沉到高昂,再由高昂转向低沉。这类的句型一般在影视故事片中较为常用。

3. 镜头的运动方式

镜头的运动方式是指利用摄影机在推、拉、摇、移、升、降等形式的运动中进行拍摄的方式,是突破画框边缘的局限、拓展画面视野的一种方法。镜头运动方式必须符合人们观察事物的习惯。

(1) 推镜头

推镜头指摄影机通过运动逐渐接近被摄对象。这时取景范围由大变小,从而逐渐排除背景和陪体,把注意力引向主体。通常是由景到人,是吸引注意力的一种方式。

(2) 拉镜头

拉镜头指摄影机逐渐远离被摄对象,取景范围由小变大。它的作用是先强调主体,再通过摄影机的后拉把主体和环境的关系建立起来。这是一种由人到景、把注意从人物身上转向环境的基本手段。

(3) 摇镜头

摇镜头指借助于三脚架的活动底座,使摄影机上下或左右摇转。摇镜头与被摄对象基本保持一定的距离,只是镜头上下或左右摇转,所以它用来模拟人的头部左右转动或抬起垂下的动作。

(4) 移镜头

移镜头指横移,摄影机的拍摄方向和运动方向成垂直或按一定角度来移动,类似于一边走一边侧着头看。镜头围绕被摄对象运动,就是所谓的环拍。

(5) 跟镜头

跟镜头即跟拍,摄影机拍摄方向与运动方向一致,而且与被摄对象保持固定的距离或有一定的变化。跟镜头类似于边走边向前看或向后看。

4. 镜头组接的规律

影视节目都是由一系列的镜头按照一定的排列次序组接起来的。这些镜头所以能够延续下来,使观众能从影片中看出它们融合为一个整体,那是因为镜头的发展和变化要服从一定的规律。

(1) 镜头的组接必须符合观众的思维方式和影视表现规律

镜头的组接要符合生活的逻辑、思维的逻辑。不符合逻辑观众就看不懂。影视节目要表达的主题与中心思想一定要明确,在这个基础上才能确定根据观众的心理要求即思维逻辑选用哪些镜头,怎么样将它们组合在一起。

(2) 景别的变化要采用循序渐进的方法

一般来说,拍摄一个场面的时候,景的发展不宜过分剧烈,否则就不容易连接起来。

相反，若景的变化不大，同时拍摄角度变换亦不大，则拍出的镜头也不容易组接。由于以上的原因，在拍摄的时候景的发展变化需要采取循序渐进的方法。循序渐进地变换不同视觉距离的镜头，可以造成顺畅的连接，形成了各种蒙太奇类型。

(3) 镜头组接中的拍摄方向遵循轴线规律

拍摄主体物进出画面时，需要注意拍摄的总方向，从轴线一侧拍，否则两个画面接在一起时主体物就要撞车。

所谓的轴线规律是为了保证镜头方向性的统一。在前期拍摄和后期编辑过程中，镜头要保持在轴线的同一侧180°以内，不能随意越过轴线。如果拍摄机的位置始终在主体运动轴线的同一侧，那么构成画面的运动方向、放置方向都是一致的，否则应是跳轴了，跳轴的画面除了特殊的需要以外是无法组接的。如果前期拍摄的素材中出现"跳轴"镜头，在后期编辑工作中必须进行相应的处理。

(4) 镜头组接要遵循动接动、静接静的规律

如果镜头中同一主体或不同主体的动作是连贯的，可以动作接动作，达到顺畅、简洁过渡的目的，则这种镜头组接简称为动接动。如果两个镜头中的主体运动是不连贯的，或者它们中间有停顿时，那么这两个镜头组接时，必须在前一个镜头中主体做完一个完整动作停下来后，再接下一个从静止开始的运动镜头，这就是静接静。静接静组接时，前一个镜头结尾停止的片刻叫落幅，后一镜头运动前静止的片刻叫做起幅，起幅与落幅时间间隔大约为一二秒钟。运动镜头和固定镜头组接，同样需要遵循这个规律。如果一个固定镜头要接一个摇镜头，则摇镜头开始要有起幅；相反一个摇镜头接一个固定镜头，那么摇镜头要有落幅，否则画面就会给人一种跳动的视觉感。有时为了特殊效果，也有静接动或动接静的镜头。

(5) 镜头组接要讲究色调的统一

色调统一是镜头组接中最基本的原则。每一个视频都有自己的主色调，在镜头组接中要注意色调的一致性，不能盲目地进行组接。如果把色彩或明暗对比强烈的两个镜头组接在一起(除了特殊的需要外)，就会使人感到生硬和不连贯，影响内容的流畅表达。如果色调相差很大，则需要在软件中进行色调的调整。

(6) 镜头组接要符合节奏

在组接有故事情节的视频镜头时，要根据节目的题材、样式、风格以及情节的环境气氛、人物的情绪、情节的跌宕起伏把握好节目的节奏，整体调整镜头的顺序和持续时间。

案例1 海滨风光——初探 Premiere Pro CS5

案例描述

通过完成"海滨风光"视频的制作，初步了解 Premiere Pro CS5 的工作界面和视频编辑的工作流程。

案例分析

① 首先启动 Premiere Pro CS5 新建一个项目文件，并新建一个序列，进入 Premiere

Pro CS5 工作界面。

② 设置首选项，利用“导入”命令将素材导入到“项目”面板。

③ 组合素材，添加视频转场，最后输出视频作品。

操作步骤

① 选择“开始→所有程序→Adobe→Premiere Pro CS5”选项，启动 Premiere Pro CS5，弹出“欢迎使用 Adobe Premiere Pro 窗口”，单击“新建项目”按钮，打开“新建项目”对话框。

② 单击“浏览”按钮，选择项目保存的位置，在“名称”文本框中输入“海滨风光”，单击“确定”按钮，打开“新建序列”对话框，选择“DV-PAL→标准 48 kHz”模式，单击“确定”按钮，打开 Premiere Pro CS5 工作界面，如图 1-1 所示。

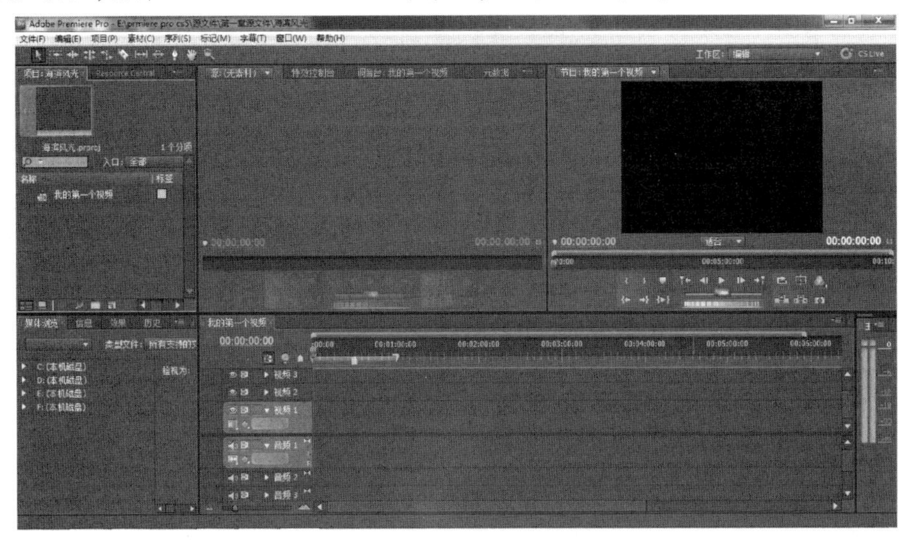

图 1-1　Premiere Pro CS5 工作界面

③ 选择“编辑→首选项→常规”命令，在弹出的“首选项”对话框中设置“静帧图像默认持续时间”为 50 帧(2 秒)，如图 1-2 所示，然后单击“确定”按钮。

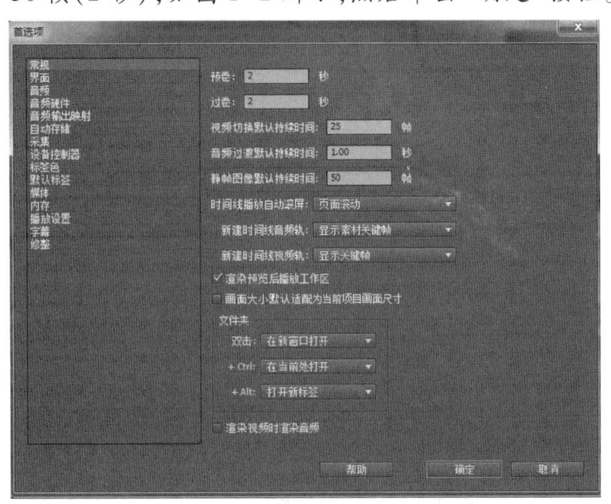

图 1-2　静帧图像默认持续时间

④ 选择“文件→导入”命令，弹出如图 1-3 所示的“导入”对话框，选中本案例中所有素材，单击“打开”按钮，将所有素材导入“项目”面板，如图 1-4 所示。

图 1-3 “导入”对话框

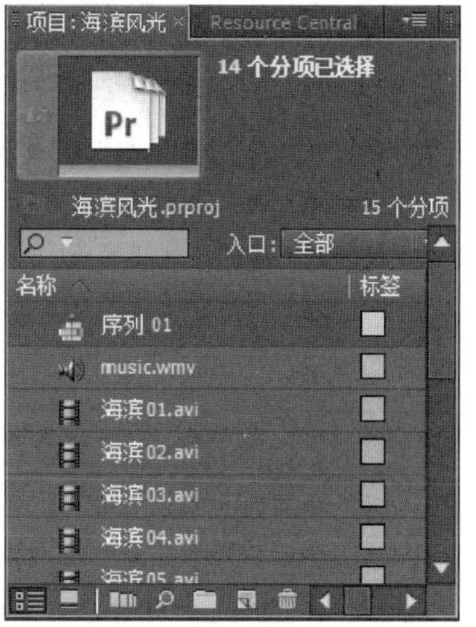

图 1-4 “项目”面板

⑤ 在“项目”面板上单击素材“海滨 01. avi”，然后按住 Shift 键的同时单击素材“海滨 13. avi”，选中所有视频和图片素材，将其拖放到“时间线”面板的“视频 1”轨道中的起始位置，所选素材将按其选择的顺序依次排列，如图 1-5 所示。

图 1-5 按顺序排列的素材

⑥ 将“项目”面板上“music. wmv”素材拖动到“时间线”面板的“音频 1”轨道上的起始位置。

⑦ 单击左侧的“效果”面板，选择“视频切换”文件夹下“划像”子文件夹中的“圆划像”效果，将其拖动到“视频 1”轨道中“海滨 03. avi”和“海滨 04. avi”两视频之间，如图 1-6 所示。

⑧ 选择“文件→导出→媒体”命令，弹出“导出设置”对话框，如图 1-7 所示，格式默认为“Mcrosoft AVI”。在“输出名称”后的“序列 01. avi”处单击，弹出“另存为”对话框，在“文件名”文本框中输入“海滨风光”，单击“保存”按钮，然后单击“导出”按钮，即可输出名为“海滨风光. avi”的视频文件。

图 1-6　添加视频切换效果

图 1-7　导出视频文件

1.3　Premiere Pro CS5 简介

Premiere Pro CS5 在以前版本的基础上，新增和改进了多项功能，是一个功能更加完善的音频与视频后期制作工具。下面简要介绍 Premiere Pro CS5 的新增功能和增强功能。

- Premiere Pro CS5 必须在 64 位的操作系统上运行，32 位的操作系统无法支持该版本软件，它为视频制作提供了卓越性能，大幅提高了工作效率。
- Premiere Pro CS5 支持 NVIDIA GPU 硬件加速，可以更快地打开对象，实时调整高清序列，无须渲染播放复杂项目。
- 使用 Adobe 水银回放引擎（Adobe Mercury Playback Engine）来显著提高软件性能。
- 采用了最有效的无磁带工作流程，直接支持大量无磁带摄像机和数码单反相机，可以在确保数码影像原始质量的前提下提高采集效率。
- 可以快速设置原始素材的入点与出点，可以直接导入 VOB 格式的视频素材。

- 更准确、更快速的语音识别功能,可将影片中人物的对白、解说词等语音信息快速转换为文本。
- 增加了极致键特效,可实现高清视频的完美抠像。
- 能够快速输出静帧图像,可输出带 Alpha 通道的 PNG 格式文件,支持各种视频输出格式。

1. Premiere Pro CS5 的工作界面

Premiere Pro CS5 采用了面板式窗口环境,工作界面由多个活动面板组成,用户可以根据需要调整窗口的布局。

Premiere Pro CS5 的工作界面如图 1-1 所示。在素材编辑工作中,通过对窗口中各面板的操作来完成影视作品的制作。下面介绍工作界面中各部分的名称及功能。

(1) 菜单栏

菜单栏提供了 9 个菜单,其中包括了进行视频编辑操作的各种命令。

- "文件":提供创建、打开和保存项目,采集、导入外部视频素材,输出影视作品等操作的命令。
- "编辑":提供对素材的编辑功能,例如复制、清除、查找等。
- "项目":该菜单用于管理项目和设置项目中素材的各项参数。
- "素材":用于对素材进行重命名、编辑、捕捉设置、速度调整等操作。
- "序列":用于对时间线上面板的素材进行操作。
- "标记":用于对素材和时间线窗口做标记。
- "字幕":用于创建和设置字幕。
- "窗口":用于设置各个窗口和面板的显示或隐藏。
- "帮助":提供 Premiere Pro CS5 帮助信息。

(2) "项目"面板

"项目"面板如图 1-4 所示,主要用于导入、存放和管理素材。"项目"面板分为上下两个区域,分别用于预览和管理素材。

素材预览区域如图 1-8 所示。左侧用于显示素材内容,单击"播放/停止"按钮或按空格键可播放选择的素材,也可以直接拖动图像下面的滑块进行快速播放。"标识帧"按钮可用于将视频素材的某一帧作为预览时的标识画面。预览区域的右侧显示被选择素材的详细信息,包括文件名、画面大小、帧速率、长度及音频属性。

图 1-8 "项目"面板素材预览区域

素材管理区域有列表视图和图标视图两种显示方式,如图 1-9 和图 1-10 所示,可

以通过单击“列表视图”按钮和“图标视图”按钮进行切换。若在“查找”文本框中输入关键字，则该区域仅显示包含这些关键字的所有素材，通过单击“查找”文本框右侧的“入口”下拉列表框，可以选择关键字的搜索类型。“自动匹配序列”按钮可以使选中的素材自动添加到“时间线”面板。单击“新建文件夹”按钮可在“项目”面板中创建新的文件夹，合理使用文件夹可使素材管理更为高效合理。单击“新建分项”按钮可以创建序列、脱机文件、字幕、黑场和倒计时片头等。单击“清除”按钮可以删除选中的素材。

图 1-9　列表视图显示方式

图 1-10　图标视图显示方式

（3）“时间线”面板

“时间线”面板如图 1-5 所示。在“时间线”面板中，图像、视频和音频素材有序地组织在一起，加入各种转场、特效等，就可以制作出视频文件。“时间线”面板最具特色的功能之一就是序列间的多层嵌套，即可以将一个复杂的项目分解成几个部分，每一部分作为一个独立的序列来编辑，等各个序列编辑完成后，再统一组合为一个总序列，形成序列间的嵌套。灵活应用嵌套功能，可以提高编辑的效率，完成复杂庞大的影片编辑工程。“时间线”面板为每个序列提供一个标签，单击序列标签就会在序列之间切换，如图 1-11 所示。

图 1-11　“时间线”面板上的序列

"时间线"面板的最上面是时间标尺,左边显示的是当前时间。拖动时间标尺上的时间指针,可以定位剪辑的时间点。可以用鼠标左右拖动来改变位置,也可以通过 00:00:01:00 输入时间码进行精确定位,还可以单击时间标尺进行定位。在时间码的下面有 3 个按钮,它们的作用如下。

• "吸附"按钮:若处于激活状态,在调整轨道上的素材时,可自动吸附到最近素材的边缘上。

• "设置 Encore 章节标记"按钮:单击该按钮,可以在时间指针处创建 DVD 段落章节标记。

• "设置无编号标记"按钮:单击该按钮,可以在时间指针处创建一个无编号标记。

时间标尺下面是视频和音频轨道,用于放置、编辑视频和音频素材。在每条轨道的左侧有若干个控制开关,其作用如下。

• "切换轨道输出"按钮:单出该按钮不显示眼睛时,该轨道上视频素材在监视器中不可见。

• "同步锁定开关"按钮:当多个轨道被同步锁定时,执行一个操作后,多个轨道都会受到影响。

• "轨道锁定开关"按钮:单击该按钮后其图标会变为,表示该轨道上的素材被锁定,不能被编辑。

• "设置视频轨道的显示样式"按钮:单击该按钮,有 4 种风格可供选择,分别是显示头和尾、仅显示头部、显示帧、仅显示名称。

• "切换轨道输出"按钮:单击该按钮不显示喇叭图标时,该轨道上的音频素材被设置为静音,即听不到声音。

• "设置音频轨道的显示风格"按钮:单击该按钮,有两种风格可供选择,即显示波形和仅显示名称。

• "显示关键帧"按钮:单击视频轨道的该按钮,有 3 种风格可供选择,即显示关键帧、显示透明度控制、隐藏关键帧。单击音频轨道的该按钮,有 5 种风格可供选择,分别是显示素材关键帧、显示素材音量、显示轨道关键帧、显示轨道音量、隐藏关键帧。

• "时间显示单位控制"按钮:单击"缩小"按钮可缩小时间显示单位,单击"放大"按钮可放大时间显示单位,也可以直接左右拖动"滑块"来缩小或放大时间显示单位。

• "时间线面板菜单"按钮:位于"时间线"面板右上角,单击此按钮,弹出如图 1-12 所示的菜单。在每个面板的右上角都有这样的一个菜单按钮。

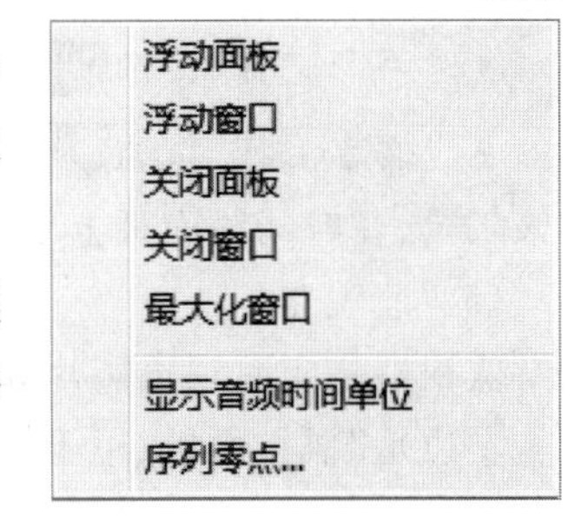

图 1-12 "时间线"面板菜单

(4) 工具面板

工具面板提供了影片剪辑和动画关键帧编辑所需要

的重要工具，如图1-13所示。

图1-13　工具面板

- “选择工具”按钮：快捷键为V，用于选择、移动对象，调节对象关键帧、淡化线，设置对象入点和出点。
- “轨道选择工具”按钮：快捷键为M，用于选择轨道素材，可以选择同一轨道的所有素材或单一素材；要选择多个轨道上的素材，按住Shift键即可。
- “波纹编辑工具”按钮：快捷键为B，用于拖动素材的入点和出点，可改变素材的长度，相邻素材的长度不变但位置会跟着移动，项目总的长度改变。
- “滚动编辑工具”按钮：快捷键为N，此工具用于改变相邻两素材的持续时间。选择该工具，将光标移向同一轨道中的两个相邻素材的相接处，向左拖动，左边素材的持续时间缩短，右边素材的持续时间增加；向右拖动，左边素材的持续时间增加，右边素材的持续时间缩短，影片的总时长不变。
- “速率伸缩工具”按钮：快捷键为X，用于改变所选素材的播放速度。选择要编辑的素材，将光标移到素材的前端或末端，拖动鼠标。如果素材的时长增加，则播放速度变慢；反之，如果素材的时长减少，则播放速度变快，并且不改变其他素材的位置。如果素材的左右边都没有空余的轨道空间，则不能改变播放速度。
- “剃刀工具”按钮：快捷键为C，用于分割素材，在素材上单击一次可将这个素材分为两段，产生新的入点和出点。
- “错落工具”按钮：快捷键为Y，用于改变素材的入点与出点的位置，将光标移到要滑动编辑的素材上，按住鼠标左键不放向左或向右拖动鼠标，则素材的入点和出点同步向前或向后移动。保持素材的长度不变，且不影响相邻素材。
- “滑动工具”按钮：快捷键为U，用于同步改变选定素材的前后相邻素材的入点和出点。将光标移到要滑动的素材上，按住鼠标左键不放向左或向右拖动鼠标，与编辑素材相邻的前端素材的出点和后端素材的入点将同步移动，被移动素材长度保持不变。如果相邻素材的入点、出点到达原始位置，滑动编辑将不能继续。
- “钢笔工具”按钮：快捷键为P，用于选择、移动和添加要编辑的动画关键帧。按Ctrl键，单击鼠标可添加一个新的关键帧。选择某一关键帧后，按Ctrl键，可以改变当前关键帧的帧插值，按Shift键，可以加选多个关键帧。
- “手形工具”按钮：快捷键为H，该工具可以左右平移时间线轨道。
- “缩放工具”按钮：快捷键为Z，可以放大或缩小时间线面板的时间单位。选中该工具，在时间线面板上单击，可放大素材；按Alt键再单击，则会缩小素材。

（5）监视器

监视器是实时预览影片和剪辑影片的重要场所，它由两个面板组成，如图1-14所示。左边是“源”面板，用于管理待编辑的素材，右边是“节目”面板，用于预览“时间线”面板上正在编辑或已经完成编辑的序列。

监视器可分为3个部分，自上而下分别为显示窗、信息区、工具栏。显示窗用于预

图 1-14　监视器

览当前正在播放的影片。信息区用于显示素材的长度、当前播放器指针的位置和素材的显示比例等信息,如图 1-15 所示;左边显示的是正在播放的视频的时间码,右边显示的是总长度,中间的下拉列表框可以调整显示比例;按钮是播放器的时间指针。工具栏提供了基本的剪辑工具和播放控制按钮。

图 1-15　监视器信息区

- “设置入点”按钮:单击该按钮,将时间指针所在位置设定为素材的入点;按住 Alt 键的同时单击该按钮,则可清除入点。
- “设置出点”按钮:单击该按钮,将时间指针所在位置设定为素材的出点;按住 Alt 键的同时单击该按钮,则可清除出点。
- “设置无编号标记”按钮:单击该按钮,在当前时间指针所在位置设定一个无编号标记。
- “跳转到入点”按钮:单击该按钮,时间指针可快速定位到入点处。
- “跳转到出点”按钮:单击该按钮,时间指针可快速定位到出点处。
- “播放入点到出点”按钮:单击该按钮,将播放从入点到出点之间的影片素材。
- “跳转到前一标记”按钮:单击该按钮,时间指针可快速定位到上一个标记处。
- “跳转到下一标记”按钮:单击该按钮,时间指针可快速定位到下一个标记处。
- “步进”按钮:每单击一次该按钮,播放画面将向前进一帧。
- “步退”按钮:每单击一次该按钮,播放画面将向后退一帧。
- “播放”按钮:单击该按钮,将从当前位置开始播放。
- “停止”按钮:在视频的播放过程中,单击该按钮,则停止播放。
- “飞梭”按钮:用鼠标向前或向后拖动滑块,可以向前或向后快速播放视频。

- “微调”按钮：用鼠标向前或向后拖动按钮，可以逐帧预览视频。
- “循环”按钮：单击该按钮，可设置为循环播放模式，再单击“播放”按钮，当视频播放到出点时，会自动从入点再次播放，循环往复。
- “安全框”按钮：单击该按钮，在监视器面板上会显示一个矩形框，表示制作画面或字幕的安全区域。
- “输出”按钮：单击该按钮，在列表中可选择监视器面板的输出模式。
- “插入”按钮：单击该按钮，将从入点到出点的素材插入到时间线面板中所选轨道的时间指针处，插入点右边的视频向后移。
- “覆盖”按钮：单击该按钮，从入点到出点的素材覆盖到时间线面板中所选轨道的时间指针处，若当前位置上有素材，会覆盖该素材。
- “导出单帧” 按钮：单击该按钮，可以快速导出当前时间线的一帧，即可导出一张图片。

在“节目”面板中，有几个不同的按钮，其功能如下。

- “跳转到前一编辑点”按钮：单击该按钮，播放位置可向前跳转到编辑点处。
- “跳转到下一编辑点”按钮：单击该按钮，播放位置可向后跳转到编辑点处。
- “提取”按钮：单击该按钮，可删除时间线面板轨道中使用“节目”设定的入点和出点之间的素材片段，删除部分用空白填补，后面的素材片段位置不发生变化。
- “提升”按钮：单击该按钮，可删除时间线面板轨道中使用“节目”面板设定的入点和出点之间的素材片段，后面的素材片段自动前移，填补删除素材片段的位置。

（6）“修整”面板

“修整”面板可以用于精确剪辑两段影片的出点和入点间的帧。选择“窗口→修整监视器”菜单命令，将打开如图 1-16 所示“修整”面板。“修整”面板工具栏提供了影片的精确剪辑工具。

图 1-16 “修整”面板实例效果

• “播放编辑”按钮：单击该按钮，可播放出点与入点之间的影片。

• “向后较大偏移修整”按钮：单击该按钮，可从第一素材的出点剪掉 5 帧，第二素材的入点自动向前填补。

• “向后修整一帧”按钮：单击该按钮，可从第一素材的出点剪掉 1 帧，第二素材的入点自动向前填补。

• “自定义剪切帧”按钮：在数值框内输入剪切的帧数，负数表示剪切出点，正数表示剪切入点。

• “向前修整一帧”按钮：单击该按钮，可从第二素材的入点剪掉 1 帧，第一素材的出点自动填补。

• “向前较大偏移修整”按钮：单击该按钮，可从第二素材的入点剪掉 5 帧，第一素材的出点自动填补。

• “开关临近的音频波形”按钮：单击该按钮，可编辑相邻的音频素材。

（7）“参考”面板

“参考”面板用于对比影片编辑前后的效果或查看一些信息。选择“窗口→参考监视器”菜单命令，将打开如图 1-17 所示的“参考”面板。单击“参考”面板右上角的菜单按钮，从下拉菜单中选择“输出”命令，或单击工具栏上的“输出”按钮，可以设置输出模式。

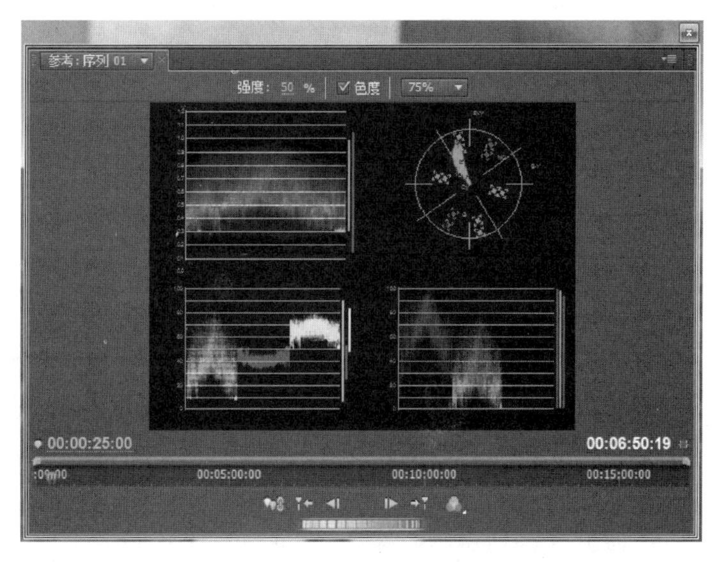

图 1-17 “参考”面板实例效果

（8）“多机位”面板

“多机位”面板为多台设备同时操作提供了平台。当多台设备与 Premiere Pro CS5 连通后，创建与设备相对应的多个序列，每个序列对应一台设备，然后再激活和分配各序列的编号，最后将多个序列集合在一个新的序列中。单击鼠标右键，选择“多机位→启用”，然后选择“窗口→多机位监视器”菜单命令，将打开如图 1-18 所示“多机位”面板。

图 1-18 “多机位”面板实例效果

(9)“特效控制台”面板

“特效控制台”面板用于设置素材视频的运动、透明度、特效和音频特效等效果，如图 1-19 所示。具体使用方法将在后面章节中介绍。

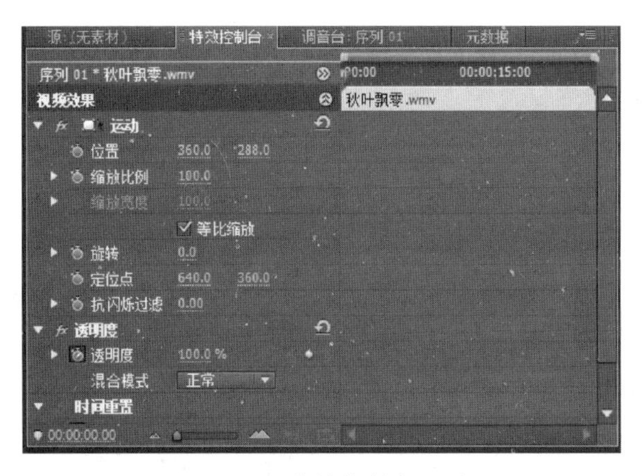

图 1-19 “特效控制台”面板

(10)“调音台”面板

“调音台”面板是一个专业的、完善的音频混合工具，利用它可以混合多个音频，进行音量调节以及音频声道的处理等，如图 1-20 所示。具体使用方法将在后面章节中介绍。

(11)“元数据”面板

“元数据”面板用于查看和编辑选定素材的元数据，如图 1-21 所示。

(12)“效果”面板

“效果”面板如图 1-22 所示，包括预设、音频特效、音频过渡、视频特效、视频切换效果。具体使用方法将在后面章节中介绍。

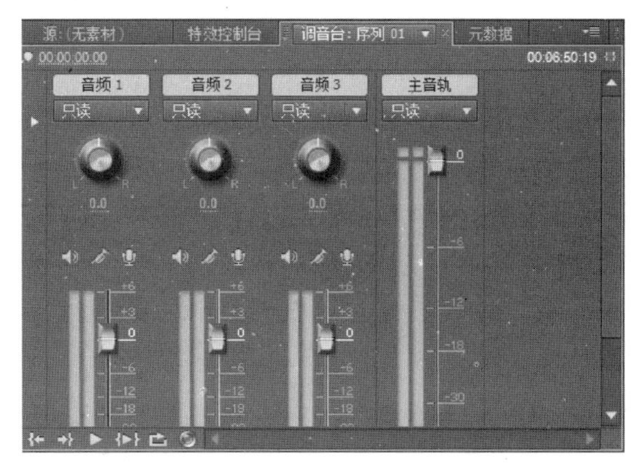

图 1-20 “调音台”面板

图 1-21 “元数据”面板

(13)“信息”面板

“信息”面板用于显示被选中素材的相关信息,如图 1-23 所示。用鼠标在“项目”面板或时间线面板上单击某个素材,在“信息”面板中就会显示出被选中素材的基本信息、所在的序列及序列中其他素材的信息。

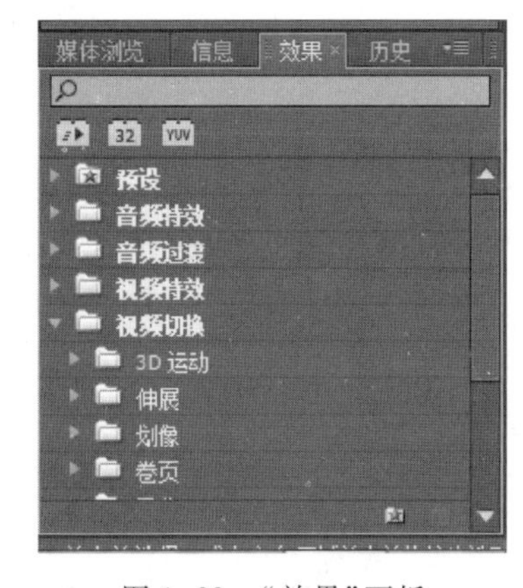

图 1-22 “效果”面板

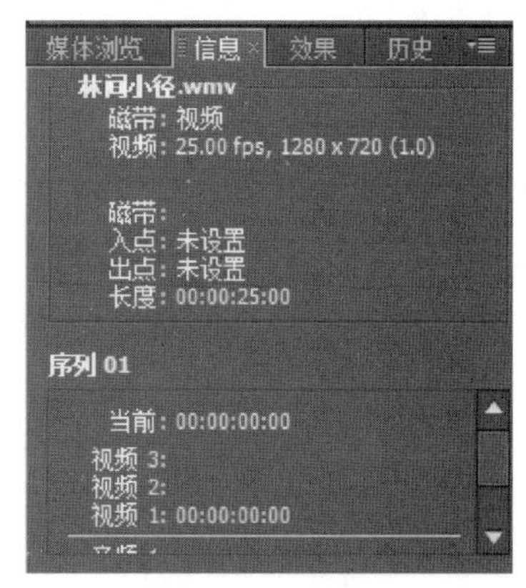

图 1-23 “信息”面板

(14)“历史”面板

“历史”面板中记录了编辑过程中的所有操作。在编辑过程中,如果操作失误,可以单击“历史”面板中相应的命令,返回到操作失误之前的状态,如图 1-24 所示。

(15)“媒体浏览”面板

“媒体浏览”面板为快速查找、导入素材提供了非常方便的途径,如同使用操作系统的资源管理器一样。找到需要的素材,可以直接将它拖动到“项目”面板、“源”面板或时间线轨道上,如图 1-25 所示。

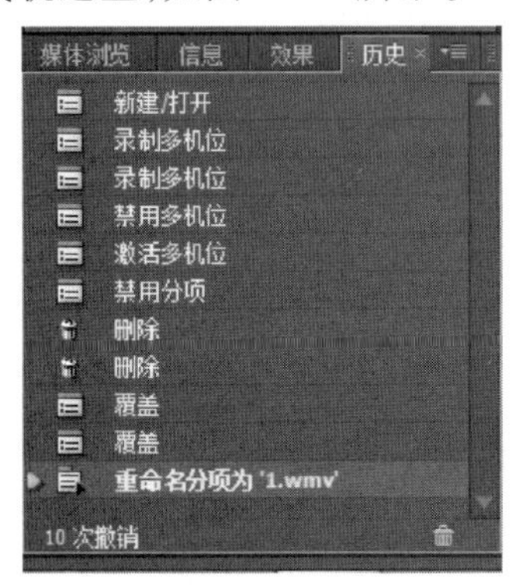

图 1-24 “历史”面板

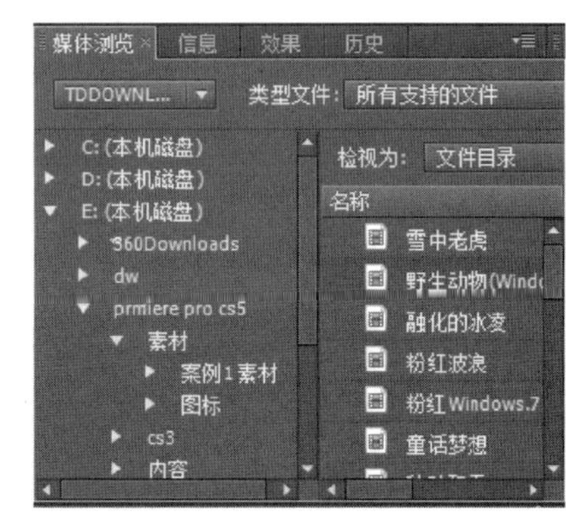

图 1-25 “媒体浏览”面板

2. Premiere 视频编辑流程

Premiere 的作用是将视频、音频和图片素材组合在一起,制作出精彩的数字影片,但在制作之前必须准备好所需的素材,这些素材需要借助其他软件进行加工处理。一般来说,利用 Premiere 制作数字影片需要经过以下几个步骤。

(1)制定脚本和收集素材

在运用 Premiere Pro CS5 进行视频编辑之前,首先要认真对影片进行策划,拟定一个比较详细的提纲,确定所要创作的影片的主题思想,接下来根据影片表现的需求撰写脚本,脚本准备好了之后就可以收集和整理素材了。收集途径包括截取屏幕画面、扫描图像、用数码相机拍摄图像、用 DV 拍摄视频、从素材盘或网络中收集各种素材等。

(2)创建新项目,导入收集的素材

启动 Premiere Pro CS5,新建并设置好项目参数,创建一个项目,然后导入各类已整理好的素材。

(3)编辑、组合素材

在素材导入后,要根据需要对素材进行修改,如剪切多余的片段,修改播放速度、时间长短等。剪辑完成的各段素材还需要根据脚本的要求,按一定顺序添加到时间线的视频轨道中,将多个片段组合成表达主题思想的完整影片。

(4)添加视频转场、特效

使用转场可以使两段视频素材衔接更加流畅、自然。添加视频特效可以使影片的视觉效果更加丰富多彩。

(5)字幕制作

字幕是影片中非常重要的部分,包括文字和图形两个方面,使用字幕便于观众准确理解影视内容。Premiere 使用字幕设计器来创建和设计字幕。

(6) 添加、处理音频

为作品添加音频效果。处理音频时,要根据画面表现的需要,通过背景音乐、旁白和解说等手段来加强主题的表现力。

(7) 导出影片

影片编辑完成后,可以生成视频文件发布到网上或刻录成 DVD。

在后面的章节,将主要按照上述内容介绍 Premiere Pro CS5 的具体使用。

练习与实训

一、填空

1. 视频信号分为________和________两种。

2. 视频编辑方式可分为________和________两种。

3. 目前世界上用于彩色电视广播主要有________、________和 SECAM 三种制式。

4. ________是构成视频的最小单位,每一幅静态________被称为一帧。________是指每秒能够播放或录制的帧数,其单位是________。

5. 传统电影播放画面的速率为________ fps,NTSC 制式规定的速率为________ fps,而我国使用的 PAL 制式的帧速率为________ fps。

6. Premiere Pro CS5 中经常用到的图像格式有________、________、________、GIF、________和 TIFF 等。

7. Premiere Pro CS5 中经常用到的音频格式有________、________、MIDI、________、________和 RealAudio 等。

8. Premiere Pro CS5 中经常用到的视频格式有________、________、MOV、TGA、________、ASF 和________。

9. ________也称为镜头范围,是指摄影机与被摄对象的距离不同,造成被摄对象在画面中呈现出大小的不同。

10. 影视画面的景别大致划分远景、________、________、近景和________五种。

11. 镜头的运动方式就是利用摄像机在________、拉、________、________、升、降等形式的运动中进行拍摄的方式,是突破画框边缘的局限、拓展画面视野的一种方法。

12. ________是指景物由远景、全景向近景、特写过渡,用来表现由低沉到高昂向上的情绪和剧情的发展。

13. ________是由近到远,表示由高昂到低沉、压抑的情绪,在影片中表现由细节到扩展到全部。

14. ________是把前进式和后退式的句子结合在一起使用。

15. 启动 Premiere Pro CS5 后,在欢迎界面用户可以选择执行________、________和________三种操作。

二、上机实训

1. 启动 Premiere Pro CS5,新建一个项目和序列 01,选择"DV-PAL→标准 48 kHz"模式,项目名称为"视频欣赏"。

2. 将"林间小径"、"秋叶飘零"、"水天变幻"和"童话梦想"四个素材导入"项目"面板。

提示:登录中等职业教育教学资源网(http://sv.hep.com.cn 或 http://sve.hep.com.cn),可下载本书中所用的全部素材。

3. 双击时间线上的素材“林间小径”,在“源”面板上显示素材画面,拖拉快速搜索按钮,观察画面的变化及当前时间的变化,理解时间码的含义;拖拉微调按钮,浏览画面;单击“步退”或“步进”按钮,观察画面变化。

4. 用鼠标依次将“项目”面板中的四个素材拖到“视频 1”轨道上。在“节目”面板中播放视频。

5. 了解 Premiere Pro CS5 工作界面各个面板的功能。

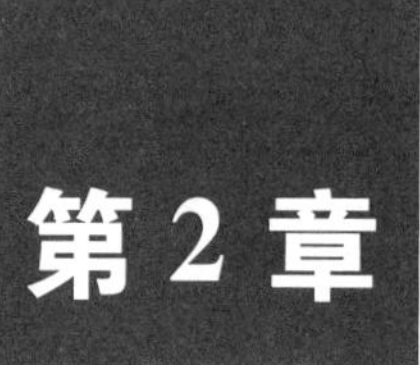

Premiere 视频编辑入门

案例2　梦里水乡——素材的导入与管理

案例描述

通过完成本案例，掌握项目的新建、素材的导入与管理等视频编辑的基本操作技巧。

案例分析

① 首先启动 Premiere Pro CS5，新建项目文件，进入 Premiere Pro CS5 工作界面。

② 新建文件夹，将素材进行分类存储，利用“导入”命令将视频、音频素材导入“项目”面板。

③ 创建一个倒计时素材，用鼠标拖放到“视频1”轨道上，然后将导入的素材也拖放到“视频1”轨道上。

操作步骤

① 启动 Adobe Premiere Pro CS5，弹出“欢迎使用 Adobe Premiere Pro”对话框，如图2-1所示，单击“新建项目”按钮，打开“新建项目”对话框，如图2-2所示。

图2-1　欢迎界面

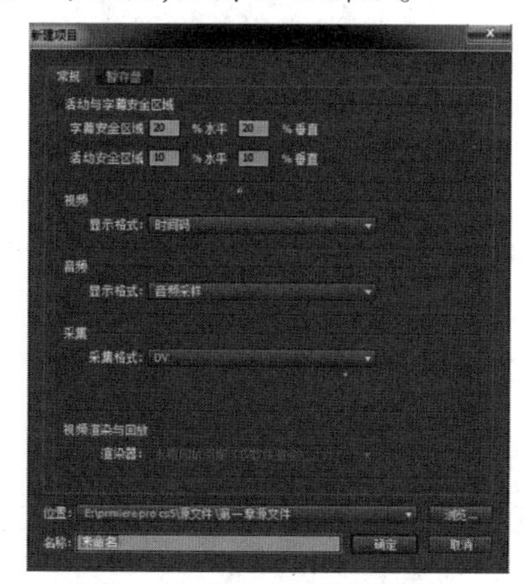

图2-2　“新建项目”对话框

② 单击“浏览”按钮，选择项目保存的位置，在“名称”文本框中输入“梦里水乡”，单击“确定”按钮，打开“新建序列”对话框，如图 2-3 所示。选择“DV-PAL→标准 48 kHz”模式，单击“确定”按钮，进入 Premiere Pro CS5 工作界面。

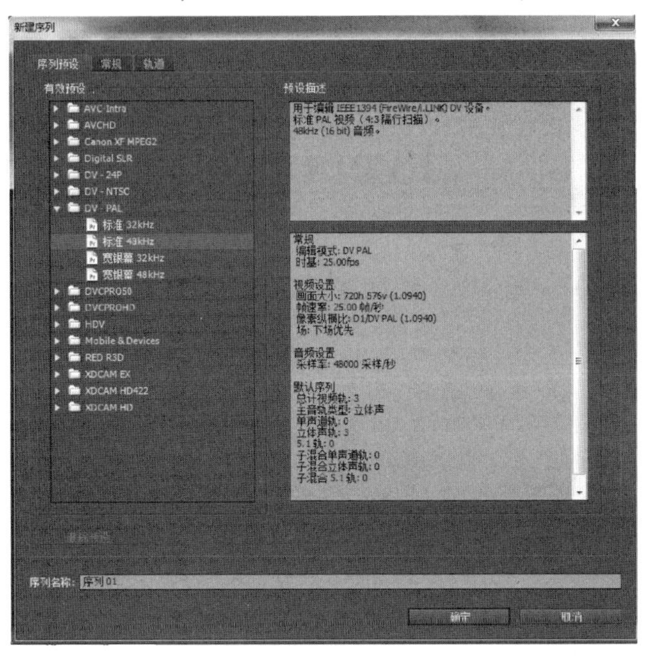

图 2-3 “新建序列”对话框

③ 单击“项目”面板的底部的“新建文件夹”按钮，在“项目”面板上新建一个文件夹，输入“视频”作为文件夹名称，如图 2-4 所示。

④ 右击“项目”面板的空白处，在弹出的快捷菜单中选择“新建文件夹”命令，如图 2-5 所示，在“项目”面板上新建一个文件夹，输入“音频”作为文件夹名称。

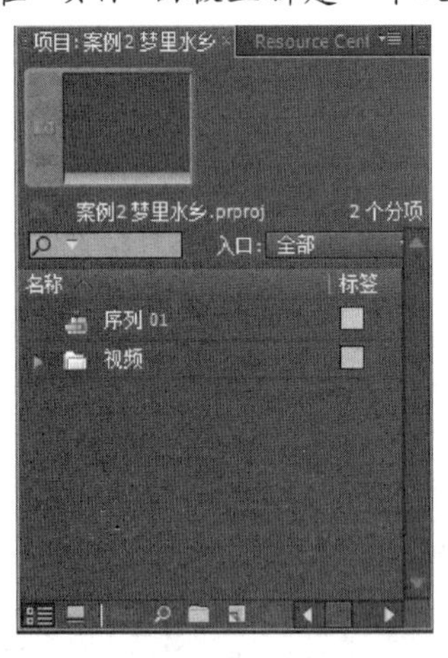

图 2-4 新建文件夹

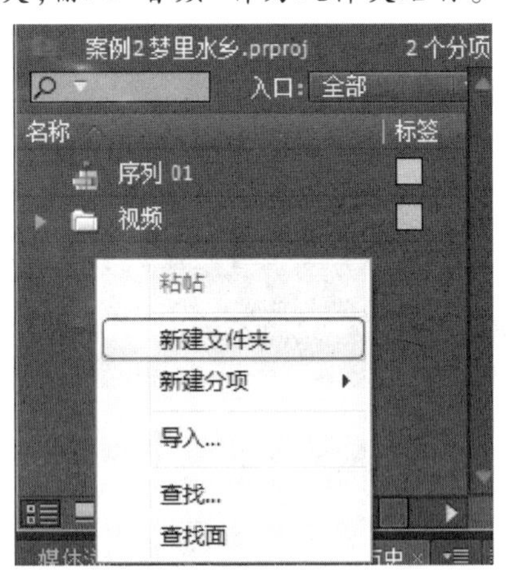

图 2-5 “新建文件夹”快捷菜单

⑤ 右击“项目”面板上的“视频”文件夹，在弹出的菜单中选择“导入”命令，在弹出的“导入”对话框中选择视频文件“01. mpg”～“05. mpg”，如图 2-6 所示，单击“打开”按钮，将视频文件“01. mpg”～“05. mpg”导入到“项目”面板上的“视频”文件夹中。

图 2-6 “导入”对话框

⑥ 选中“音频”文件夹,按 Ctrl+I 快捷键打开“导入”对话框,选择“music . wma”文件,将文件“music. wma”导入到“音频”文件夹中。

⑦ 右击“项目”面板的空白处,在弹出的快捷菜单中选择“新建分类→通用倒计时片头”命令,弹出如图 2-7 所示的对话框,单击“确定”按钮,弹出“通用倒计时片头设置”对话框,如图 2-8 所示,单击“确定”按钮,即可在“项目”面板中新建“通用倒计时片头”素材。

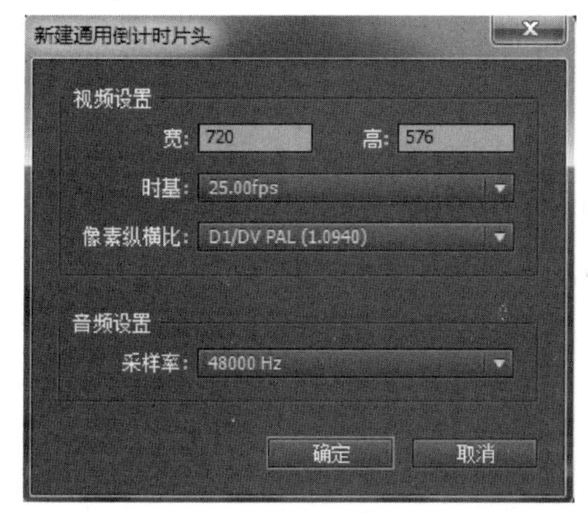

图 2-7 “新建通用倒计时片头”对话框

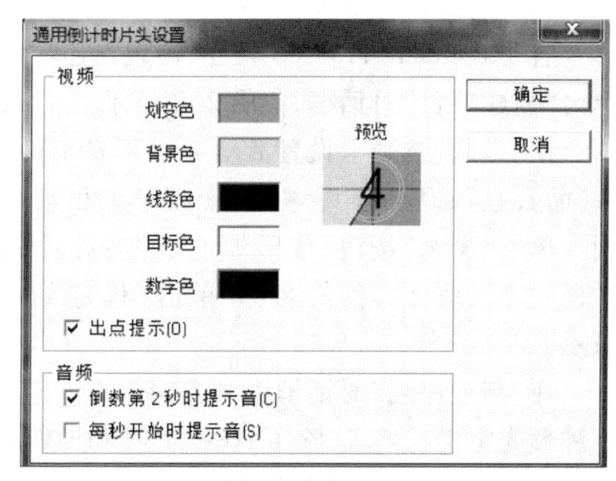

图 2-8 “通用倒计时片头设置”对话框

⑧ 用鼠标将“通用倒计时片头”拖放到“时间线”面板的“视频 1”轨道上。单击“视频”文件夹前的小三角按钮,将其展开,选中“01. mpg”,然后按住 Shift 键单击“05. mpg”,将“01. mpg” ~“05. mpg”全部选中并拖放到“时间线”面板的“视频 1”轨道上“通用倒计时片头”的后面。

⑨ 将时间指针移动到 00:00:11:00 处,把“音频” 文件夹中的“music. wma”拖放到“音频 1” 轨道上,此时的“时间线”面板如图 2-9 所示。

⑩ 将时间指针移动到 00:00:00:00 处,按空格键,预览影片。选择“文件→保存”菜单命令,保存项目。

图 2-9 “时间线”面板

2.1 Premiere Pro CS5 的基本操作

项目是 Premiere 的一个工程文件，扩展名是.proj。动手制作视频作品前，首先要创建一个新项目，然后对项目进行必要的设置和系统基本参数设置。

1. 新建项目

新项目的创建有两种方式：一是通过欢迎界面，二是通过“文件”菜单。

(1) 通过欢迎界面创建新项目

启动 Premiere Pro CS5 程序，出现欢迎界面，如图 2-1 所示，单击“新建项目”按钮，弹出“新建项目”对话框，如图 2-2 所示。

在“常规”选项卡设置活动与字幕安全区域，视频、音频与采集格式，项目名称等。在“暂存盘”选项卡设置视频、音频采集和预览时的存放路径，默认与项目存放路径相同。单击“浏览”按钮，打开浏览文件夹对话框，选择项目文件的保存位置，在“名称”文本框中输入项目文件的名称，单击“确定”按钮，打开“新建序列”对话框，如图 2-3 所示。

在“新建序列”对话框中，“序列预设”选项卡左边“有效预置”列表框中提供了若干种预先定义的模式，除了 DV-NTSC 和 DV-PAL 两种最基本的模式外，还提供了 DV-24P 和 HDV 等几种支持高清视频的模式，另外还有为专门设备(如手机)预置的模式。右边“预设描述”列表框中是选中模式参数的详细说明。由于我国采用的是 PAL 电视制式，所以在新建项目时，一般选择 DV-PAL 制式中的“标准 48 kHz”模式。也可以通过“常规”选项卡设置影片的相关参数，如图 2-10 所示。

- “编辑模式”：该选项决定了从“时间线”面板播放视频时使用的方法，一般选择“DV PAL”。如果想更改视频画面的大小，可以选择“桌面编辑模式”。
- “时基”：Premiere 用来计算每一个剪辑的时间位置的时间间隔。对于 PAL 制式，选择 25 fps。
- “画幅大小”：以像素为单位，设置输出影视作品画面的长和宽。
- “像素纵横比”：指定单个像素的高度与宽度之比，该设置决定了像素的形状，一般情况下选择“D1/DV PAL(1.067)”选项。
- “场”：该选项用于确定视频的场的优先顺序，有“无场”、“上场优先”和“下场优

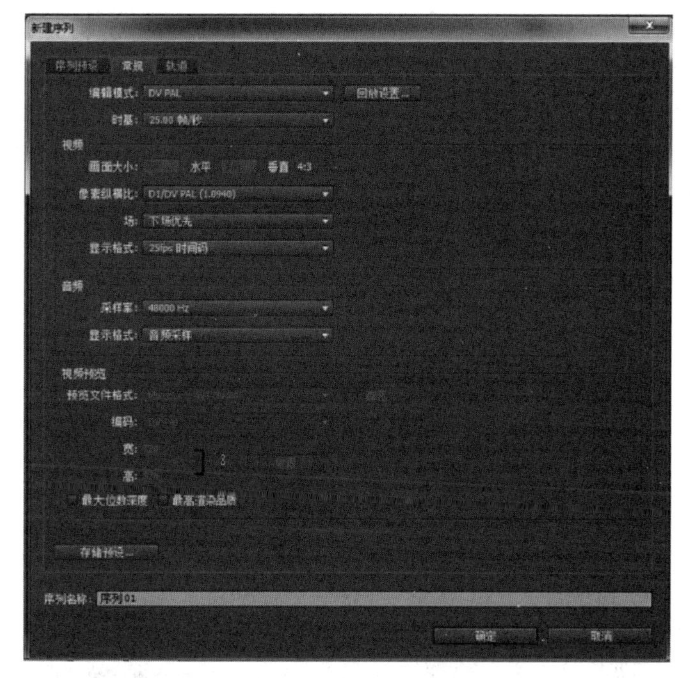

图 2-10 “常规”选项卡

先”3 个选项。

• “视频”的“显示格式”:设置视频的时间显示格式。现在国标上采用 SMPTE 时间码来给每一视频图像编号,表示方法为:时(h):分(m):秒(s):帧(f)。

• “采样率”:采样率越大,音频的品质越高。

• “音频”的“显示格式”:设置音频在时间标尺上以音频采样显示还是以毫秒显示。

• “预览文件格式”:设置视频预览时的编码格式。

单击“存储预设”按钮,可以将设置好的参数保存到“加载预置”选项卡中,以便今后使用。

在“轨道”选项卡中可以设置新建项目的视频和音频的轨道数量。

(2) 通过“文件”菜单创建新项目

在项目中新建一个项目,选择“文件→新建→项目”菜单命令,弹出“新建项目”对话框,然后按照上述方法进行设置。

2. 保存和打开项目

(1) 保存项目

选择“文件→保存”菜单命令,或按“Ctrl+S”快捷键,弹出“保存项目”对话框,并显示保存进度。保存结束后,返回工作界面继续编辑。

如果想把正在编辑的项目用另一个文件名存盘,选择“文件→另存为”或选择“文件→保存副本” 菜单命令,弹出 “保存项目”对话框,选择保存位置,并输入文件名。

(2) 打开项目

选择“文件→打开项目” 菜单命令,或按“Ctrl+O”快捷键,在弹出的“打开项目”对话框中,选择要打开的文件。Premiere 打开源文件时需要找到素材文件的存放路径。

如果需要打开最近编辑过的某个项目,可以选择“文件→打开最近项目”菜单命令,在级联菜单中选择要打开的文件。

3. 系统参数设置

系统参数主要控制 Premiere 软件的基本操作设置,如视频、音频切换默认的持续时间,静态图像默认的持续时间,用户界面,采集素材时的条件,标签的颜色,自动保存设定等选项。

新建或打开一个项目后,选择“编辑→首选项”菜单命令,即可打开“首选项”对话框,如图 2-11 所示。

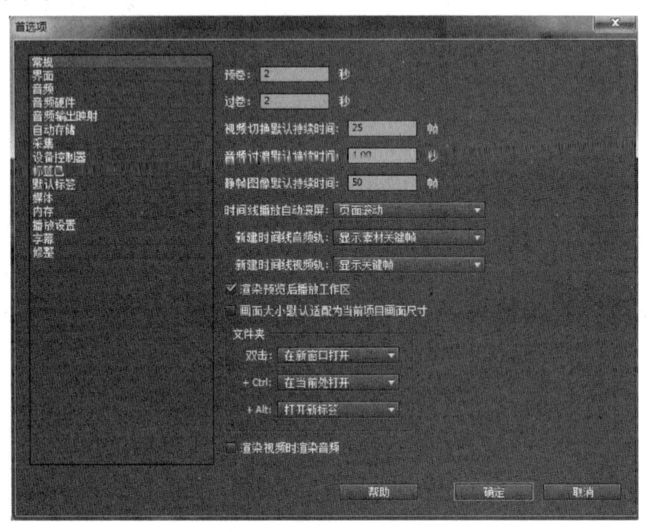

图 2-11　首选项对话框

- “常规”选项:用于对视频、音频默认切换时间和静帧图像默认持续时间、时间线播放自动滚屏等参数进行设置。
- “界面”选项:用于调整 Premiere 界面的明暗度。
- “音频”选项:可以设置音频自动匹配的时间、默认的轨道格式以及自动关键帧优化等参数。
- “音频硬件”选项:用于对音频硬件参数进行设置。
- “音频输出映射”选项:用于对音频输出设备进行设置。
- “自动存储”选项:可以选择是否自动保存项目,并可以设置自动保存的时间间隔和最多保存的项目数量。
- “采集”选项:用于设置采集素材的相关选项。
- “设备控制器”选项:用于设置采集素材时所使用的硬件设备。
- “标签色”选项:可以在此设置各种标签的颜色。
- “默认标签”选项:可以在此设置文件夹、序列、视频、音频、影片、静帧和动态链接的显示颜色。
- “媒体”选项:用于指定预设影片所使用的磁盘缓存目录库,还可以设置媒体时间基准、时间码和帧数。
- “内存”选项:可以设置专门用于 Premiere 的内存容量及优化方式。

- “播放设置”选项:设置视频、音频素材预览时的默认播放器。
- “字幕”选项:用于设置字幕编辑器的样式示例和浏览字体时显示的文本内容。
- “修整”选项:用于设置在“修整”面板中剪辑影片时的微调偏移量。

2.2 素材的采集、导入和管理

素材是制作影片的原材料,正确地使用素材是影片制作的基础。

1. 采集素材

在影视制作中,除了专业软件直接生成外,很大一部分素材需要通过摄像机、录像机等设备来获取。外部设备拍摄的素材,需要将它们转存在计算机中,这个转存的过程就是采集。采集又称捕获,是通过视频采集卡将视频设备中的视频或音频信号以数字化的方式捕获到计算机中,然后才能进行编辑。视频采集卡又称视频捕获卡,是一种对模拟视频图像进行捕获并将其转化为数字信号的工具。

(1) 采集类别

存储在外部设备中的影像素材通常有两种形式:模拟影像素材和数字影像素材。模拟影像素材用磁带或胶片摄像机记录,这类素材必须用采集卡进行模/数转换才能在计算机上进行编辑。数字影像素材是可以直接使用的素材,是用数字摄像机所拍摄的,采集时只需要一根传输线和一个 IEEE 1394 接口即可,是目前经常采用的一种方式。

捕获视频素材或音频素材,首先要将视频设备与计算机进行连接。在设备连接之前,要熟悉各种端口的连接要求。一般来说,常见有下面两种接口。

- 模/数采集卡:它的主要功能是将模拟信号转换成数字信号,需要另外购买。目前,这类卡通常采用 32 位的 PCI 总线接口,工作时把它插在 PC 计算机的扩展槽中,接通外部设备与采集卡的视频和音频端口,做好采集前的准备。在 Premiere 的采集窗口中设置好相应的参数后,即可将模拟信号采集、转换成数字信号。
- IEEE 1394 接口:IEEE 1394 的前身是 1986 年由苹果(Apple)公司开发的、称为火线(FireWire)的串行接口技术,而 Sony 公司称之为 i. Link,德州仪器公司则称之为 Lynx,实际上,它们都是指同一种技术,即 IEEE 1394。目前,有部分 PC 计算机在销售时就已经安装了此硬件接口。如果计算机无此硬件接口,那么就需要单独买一块 IEEE 1394 卡插在扩展槽中。采集时用一根传输线连接计算机与数字摄像机的端口,打开 Premiere 软件中的采集窗口,设置好相应的参数后,就可以采集了。

(2) 捕获参数设置

当设备连接成功后,将视频设备的工作模式切换到播放状态,并打开电源开关,计算机会检测到该设备。

在 Premiere 中,选择“文件→采集”菜单命令,弹出“采集”面板,如图 2-12 所示。单击“采集”下拉列表框,可以选择采集素材的类型。单击“设置”选项卡,如图 2-13 所示。单击“采集设置”选项组的“编辑”按钮,弹出图 2-14 所示对话框,单击“采集格式”下拉列表框,选择 DV 或 HDV 格式。单击“浏览”按钮,设置采集的视频和音频文件的保存位置。单击“选项”按钮,弹出图 2-15 所示“DV/HDV 设备控制设置”对话框，可以设置“视频制式”为 NTSC 或 PAL 制式，还可以设置设备品牌、设备类型、时间码格式等选项。

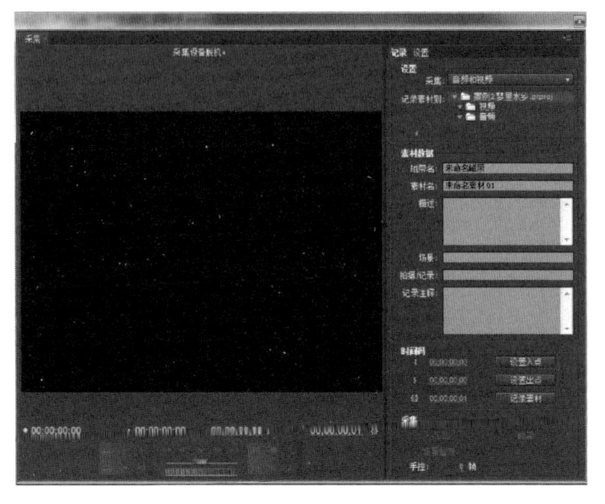

图 2-12 “采集”面板

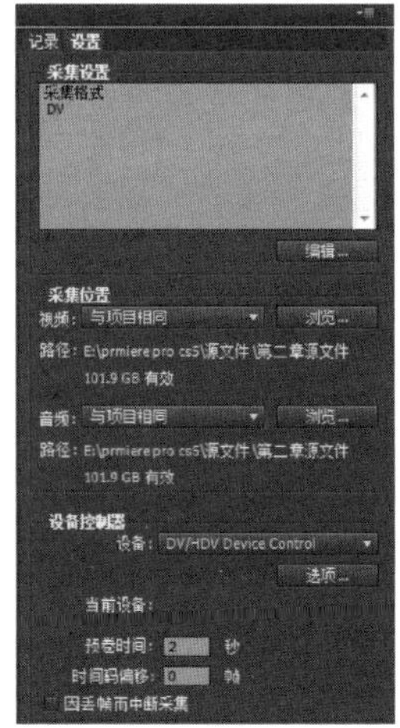

图 2-13 “设置”选项卡

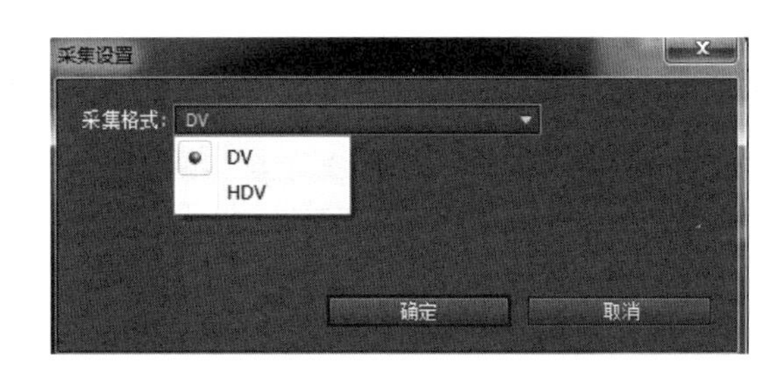

图 2-14 “采集设置”对话框

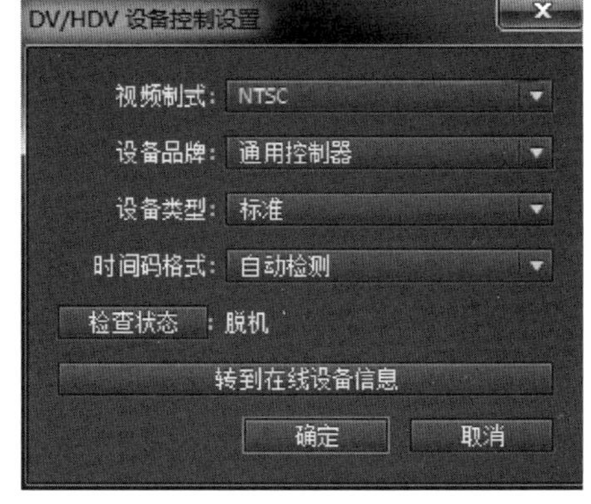

图 2-15 “DV/HDV 设备控制设置”对话框

（3）捕获视频

当捕获设置完成后，就可以开始捕获视频了。利用“采集”面板中的“播放”按钮可以控制摄像机进行播放，单击“录制”按钮开始采集，再次单击“录制”按钮或按 Esc 键均可停止采集，然后在弹出的对话框中输入文件名，保存即可。

2. 导入素材

在 Premiere 中能够导入的素材有视频文件、音频文件及图像文件，具体支持的文件格式参见第 1 章。导入素材的方法有很多，下面就来学习导入各种素材的方法。

（1）导入素材的方法

- 从菜单导入：新建或打开一个项目文件后，选择“文件→导入”命令，如图 2-16 所示，在弹出的“导入”对话框中选择素材文件，将其导入到“项目”面板中。
- 从“项目”面板导入：右击“项目”面板下半部分的空白处，在弹出的菜单中选择“导入”命令，如图 2-17 所示，或双击“项目”面板下半部分空白处，在弹出的“导入”对话框中选择要导入的素材文件。

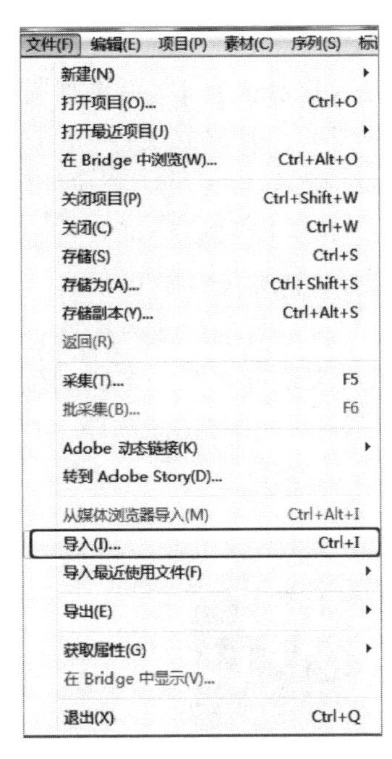

图 2-16　从“菜单”导入素材

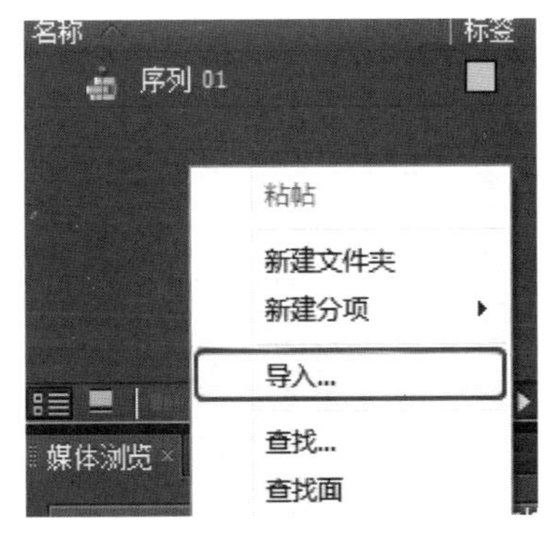

图 2-17　从“项目面板”导入素材

• 使用快捷键导入：打开或新建一个项目文件后，按快捷键 Ctrl+I 即可快速打开“导入”对话框，然后就可以查看和导入素材文件了。

（2）导入各种文件格式

1）导入序列图像

序列图像就是按一定次序存储的连续图像，把每一幅图像连起来就是一段动态的视频。常用的格式有 TGA、JPG 等，如“Ta001. tga”、“Ta002. tga”、“Ta003. tga”……有规律的素材。要导入序列图像，可在“导入”对话框中选中序列图像中的第一幅图像，勾选“序列图像”复选框，如图 2-18 所示，再单击“打开”按钮，序列图像就会作为一个视频文件被导入到“项目”面板中。

图 2-18　导入序列图像

2）导入 PSD 格式文件

Photoshop 图像文件包含有图像的分层信息，导入这种文件时，可根据需要选择要导入的图层。具体的操作方法：在“导入”对话框中选择 PSD 格式文件，单击“打开”按钮，出现如图 2-19 所示的“导入分层文件”对话框。默认为“合并所有图层”，选择此项，PSD 的所有图层合并为一个素材导入。选择“合并图层”选项，可以自定义要导入的图层，只导入选中的图层且合并为一个图层。选择“单层”选项，可以自定义要导入的图层，导入后每个图层作为一个独立的素材文件存放在自动生成一个文件夹内。选择“序列”选项，导入后每个图层作为一个独立的素材文件存放在一个自动生成的文件夹内，同时还生成一个与文件夹名称相同的序列，且每个图层按图层顺序排列在视频轨道上，如图 2-20 所示。

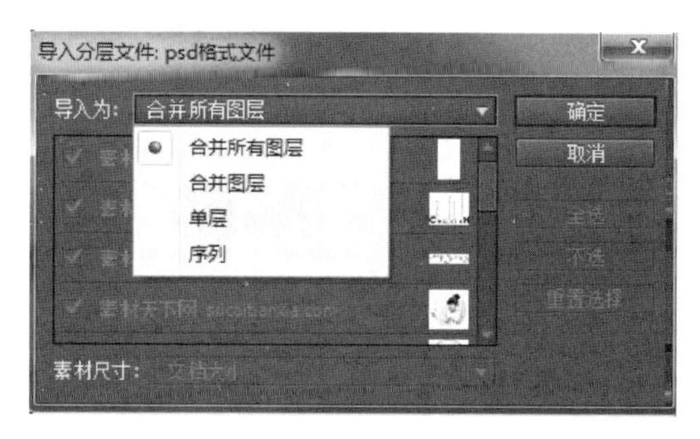

图 2-19 “导入分层文件”对话框

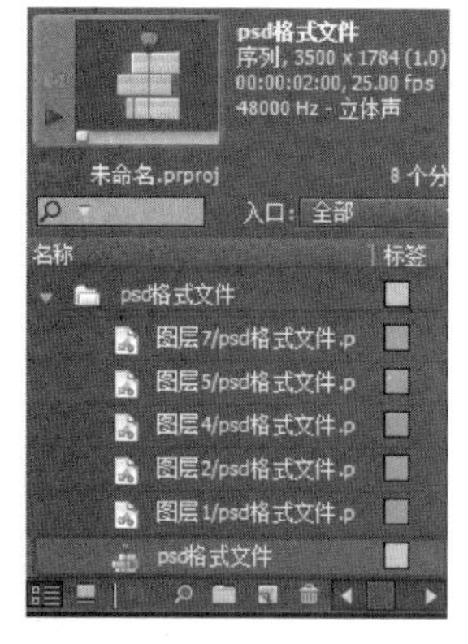

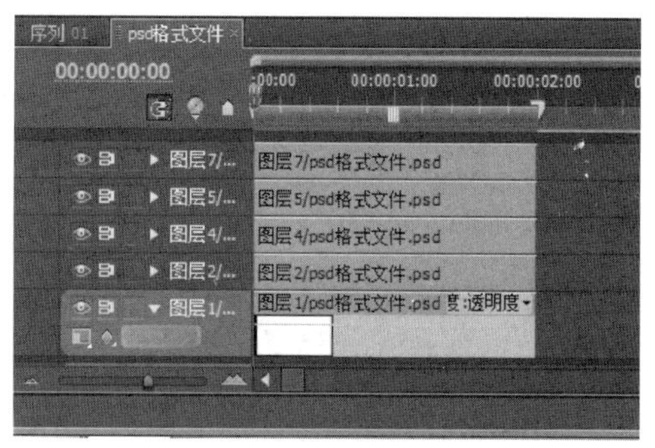

图 2-20 选择序列项

3）导入文件夹

若要导入一个文件夹的所有素材文件，不必采用将其中的素材一一导入的方法，只需要导入该文件夹即可。具体的操作方法：在“导入”对话框中选择要导入的文件夹，然后单击“导入文件夹”按钮，如图 2-21 所示，即可导入文件夹及文件夹内的所有素材。

4）导入项目

在“导入”对话框中选择要导入的项目源文件，然后单击“打开”按钮，弹出“导入项目”对话框，如图 2-22 所示。默认导入类型为“导入完整项目”，选择此项，单击“确

图 2-21　导入文件夹

定”按钮，会出现如图 2-23 所示的素材查找对话框，找到素材存放路径之后即可把项目的所有序列、素材都导入到“项目”面板中。如果选择“导入所选择序列”选项，只是会导入所选择的序列及其所使用的素材。

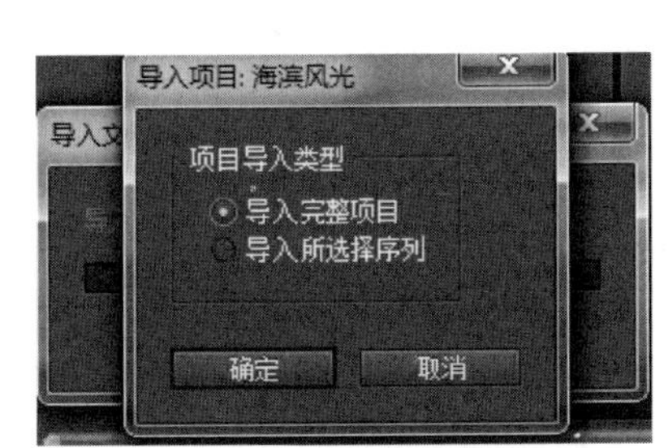

图 2-22　“导入项目”对话框

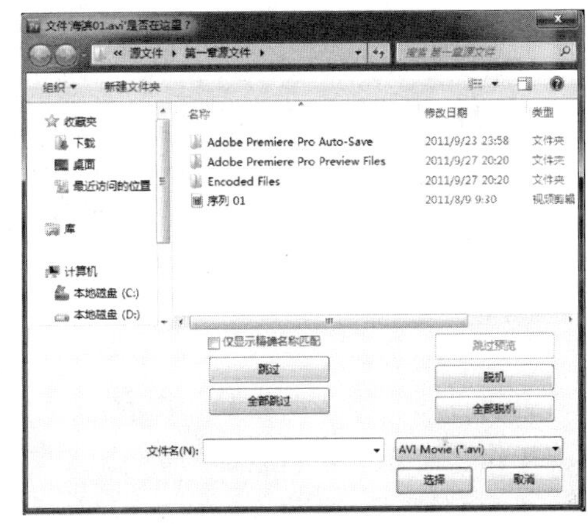

图 2-23　查找素材对话框

3. 管理素材

在利用 Premiere 制作影片的过程中，可以使用各种各样的素材，包括视频、音频和图片，很可能造成使用上的混乱，对这些素材进行有序的管理就显得非常重要。

(1) 对“项目”面板上的素材重命名

在“项目”面板上选择素材后，单击素材名称，然后输入新的名称；或者在选中素材后选择“素材→重命名” 菜单命令，可完成同样操作。

(2) 对时间线上的素材重命名

选择时间线上的一个素材片段，选择“素材→重命名” 菜单命令，在弹出的“重命名素材”对话框中，输入新的名称后，单击“确定”按钮。

(3) 新建文件夹

可以将不同种类的素材分门别类地进行管理，其方法有三种：

- 单击“项目”面板，选择“文件→新建→文件夹”菜单命令，在“项目”面板中创建了一个名为“文件夹01”的文件夹,在文本框中可以更改文件夹的名称,如图2-24所示。在新建文件夹中还可以再建文件夹。

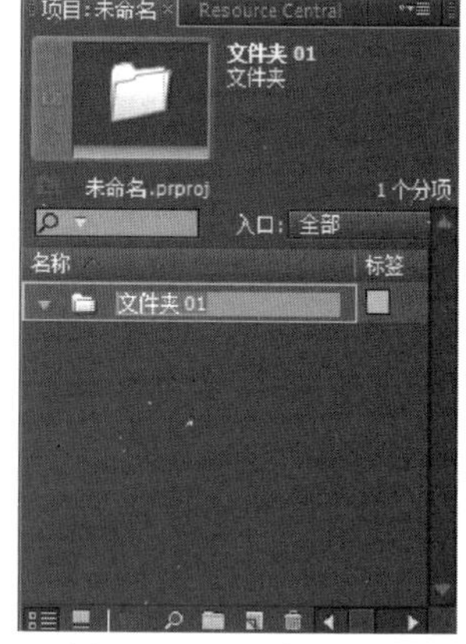

图2-24　新建文件夹

- 右击“项目”面板下半部分的空白处,在弹出的菜单中选择“新建文件夹”命令,可新建一个文件夹。
- 单击“项目”面板底部的“新建文件夹”按钮,可新建一个文件夹。

(4) 查找素材

当项目中的素材较多时,可以利用“查找”命令查找素材。单击“项目”面板,选择“编辑→查找”菜单命令;或单击“项目”面板底部的“查找”按钮,弹出如图2-25所示的“查找”对话框。

在对话框中需要设置下列各项。

- “列”:单击下拉列表框的箭头按钮,选择按照素材的哪列信息进行搜索,如名称、标签、帧速率等。

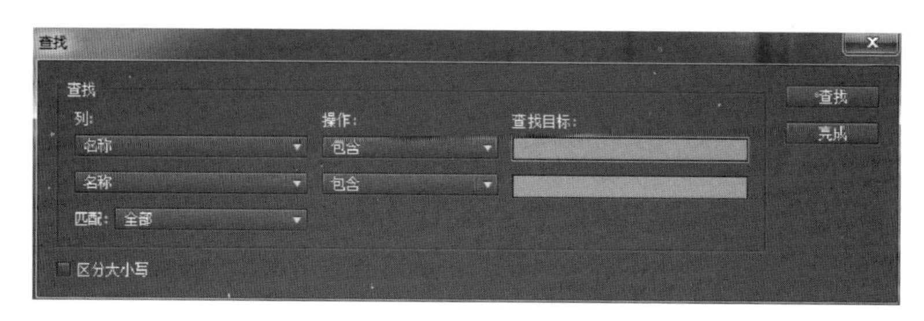

图2-25　“查找”对话框

- “查找目标”:输入要查找的内容。
- “操作”:单击下拉列表框的箭头按钮,选择如何查找素材。
- “匹配”:单击下拉列表框的箭头按钮,选择查找素材的方式。
- “区分大小写”:选中该复选框,将区分字母的大小写,即同一个字母的大小写按两个不同的字符来处理。

也可通过“项目”面板中的“查找”文本框来查找素材,如图2-26所示。

(5) 创建素材

在制作影片时,常常需要倒计时之类的片头,这样的素材可以在“项目”面板中创建。单击“项目”面板,选择“文件→新建”菜单命令,如图2-27所示,在其级联菜单中选择相应的素材名称。也可以右击“项目”面板下部的空白处,在弹出的菜单中选择“新建分项”命令,或单击“项目”面板底部的“新建分项”按钮。

1) 彩条

彩条用于测试显示设备和声音设备是否处于工作状态。在“新建”命令的级联菜单中选择“彩条”命令,则会弹出“新建彩条” 对话框,如图2-28所示,单击“确定”按钮,即可在“项目”面板中创建一个名为“彩条”的素材,如图2-29所示。

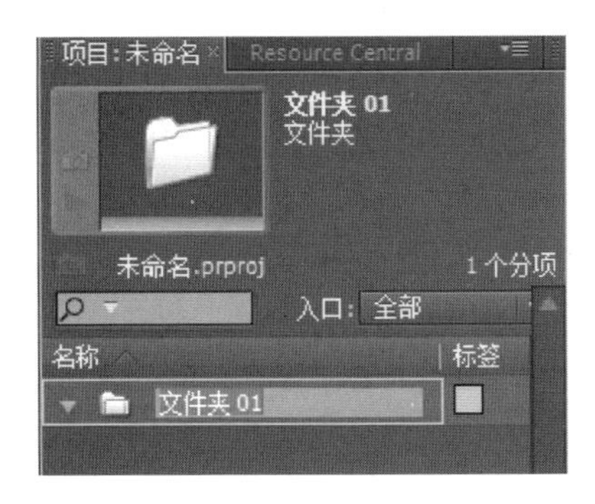

图 2-26 查找文本框

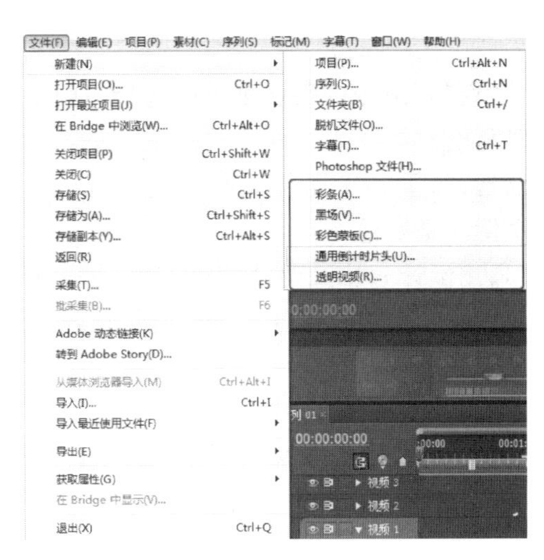

图 2-27 新建素材菜单

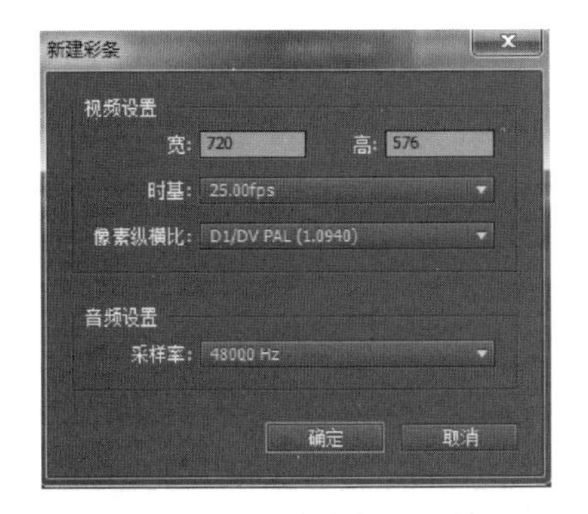

图 2-28 “新建彩条”对话框

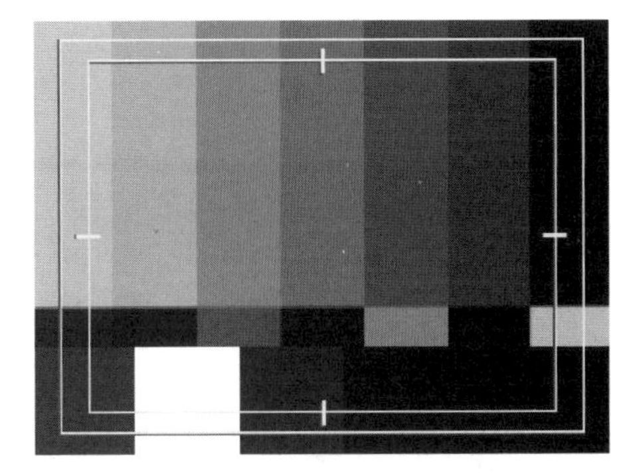

图 2-29 彩条

2）彩色蒙板

彩色蒙板可用做视频背景，也可以与其他素材叠加产生特殊效果。在“新建”命令的级联菜单中选择“彩色蒙板”命令，弹出“新建彩色蒙板”对话框，单击“确定” 按钮，会弹出如图 2-30 所示的“颜色拾取”对话框，用鼠标单击颜色条和颜色板上的颜色，可以选择某种颜色，也可以直接在对话框的右边输入数值来确定颜色，单击“确定”按钮后，在弹出的“选择名称”对话框中输入蒙板的名称，再单击“确定”按钮，即可在“项目”面板中创建一个蒙板素材。

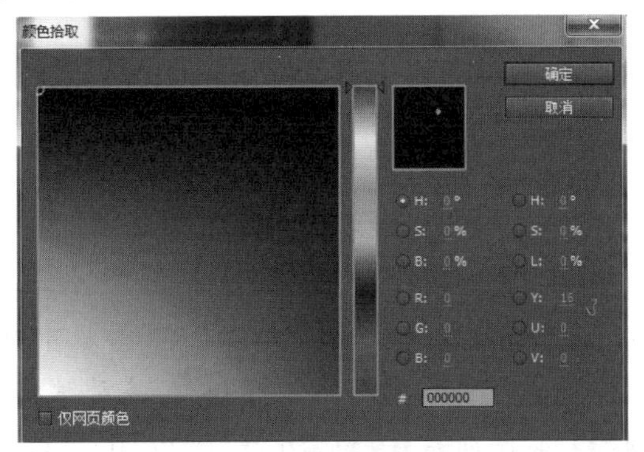

图 2-30 颜色拾取对话框

3）通用倒计时片头

在“新建”命令的级联菜单中选择“通用倒计时片头”命令，弹出“新建通用倒计时片头”对话框，如图 2-7 所示。单击“确定” 按钮，会弹出一个“通用倒计时片头设置”的对话框，如图 2-8 所示。设置相关参数后，单击“确定”按钮，即可在“项目”面板中创建一个倒计时素材。

“通用倒计时片头设置”对话框中各选项含义如下。

- “划变色”：设置片头倒计时指针顺时针方向旋转之后的颜色。
- “背景色”：设置片头倒计时指针旋转之前的颜色。
- “线条色”：设置片头倒计时指针和十字线条的颜色。
- “目标色”：设置片头倒计时圆形的颜色。
- “数字色”：设置倒计时片头中的数字颜色。
- “出点提示”：设置倒计时结束时是否显示标志图形。
- “倒数第 2 秒时提示音”：设置倒计时到倒数第 2 秒时是否响提示音。
- “每秒开始时提示音”：设置倒计时是否每一秒都有提示音。

案例 3　精彩的动物世界——素材的编辑

案例描述

通过制作精彩的动物世界影片，了解使用 Premiere Pro CS5 编辑视频、音频素材的操作方法和技巧。

案例分析

- 本案例首先新建一个新项目，并导入相关素材。
- 利用“解除视音频链接”命令将视频素材的视频部分与音频部分分离。
- 在“源”面板中，通过设置“入点”和“出点”选取需要的视频片段。利用各种方法对时间码进行定位。
- 对素材进行复制、粘贴和清除，利用快捷菜单和工具来改变素材的持续时间。

操作步骤

① 新建名称为“精彩的动物世界”的项目，选择“DV-PAL→标准 48 kHz”预置模式，单击“确定”按钮进入工作界面。

② 右击“项目”面板的空白处，在弹出的菜单中选择“导入”命令，按住 Ctrl 键，依次选择“鹤.wmv”、“老虎.wmv”、“猎豹.wmv”、“狮子.wmv”、“水族馆.wmv”和“野生动物.wmv”六个素材，单击“打开”按钮，将素材导入“项目”面板。

③ 将“野生动物”素材拖放到“时间线”面板的“视频 1”轨道上，右击该素材，在弹出的快捷菜单中选择“解除视音频链接”命令，如图 2-31 所示。

④ 双击“项目”面板上的“猎豹.wmv”素材，在“源”面板中打开素材，在时间码处单击并输入“00:00:03:00”，单击“设置入点”按钮，拖动时间指针，并利用“步进”按钮和“步退”按钮，将时间指针定位在 00:00:07:24 处，单击“设置出点”按

钮 。将“时间线”面板的时间指针移动到 00:00:24:15 处，单击“源”面板上的“插入”按钮 ，将设定的素材插入到“时间线”面板的“视频 1”轨道上，此时的“时间线”面板如图 2-32 所示。

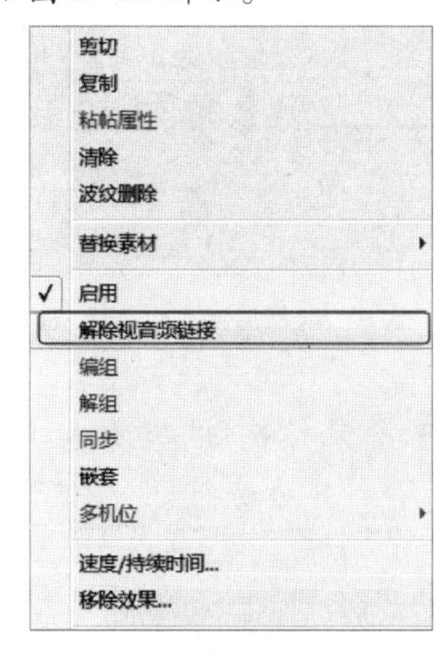

图 2-31 “解除视音频链接”快捷菜单

图 2-32 插入“猎豹”素材后的“时间线”面板

⑤ 选中第一段音频，单击“素材→重命名”菜单命令，在弹出的“素材重命令”对话框中输入“music1. wmv”，用同样的方法将第二段音频重命名为“music2. wmv”。

⑥ 将“时间线”面板的时间指针移动到 00:00:49:05 处，选中 music2. wmv，按住 Shift 键选择后面的“野生动物”视频，将它们移动到此处。右击 music1. wmv，在弹出的快捷菜单中选择“复制”命令，将时间指针移动到 00:00:24:15 处，按 Ctrl+V 快捷键，粘贴音频素材，单击“音频 1”轨道上的“轨道锁定开关”按钮 ，锁定音频轨道，“时间线”面板如图 2-33 所示。

图 2-33 移动复制素材后的“时间线”面板

⑦ 在“项目”面板上依次选中“鹤. wmv”、“老虎. wmv”、“水族馆. wmv”素材，将其拖放到“时间线”面板的“视频 1”轨道上“猎豹. wmv”素材的后面。右击“水族馆”素材，从弹出的快捷菜单中选择“速度/持续时间”，在弹出的“素材速度/持续时间”对话框中，把持续时间改为 00:00:03:00，如图 2-34 所示。

⑧ 将“时间线”面板的时间指针移动到 00:00:43:22 处，把“项目”面板上“狮子. wmv”素材拖放到“时间线”面板的“视频 2”轨道上，选择“工具”面板上的“剃刀工具” ，在 00:00:54:17 处单击“狮子. wmv”素材，右击后半部分，在弹出的快捷菜单中选择“清除”命令，此时的“时间线”面板如图 2-35 所示。

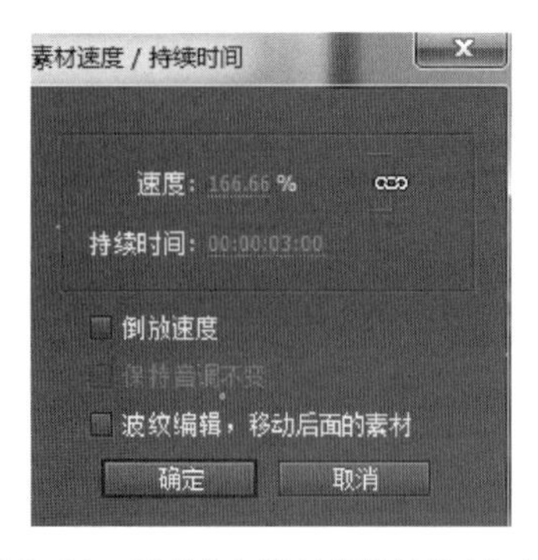

图 2-34 更改“水族馆”素材持续时间

图 2-35 添加“狮子”素材后的“时间线”面板

⑨ 选择“工具”面板上的“速率伸缩工具”按钮，将光标移到“狮子. wmv”素材的末端，拖动鼠标至后一段“野生动物. wmv”的入点处，并将其移动到“水族馆”和后一段“野生动物. wmv”之间，最终的“时间线”面板如图 2-36 所示。

图 2-36 最终的“时间线”面板

⑩ 单击“节目”面板上的播放按钮，观看影片。

2.3 编辑视频素材

1. 用“源”面板剪辑素材

Premiere 是一个非线性编辑软件，在制作影片时，它允许用户对素材进行随意剪辑。可以使用“源”面板对视频、音频素材进行剪辑。

(1) 在“源”面板中打开素材

默认情况下，“源”面板中没有素材可显示，可以用以下方法将素材添加到“源”面板中。

- 双击法：在“项目”面板中双击需要剪辑的素材，即可在“源”面板中出现素材的预览画面，如图 2-37 所示。
- 拖动法：在“项目”面板中选中需要剪辑的素材后，按住鼠标左键，将其拖动到“源”面板中，当鼠标指针变为手形时，松开鼠标按键即可。
- 右击法：在“项目”面板中右击需要剪辑的素材，从出现的快捷菜单中选择“在源监视器打开”命令即可。
- 在“源”面板中预览多个素材后，可以单击“源”面板标签，从弹出的下拉菜单中

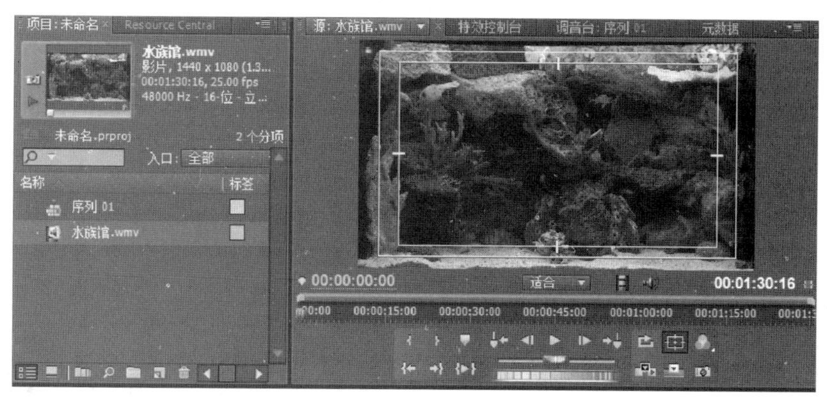

图 2-37　在“源”面板中预览素材

选择要剪辑的素材，也可以关闭不需要剪辑的素材，如图 2-38 所示。

图 2-38　选择要剪辑的素材

（2）剪辑素材并添加到“时间线”面板中

① 在“源”面板中打开要剪辑的素材。

② 拖动时间指针，找到素材的入点，单击“设置入点”按钮；拖动时间指针，找到素材的出点，单击“设置出点”按钮。

③ 单击“播放入点到出点”按钮进行预览，如果不满意可以重新设置。

④ 要将剪辑的素材添加到“时间线”面板上，首先需要把时间线指针移动到要插入的位置，然后单击“插入”按钮或“覆盖”按钮即可。用鼠标拖曳“源”面板中的显示窗口到“时间线”面板的相应轨道上，也可以将剪辑的素材添加到时间线上。

2. 在“时间线”面板上编辑素材

（1）增删轨道

启动 Premiere 时，在“时间线”面板上默认有 3 个视频轨道、3 个音频轨道和 1 个主音轨道，可以根据需要增加或删除轨道，可最多增加到 99 条轨道。

• 添加轨道：右击“时间线”面板上任一轨道名称处，在弹出的菜单中选择“添加轨道”命令，在弹出的“添加视音轨”对话框中设置参数，主要是输入轨道的条数，如图 2-39所示，然后单击“确定”按钮。

• 删除轨道:对于“时间线”面板上的空闲轨道或不需要的轨道,可以删除。右击“时间线”面板上轨道名称处,在弹出的菜单中选择“删除轨道”命令,弹出“删除轨道”对话框,如图 2-40 所示。在对话框中选中要删除轨道对应的复选框,默认删除全部空闲轨道,若只删除被选中的轨道,则单击下拉按钮,选择“目标轨”,然后单击“确定”按钮。

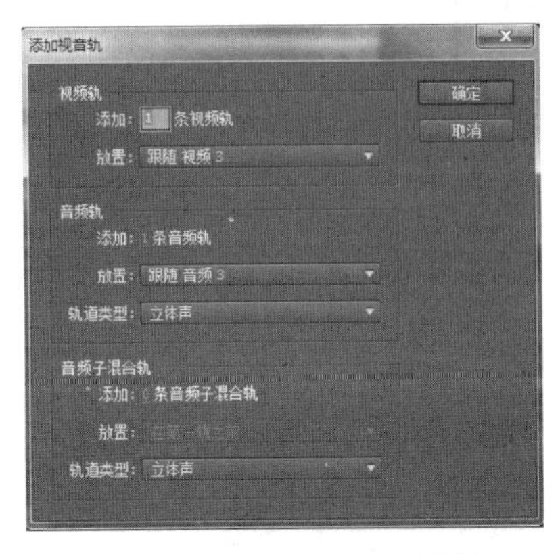

图 2-39 “添加视音轨”对话框

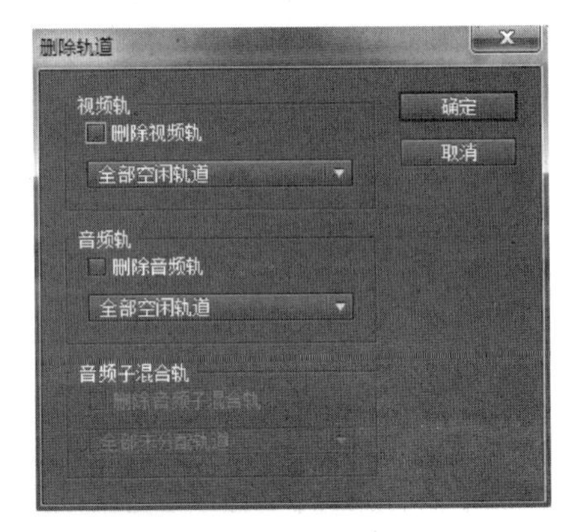

图 2-40 “删除视音轨”对话框

(2) 将素材自动添加到“时间线”面板

① 在“项目”面板中选择要自动添加的素材,如图 2-41 所示。

② 选择“项目→自动匹配序列”菜单命令,或单击“项目”面板底部的“自动化序列”按钮,打开“自动匹配到序列”对话框,如图 2-42 所示。

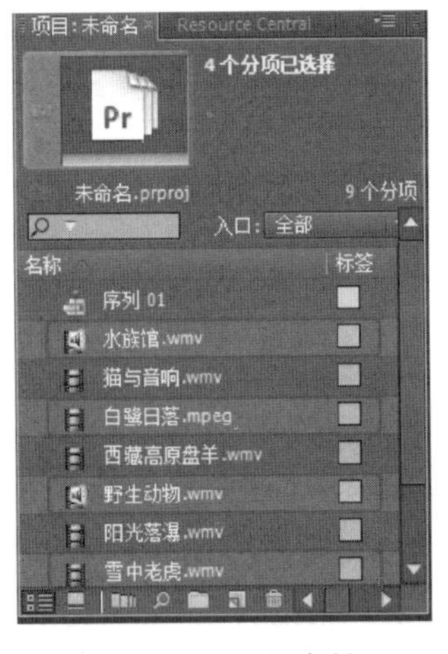

图 2-41 选择素材

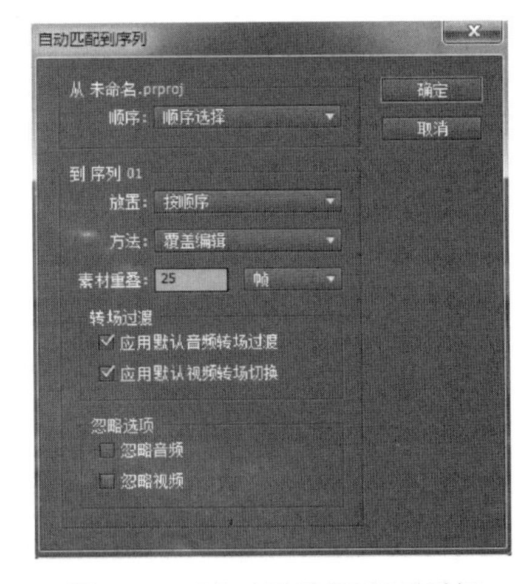

图 2-42 “自动匹配序列”对话框

③ 设置好参数后,单击“确定”按钮开始自动化添加素材,如图 2-43 所示为自动添加素材后的“时间线”面板。

(3) 选择、删除素材

• 选择单个素材:单击轨道上的素材缩略图,即可选中该素材。

• 选择不连续的多个素材:按 Shift 键的同时单击需要选择的素材,即可选中不连续的多个素材。

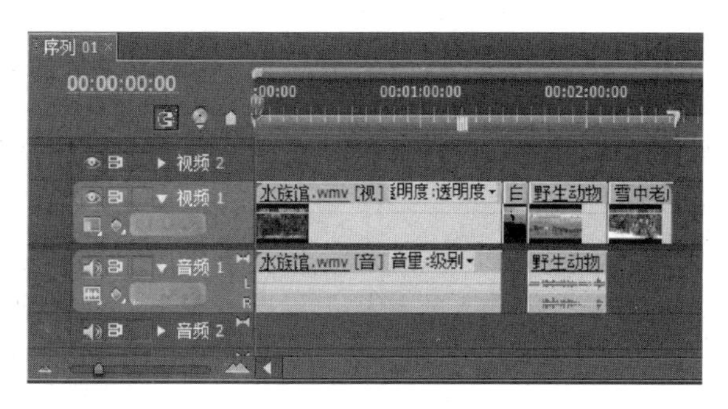

图 2-43　自动添加素材后的“时间线”面板

• 框选法选择多个连续的素材：在“时间线”面板中拖动鼠标，拖出一个选择框，凡是选择框接触到的素材都将被选中。

• 取消选择：在“时间线”面板上的空白处单击即可。

• 删除素材：对于项目中不需要的素材可以删除。在“项目”面板中选择需要删除的素材，按 Delete 键即可；或选择“编辑→清除”菜单命令，若该素材已被添加到时间线上，则 Premiere 会弹出一个警告信息对话框，单击“是”后即可删除所选素材。

• 波纹删除：单击“时间线”面板上需要删除的素材，选择“编辑→波纹删除”菜单命令，或右击“时间线”面板上需要删除的素材，选择“波纹删除”命令，可删除该素材，其后的素材自动向前移动。

（4）复制和移动素材

在 Premiere 中可以利用剪贴板对素材进行复制与移动，也可以复制素材的属性。

• 复制素材：在“时间线”面板中单击要复制的素材，然后选择“编辑→复制”菜单命令，再单击要复制到的轨道，并将时间线指针移动到要复制的位置，选择“编辑→粘贴”菜单命令即可。若选择“编辑→粘贴插入”菜单命令，则将素材插入到被选轨道时间线指针的位置，并且将轨道上的其他视频素材从时间线指针处分为两段，如图 2-44 所示。

图 2-44　粘贴插入素材

• 复制素材属性：可以将一个素材的特效复制到另一个素材上。首先在“时间线”面板上单击设置了特效的素材，在“特效控制台”面板中单击要复制的特效，选择“编辑→复制”菜单命令，然后在“时间线”面板中单击要粘贴特效的素材，选择“编辑→粘贴”菜单命令。

另外，也可以将一个素材的所有属性复制到另一个素材上。在“时间线”面板中单

击某个素材，选择“编辑→复制”菜单命令，然后单击要粘贴属性的素材，选择“编辑→粘贴属性”菜单命令即可。

- 移动素材：要移动时间线上的素材，可以用鼠标拖曳的方法，也可以用“编辑”菜单的“剪切”和“粘贴”命令实现。

（5）标记素材

标记用于标注重要的编辑位置。添加标记可以方便以后在标记点处添加和修改素材，也可以使用标记快速对齐素材。在时间线或素材上可以添加100个有序号的标记点，另外还可以添加多个无序号标记点。

- 在时间线标上添加标记：首先拖拉时间线指针到需要添加标记的位置，然后选择“标记→设置序列标记→未编号”菜单命令，或单击“时间线”面板上的“设置未编号标记”按钮，可在时间线上添加一个无编号的标记。另外，若选择“标记→设置序列标记→下一有效编号”菜单命令，则从0开始标记一个有序号的标记；若选择“标记→设置序列标记→其他编号”菜单命令，则可以在弹出的“设定已编号标记”对话框中输入该标记的序号，如图2-45所示。

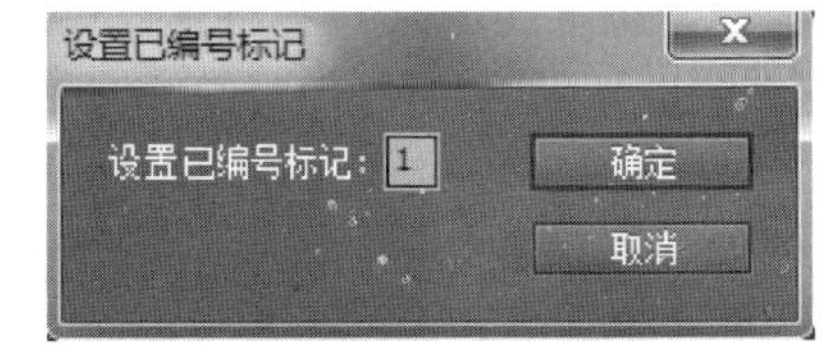

图2-45 “设定已编号标记”对话框

- 添加素材标记：如果要标记“时间线”面板上的素材，首先单击“时间线”面板上的素材，然后将时间线指针移动到要创建标记的位置，选择“标记→设置素材标记”菜单命令，如图2-46所示，可以设置有序号或无序号标记。如果要标记“源”面板中的素材，首先单击“源”面板，然后将时间线指针移动到要创建标记的位置，选择“标记→设置素材标记”菜单命令，设置有序号或无序号；也可以单击“源”面板中的“设置无编号标记”按钮来设置无序号的标记。

- 按标记跳转：在编辑素材时，可以根据标记点进行快速定位。如果要将时间线指针移动到某个标记位置，首先单击“时间线”面板，选择“标记→跳转序列标记”菜单命令，如图2-47所示，可以跳转到“下一个”、“前一个”或“编号”。如果要将时间线移动到轨道中某个素材片段的标记位置，首先单击该素材，选择“标记→跳转素材标记”菜单命令中的“下一个”、“前一个”或“编号”。如果要在“源”面板中跳转，首先单击“源”面板，然后选择“标记→跳转素材标记” 菜单命令进行跳转，也可以单击“跳转到前一标记”按钮或“跳转到下一标记”按钮进行跳转。

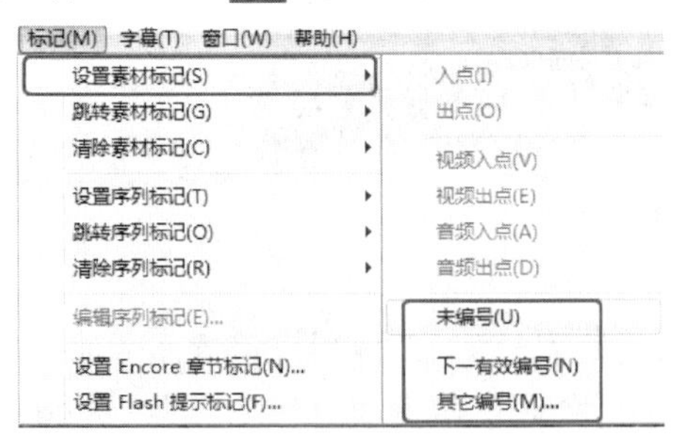

图2-46 “设置素材标记”菜单

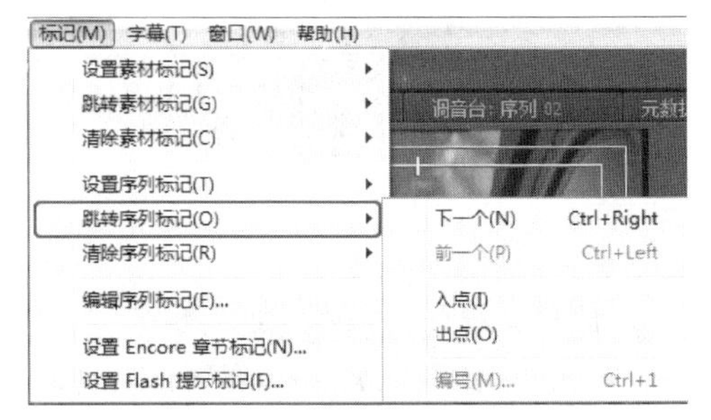

图2-47 “跳转序列标记”菜单

- 清除序列标记：将时间线指针跳转到要删除的标记位置，选择“标记→清除序列标记”菜单命令，如图 2-48 所示，可以清除“当前标记”、“所有标记”或有“编号”的标记。

• 清除素材标记：在“时间线”面板上选择需要清除标记的素材，然后选择“标记→清除素材标记”菜单命令，如图 2-49 所示，可以清除当前标记、所有标记或有“编号”的标记。

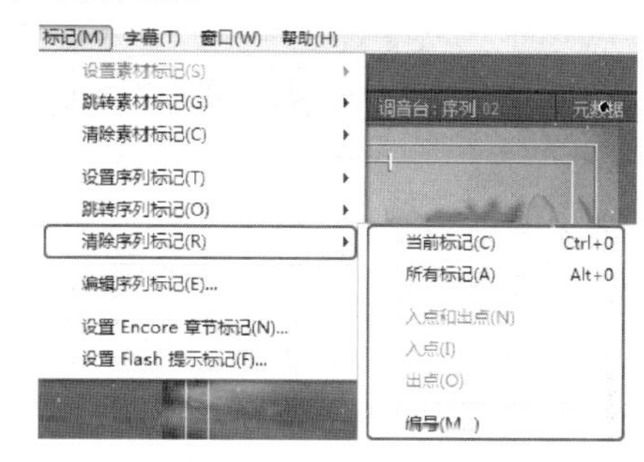

图 2-48 “清除序列标记”菜单

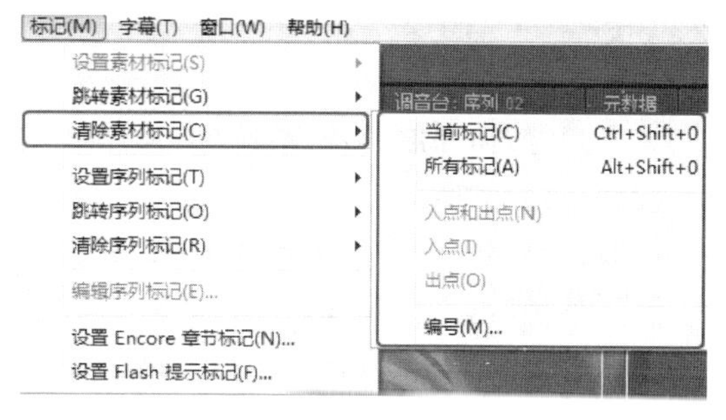

图 2-49 “清除素材标记”菜单

（6）视频、音频链接

• 分离视频和音频：要分离素材的视频和音频，先将素材拖放到“时间线”面板的视频轨道上，单击视频片段，选择“素材→解除视音频链接”菜单命令，如图 2-50 所示；或右击视频素材，在弹出的快捷菜单中选择“解除视音频链接”命令。

• 链接视频和音频：在“时间线”面板上选择视频轨道上的视频素材，然后按住 Shift 键选择音频轨道上的音频素材，执行“素材→链接视频和音频”菜单命令，如图 2-51所示；或右击素材，在弹出的快捷菜单中选择“链接视频和音频”命令。

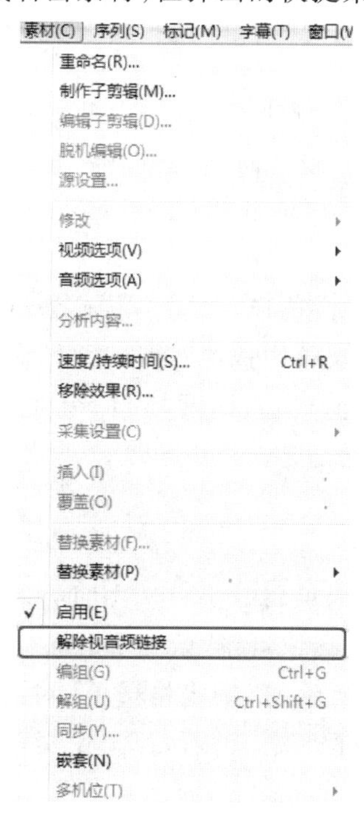

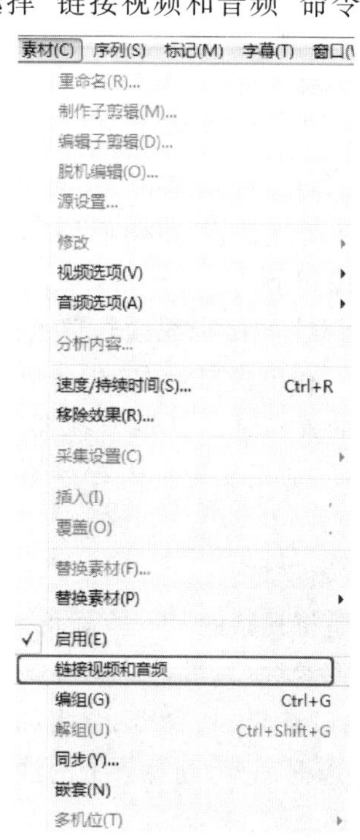

图 2-50 “解除视音频链接”菜单　　图 2-51 “链接视频和音频”菜单

(7) 编组素材

将多个素材进行编组，编组后的素材可以作为一个整体来操作，如选择、移动、复制、删除等。

● 编组：在“时间线”面板上先选择一个素材，然后按住 Shift 键选择要编组的其他素材，执行“素材→编组”菜单命令；或右击素材，在弹出的快捷菜单中选择“编组”命令。

● 解组：要取消素材的编组，只要选择被编组的素材，执行“素材→解组”菜单命令；或右击素材，在弹出的快捷菜单中选择“解组”命令。

(8) 调整素材播放速度

在编辑影片时，为了某些特殊效果，需要改变素材的播放速度，例如，“慢镜头”便是通过降低回放速度来实现的。设置素材的速度和长度方法如下。

● 利用命令设置：单击“时间线”面板或“源”面板中要改变播放速度的素材，选择“素材→速度/持续时间”菜单命令，弹出如图 2-34 所示的对话框。在“速度”文本框中，100% 表示正常速度，可以单击该值后输入需要设置的数值，或用鼠标左右拖拉该值来设置。若输入一个比 100% 大的数，则素材的播放速度加快，否则播放速度放慢。“持续时间”文本框中的数值表示素材播放的总长度，也可以通过改变该值来改变素材的播放速度。若选中“倒放速度”复选框，则素材将倒放，即素材的入点变为出点，出点变为入点。若选中“保持音调不变”复选框，则当改变素材的播放速度后，音频的播放能保持原有的音调。若选中“波纹编辑，移动后面的素材”复选框，则后面的素材跟随其移动。

● 利用“速率伸缩工具”设置：单击“工具”面板中的“速率伸缩工具”按钮，将鼠标指向要改变播放速度的素材的出点位置，拖曳鼠标可以改变素材的播放速度。

(9) 替换素材

素材的替换是一项方便实用的功能，可以将“时间线”面板中的素材片段替换为“项目”面板上文件夹中的素材或“源”面板中的素材。而在“时间线”面板中原有的一些关键帧和特效等属性设置保持不变。这个功能对使用 Premiere 模板有很大的帮助。具体的操作方法如下。

选中“时间线”面板中视频轨道上的视频素材，选择“素材→替换素材”菜单命令，如图 2-52 所示，或单击鼠标右键，在弹出的快捷菜单中选择“替换素材”命令。在“源”面板中有打开的素材时，“从源监视器”和“从源监视器，匹配帧”命令才可用；“项目”面板上有文件夹，如果文件夹内有多个素材时，要先选中其中一个，“从文件夹”命令才可用。

(10) 创建帧定格

帧定格就是将视频的某一帧静止，产生特殊的剪辑效果。选中“时间线”面板中视频轨道上的视频素材，为素材设置入点、出点或 0 标记点，然后单击鼠标右键，在弹出的快捷菜单中选择“帧定格”命令，弹出如图 2-53 所示的“帧定格选项”对话框。若勾选“定格滤镜”复选框，应用到视频上的滤镜效果也保持静止；若勾选“反交错”复选框，则进行交错场处理。

(11) 场设置

设置场可以防止视频出现抖动或跳帧。选中“时间线”面板中视频轨道上的视频

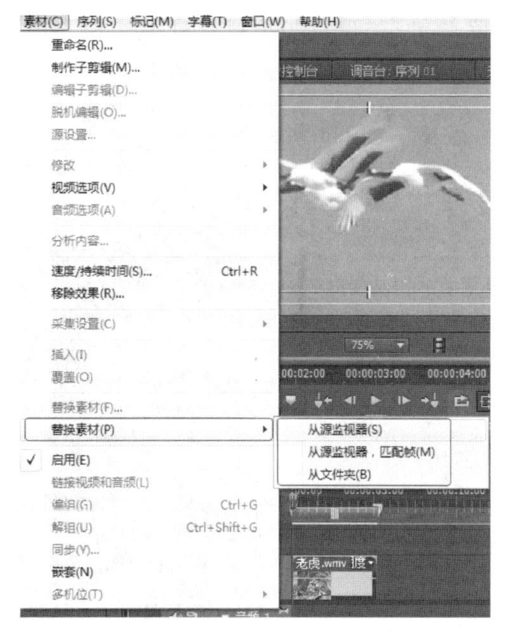

图 2-52　“替换素材”菜单命令

素材，然后单击鼠标右键，在弹出的快捷菜单中选择“场设置”命令，弹出如图 2-54 所示的“场选项”对话框，可根据需要选择处理选项。

图 2-53　“帧定格选项”对话框

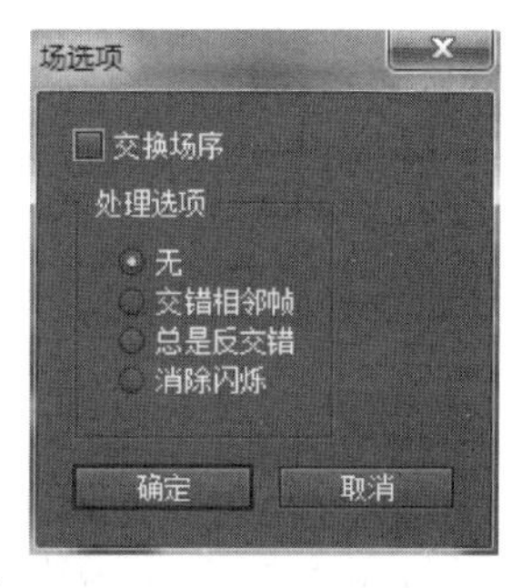

图 2-54　“场选项”对话框

(12) 帧混合

帧混合是解决跳帧现象的最佳手段，其原理是在源素材的视频帧(每两帧)之间插补过渡帧来弥补跳帧。选中“时间线”面板中视频轨道上的视频素材，然后单击鼠标右键，在弹出的快捷菜单中选择“帧混合”命令即可。

(13) 素材画面与当前项目尺寸匹配

如果导入的素材尺寸与屏幕大小不匹配，可以在该素材上单击鼠标右键，在弹出的快捷菜单中选择“缩放为当前画面大小”命令，即可自动匹配。

(14) 打包素材

如果在制作影片时没有把素材整理好，所用素材在不同的文件夹内，或者导入到“项目”面板的素材没有被使用，要整理项目文件，打包是个很好的选择。具体的打包方法如下。

单击“项目→移除未使用资源”菜单命令，如图 2-55 所示，可以把导入到“项目”面板且没有使用的素材清除。单击“项目→项目管理”菜单命令，打开如图 2-56 所示的“项目管理”对话框，可以选择项目整理方式和存储路径。

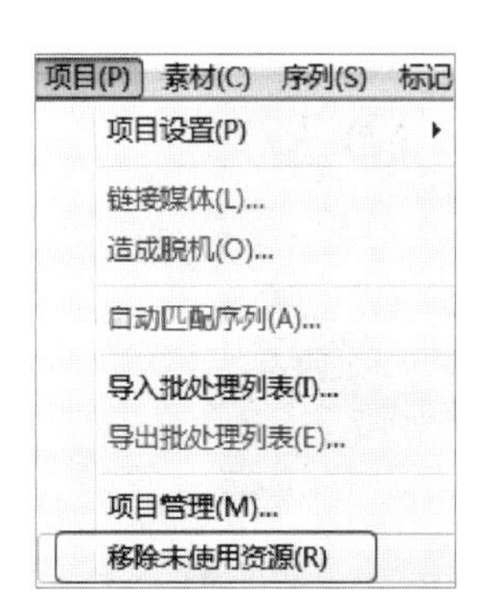

图 2-55 “移除未使用资源”菜单

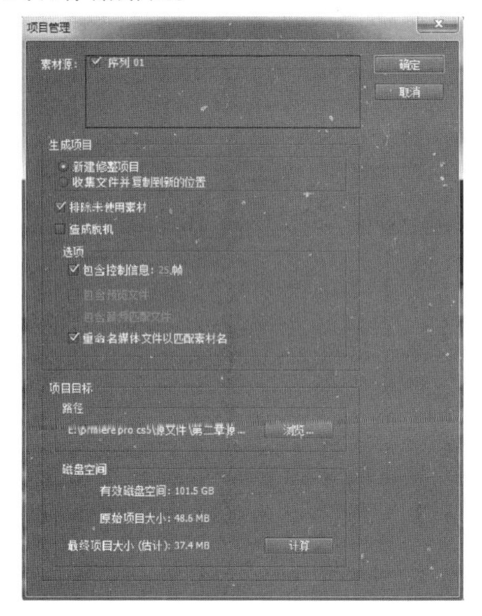

图 2-56 “项目管理”对话框

练习与实训

一、填空

1. 使用 Premiere 进行视频编辑前，首先要创建一个________，然后对项目进行必要的设置和________设置。

2. 新项目的创建有两种方式：一是通过________，二是通过________。

3. 要保存项目需要选择“文件→________”菜单命令，或按________快捷键，弹出“保存项目”对话框，并显示保存进度。

4. 要打开项目需要选择“文件→________” 菜单命令，在弹出的“打开项目”对话框中，选择要打开的文件。

5. 单击“项目”面板底部的________按钮，可新建一个文件夹。

6. ________就是按一定次序存储的连续图像，把每一幅图像连起来就是一段动态的视频。

7. Photoshop 图像文件包含有________，导入这种文件时，可根据需要选择要导入的图层。

8. ________用于测试显示设备和声音设备是否处于工作状态。

9. ________可用做视频背景，也可以与其他素材叠加产生特殊效果。

10. 在“源”面板中打开素材的方法有________、________和________三种。

11. 按________键的同时单击需要选择的素材即可选中不连续的多个素材。

12. 选择________命令，可删除该素材，其后的素材自动向前移动。

13. 在“时间线”面板中单击某段素材，选择“编辑→________”命令，然后单击要粘贴属性的素材，选择“编辑→________”命令即可将一个素材的所有属性复制到另一个素材上。

14. 单击要分离素材的视频和音频，选择“素材→________”菜单命令，可以将视、音频分离。

15. 在“速度”文本框中，100%表示正常速度，若输入一个比100%________的数，则素材的播放速度加快，否则播放速度放慢。

二、上机实训

1. 用DV摄像机拍摄学校的风景。

2. 启动Premiere，新建一个项目，项目名称为“我的校园”。

3. 将拍摄的视频采集到计算机中。

4. 利用Premiere的编辑功能，对所采集的素材进行裁剪、复制，将需要的素材放置到时间线上。

5. 将素材的音频部分删除。

6. 导入一段音乐或事先录制的解说，并放置到音频轨道上。

7. 播放你所制作的影片。

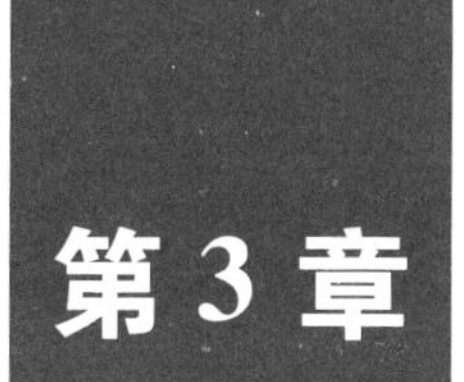

第3章 运动效果

案例4 “时尚车苑”——“特效控制台”面板的使用

案例描述

通过制作“时尚车苑”片头，了解“特效控制台”面板中“运动”、“缩放比例”和“透明度”等参数的作用，最终效果如图3-1所示。

图3-1 “时尚车苑”片头效果图

案例分析

① 首先通过更改静帧图像默认持续时间，导入相关素材。

② 然后在“特效控制台”面板中设置图片素材的“位置”参数，完成汽车的运动效果。

③ 最后设置文字的“缩放比例”、“透明度”和“位置”等参数，并利用复制、粘贴关键帧来完成文字的运动效果。

操作步骤

① 新建名为“时尚车苑”的项目，选择“DV-PAL→标准48 kHz”模式，序列名称为默认的项目文件。

② 选择“编辑→首选项→常规”菜单命令，在弹出的“首选项”对话框中设置“静帧图像默认持续时间”为75帧(3秒)，如图3-2所示，然后单击“确定”按钮。

③ 双击“项目”面板，打开“导入”对话框，将“ps素材”文件夹、“背景.wmv”视

频和“music. mp3”音乐素材导入到“项目”面板中，导入素材后的“项目”面板如图 3-3 所示。

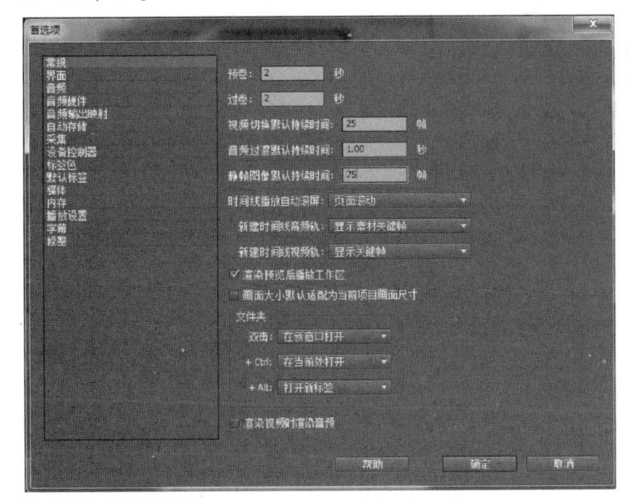

图 3-2　更改静帧图像默认持续时间

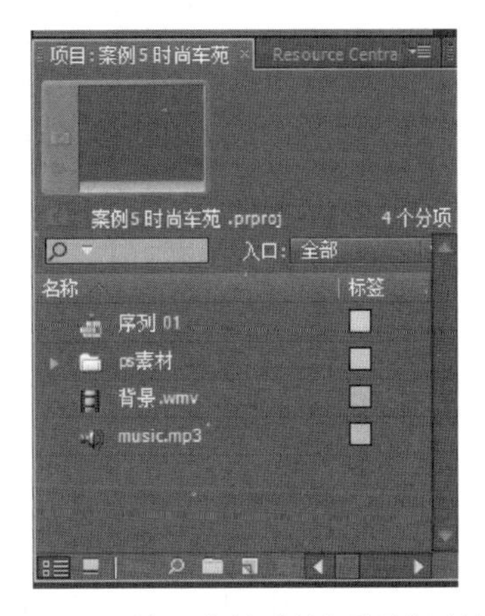

图 3-3　导入素材后的“项目”面板

④ 确认时间指针在 00:00:00:00 处，将“项目”面板上的“背景. wmv”素材拖放到“视频 1”轨道上，“music”素材拖放到“音频 1”轨道上。将“项目”面板上“ps 素材”文件夹中的“车 1. psd”、“车 2. psd”素材分别拖放到“视频 2”和“视频 3”轨道上，此时的“时间线”面板如图 3-4 所示。

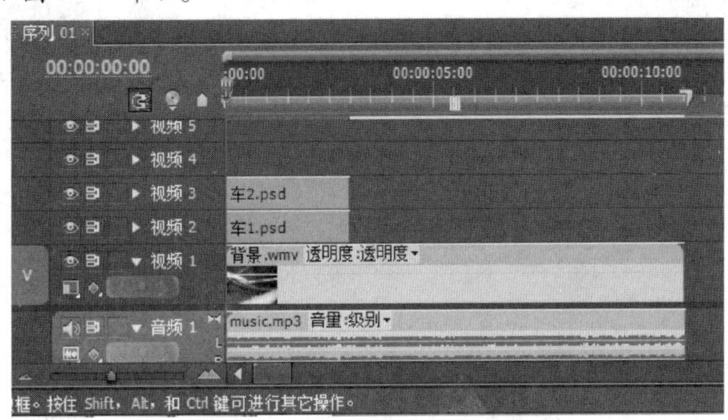

图 3-4　添加素材后的“时间线”面板

⑤ 选中“视频 2”轨道上的“车 1. psd”素材，在“特效控制台”面板中，单击“运动”选项前面的三角折叠按钮▶，展开“运动”选项的参数，单击“位置”前面的“切换动画”按钮⏱，在 00:00:00:00 处设置为“180. 0,630. 0”，在 00:00:02:24 处设置为“180. 0,-60. 0”，如图 3-5 所示。选中“视频 3”轨道上的“车 2. psd”素材，单击“位置”前面的“切换动画”按钮⏱，在 00:00:00:00 处设置为“-130. 0,210. 0”，在 00:00:02:24 处设置为“840. 0,210. 0”。

⑥ 将时间指针定位到 00:00:03:00 处，把“项目”面板上“ps 素材”文件夹中的“车 3. psd”、“车 4. psd”素材分别拖放到“视频 2”和“视频 3”轨道上。选中“视频 2”轨道上的“车 3. psd”素材，单击“位置”前面的“切换动画”按钮⏱，在 00:00:03:00 处设置为

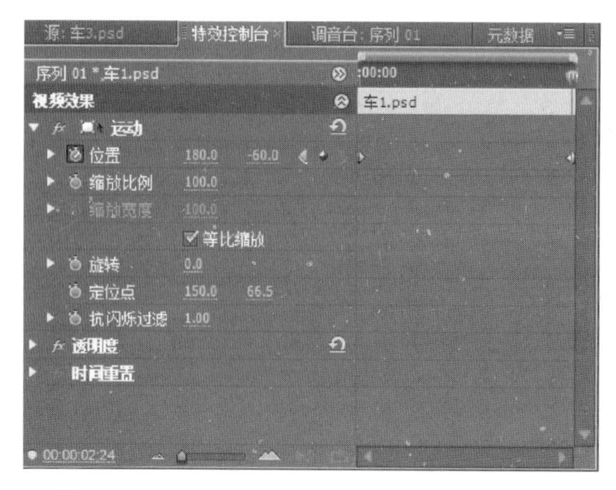

图 3-5　设置“特效控制台”面板“位置”关键帧

“860.0,255.0”,在 00:00:05:24 处设置为“-130.0,255.0”。选中“视频 3”轨道上的“车 4.psd”素材,单击“位置”前面的“切换动画”按钮,在 00:00:03:00 处设置为“-140.0,480.0”,在 00:00:05:24 处设置为“880.0,480.0”,设置及效果如图 3-6 所示。

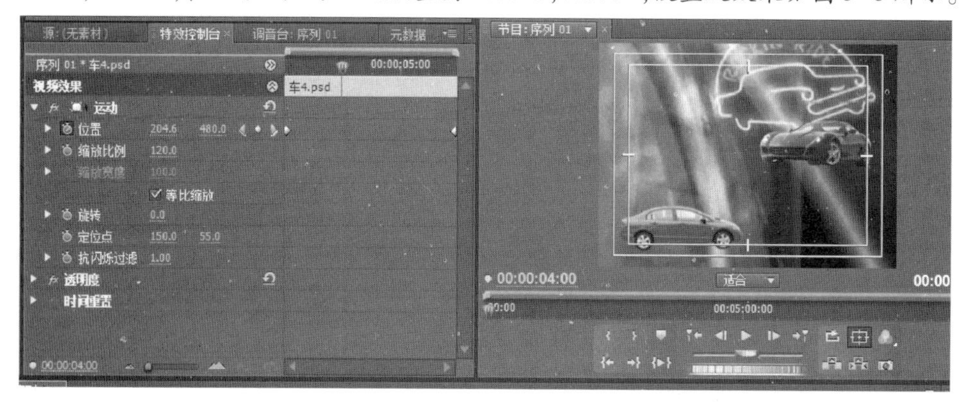

图 3-6　设置素材“位置”关键帧及效果

⑦ 把“项目”面板上“ps 素材”文件夹中的“文字”素材拖放到“视频 4”轨道上,单击“位置”前面的“切换动画”按钮,在 00:00:03:00 处设置为“990,370”,在 00:00:05:24 处设置为“-160.0,370.0”,“缩放比例”更改为 110。

⑧ 右击项目”面板上“ps 素材”文件夹中的“时.psd”素材,在弹出的快捷菜单中选择“速度/持续时间”选项,打开如图 3-7 所示的对话框,持续时间设置为 5 秒。用同样的方法设置“尚.psd”、“车.psd”、“苑.psd”素材的持续时间分别为 4 秒、3 秒、2 秒。

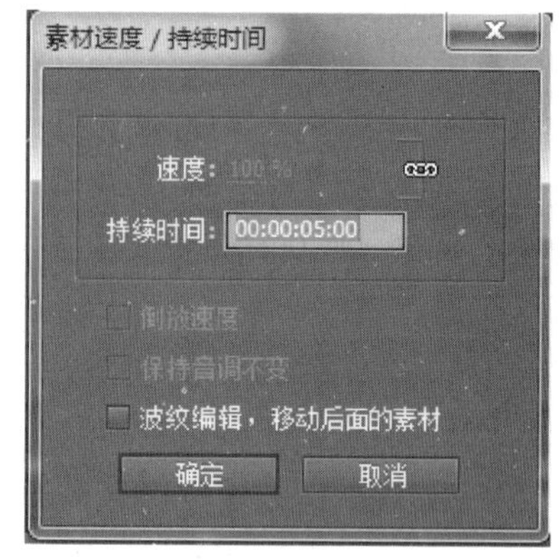

图 3-7　“素材速度/持续时间”对话框

⑨ 分别把“时.psd”、“尚.psd”、“车.psd”、“苑.psd”素材拖放到“视频 2”、“视频 3”、“视频 4”和“视频 5”轨道上,入点分别为 6 秒、7 秒、

8 秒和 9 秒处，此时的“时间线”面板如图 3-8 所示。

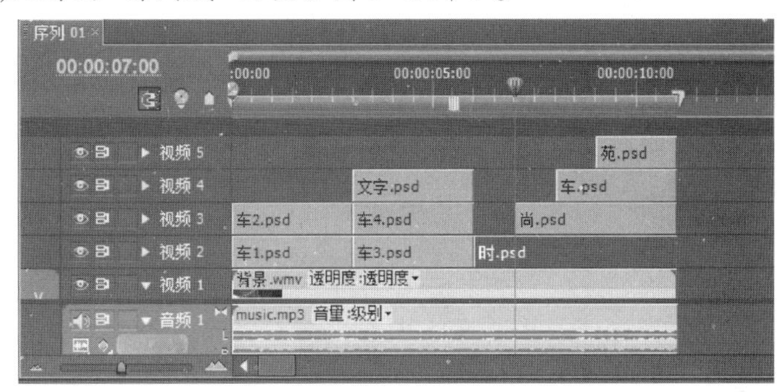

图 3-8　添加素材后的“时间线”面板

⑩ 选中“时”文字素材，分别单击“位置”、“缩放比例”、“透明度”前面的“切换动画”按钮，在 00:00:06:00 处“位置”设置为“360.0,288.0”，“缩放比例”为“300.0”，“透明度”为“0.0%”；在 00:00:06:24 处“位置”为“190.0,288.0”，“缩放比例”为“150.0”，“透明度”为“100.0%”，如图 3-9 所示。

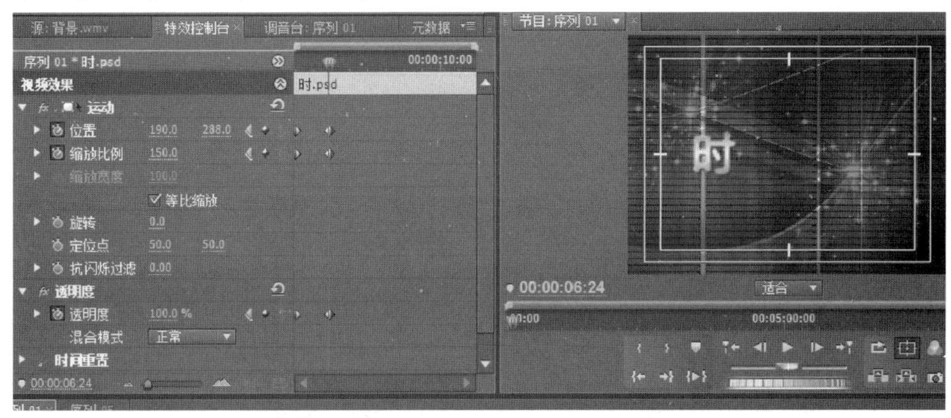

图 3-9　设置“时”文字素材关键帧及效果

⑪ 在“特效控制台”面板中拖动鼠标，框选已经设置好的 6 个关键帧，单击鼠标右键，在弹出的快捷菜单中选择“复制”，如图 3-10 所示；然后选择“尚”素材，将时间指针

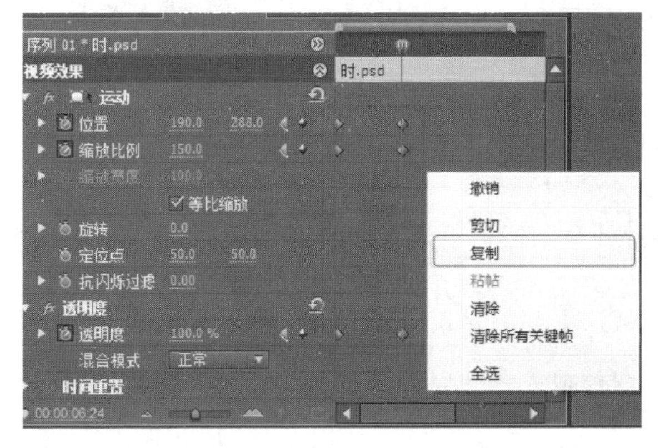

图 3-10　复制“特效控制台”面板关键帧

定位到其入点处,在“特效控制台”面板中,单击鼠标右键,在弹出的快捷菜单中选择“粘贴”,用同样的方法,将关键帧粘贴到“车”和“苑”素材上。

分别更改“尚”素材在00:00:07:24处的“位置”为“300.0,288.0”,“车”素材在00:00:08:24处的“位置”为“410.0,288.0”,“苑”素材在00:00:09:24处的“位置”为“520.0,288.0”。

制作完成后,单击“节目”面板中的“播放”按钮▶,观看效果。执行菜单“文件→保存”命令,保存项目文件。

3.1 设置关键帧

在Premiere中,不仅可以编辑组合视频素材,还可以将静态的图片通过运动效果使其运动起来。运动效果是通过帧动画来完成的。所谓的帧就是一个静止的画面,当时间指针以不同的速度沿“时间线”面板逐帧移动时,便形成了画面的运动效果。在非线性编辑中,表示关键状态的帧叫关键帧。关键帧动画可以是素材的运动变化、特效参数的变化、透明度的变化和音频素材音量大小的变化。当使用关键帧创建随时间变换而发生改变的动画时,必须使用至少两个关键帧:一个定义开始状态,另一个定义结束状态。Premiere主要提供了两种设置关键帧的方法:一是在“特效控制台”面板中设置关键帧,二是在“时间线”面板中设置关键帧。

下面,首先来认识“特效控制台”面板,如图3-11所示。

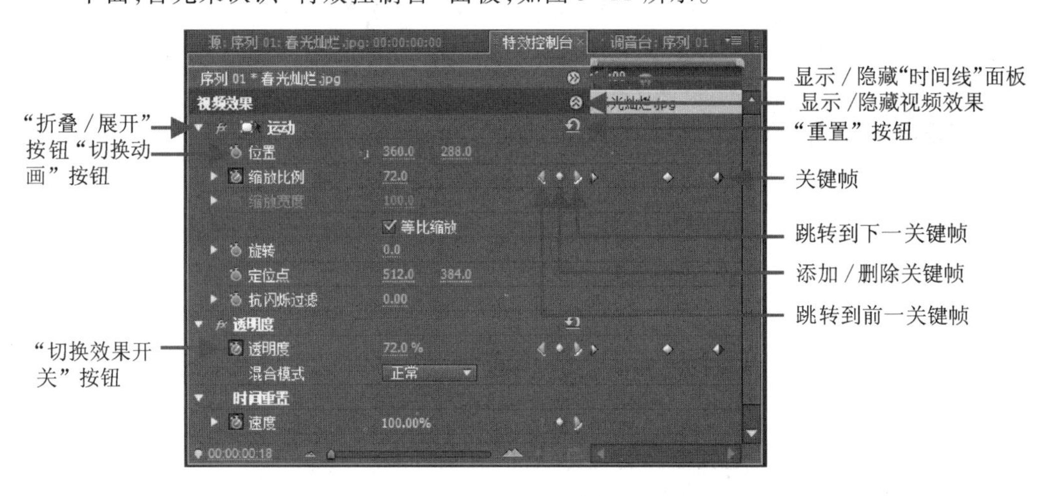

图3-11 “特效控制台”面板

1. 添加关键帧

添加必要的关键帧是制作运动效果的前提,添加关键帧的方法如下:

① 要为素材添加关键帧,首先应当将素材添加到视频轨道中,然后打开“特效控制台”面板,单击“运动”效果名称前的三角形按钮▶,将其展开。

② 将时间线指针移到需要添加关键帧的位置,在“特效控制台”面板中设置相应选项的参数(如“位置”选项),单击“位置”选项左侧的“切换动画”按钮,会自动在当前位置添加一个关键帧,将设置的参数值记录在关键帧中。

③ 将时间指针移到需要添加的位置，修改选项的参数值，修改的参数会被自动记录到第二个关键帧中。用同样的方法可以添加更多的关键帧。

2. 删除关键帧

在“特效控制台”面板中，删除关键帧，可以采用以下几种方法：

- 选中需要删除的关键帧，按 Delete 或 Backspace 键可删除关键帧。
- 将时间指针移到需要删除的关键帧处，单击“添加/删除关键帧”按钮，可以删除关键帧。
- 要删除某选项（如“位置”选项）所对应的所有关键帧，可单击该选项左侧的“切换动画”按钮，此时会弹出如图 3-12 所示的“警告”对话框，单击“确定”后可删除该选项所对应的所有关键帧。

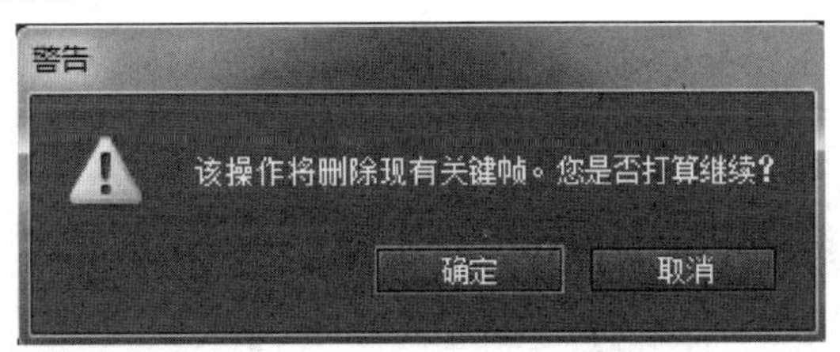

图 3-12 “警告”对话框

3. 复制、粘贴和移动关键帧

关键帧保存了参数在不同时间段的变化，可以被复制、粘贴到本素材的不同时间点，也可以粘贴到其他素材的不同时间点。将关键帧粘贴到其他素材时，粘贴的第 1 关键帧的位置由时间指针所处的位置决定，其他关键帧依次顺序排列。如果关键帧的时间比目标素材要长，则超出范围的关键帧也被粘贴，但不显示出来。

在“特效控制台”面板中，选择需要复制的关键帧，执行菜单“编辑→复制”命令，或者单击鼠标右键，在弹出的快捷菜单中选择“复制”命令，然后将时间线移动到需要复制关键帧的位置，执行“编辑→粘贴”菜单命令，或者单击鼠标右键，在弹出的快捷菜单中选择“粘贴”命令。

选择一个或按住 Shift 选择多个关键帧，拖曳到新的时间位置即可，且各关键帧之间的距离保持不变。

4. 关键帧插值

关键帧插值是指关键帧之间时间量的变化值。例如，从一个关键帧到下一个关键帧过渡时，可以是加速或减速过渡，也可以是均速过渡。关键帧插值的类型有 7 种，如图 3-13 所示。设置方法：选择要设置插值的关键帧，单击鼠标右键，在弹出的快捷菜单中选择相应的关键帧插值即可。

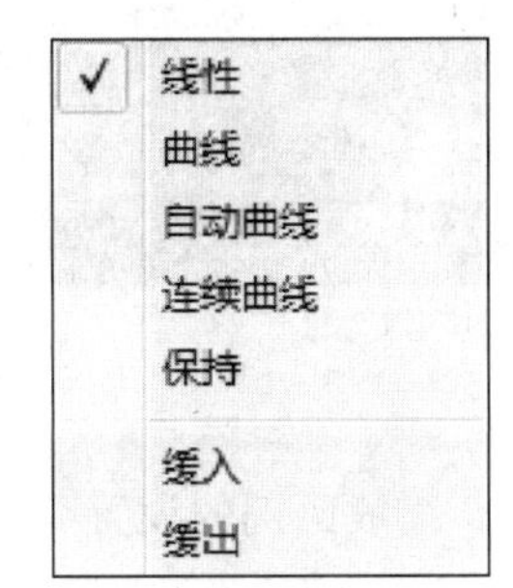

图 3-13 关键帧插值的类型

- 线性：线性匀速过渡，关键帧图标为。
- 曲线：可调节性曲线过渡，关键帧图标为。
- 自动曲线：自动平滑过渡，关键帧图标为。
- 连续曲线：连续平滑曲线过渡，关键帧图标为。

- 保持：突变过渡，关键帧之间的变化是跳跃性的，关键帧图标为◀。
- 缓入：缓慢淡入过渡，关键帧图标为⧗。
- 缓出：缓慢淡出过渡，关键帧图标为⧗。

3.2 设置运动效果

1. 位置的设置

位置由水平和垂直参数来定位素材在“节目”面板中的位置。将素材添加到轨道中，选择“特效控制台”面板中的“运动”选项，此时“节目”面板中的素材变为有控制外框的状态，如图 3-14 所示。此时拖动该素材或者直接修改“特效控制台”面板中的“位置”参数，都可以改变素材的位置。

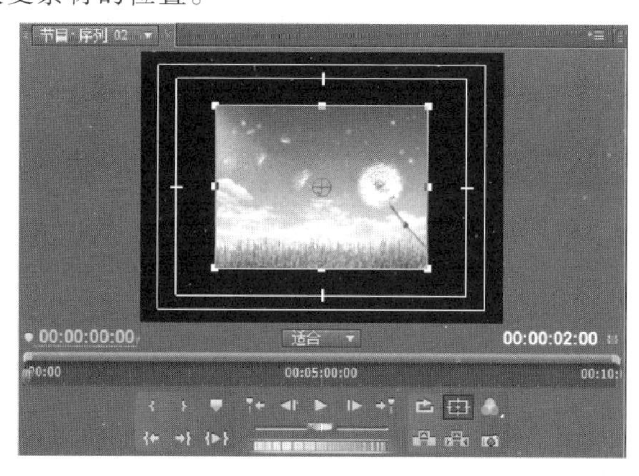

图 3-14 “节目”面板

如果需要素材沿路径运动，需要在运动路径上添加关键帧，并调整每一个关键帧所对应的位置。图 3-15 所示是添加了三个位置关键帧后所定义的素材运动路径。

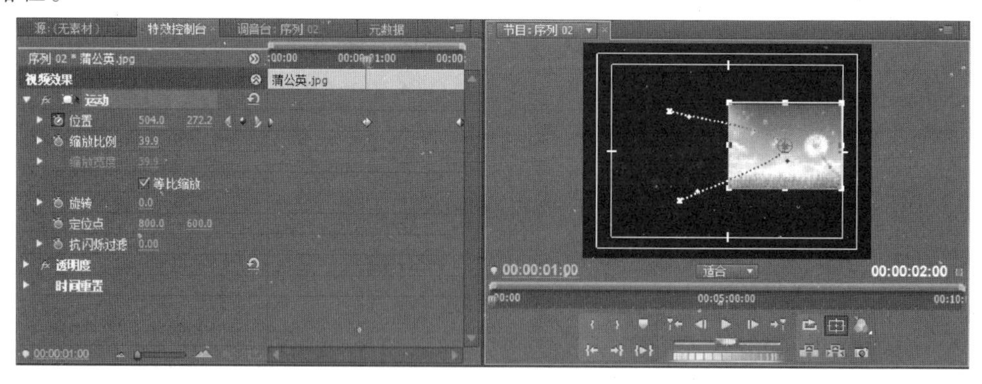

图 3-15 “特效控制台”面板和“节目”面板

2. 缩放比例的设置

“缩放比例”选项控制素材的尺寸大小。选择“特效控制台”面板中的“运动”选项

后，"节目"面板中的素材变为有控制外框的状态，拖动边框上的尺寸控点，可以调整素材的缩放比例，如图 3-16 所示；也可以通过修改"特效控制台"面板中的"缩放比例"参数，来调整素材的比例大小。如果不勾选"等比缩放"选项，则可以分别设置素材的高度和宽度比例。

图 3-16 "节目"面板

3. 旋转的设置

"旋转"选项控制素材在"节目"面板中的角度。选择"特效控制台"面板中的"运动"选项后，"节目"面板中的素材变为有控制外框的状态，将鼠标指针移动到素材上四个角的尺寸控点的左右，当指针变为形状时，可以拖动鼠标旋转素材，如图 3-17 所示。

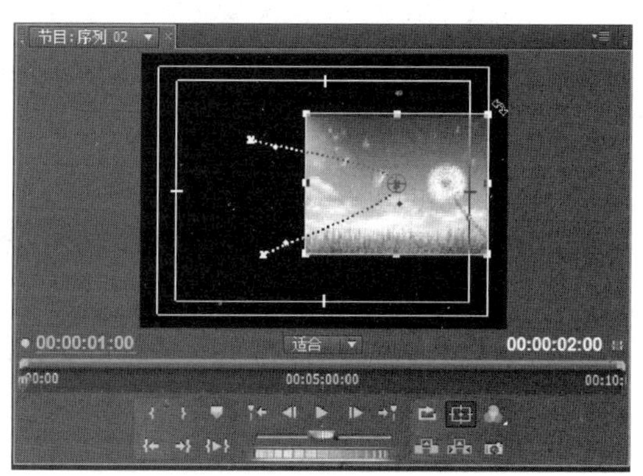

图 3-17 "节目"面板

在"特效控制台"面板中，设置"旋转"的参数值，也可以对素材进行任意角度的旋转。当旋转的角度超过"360°"时，系统以旋转一圈来标记角度，如"360°"表示为"1×0.0°"；当素材进行逆时针旋转时，系统标记为负的角度。

"定位点"选项控制素材旋转时的轴心点。

"抗闪烁过滤"选项控制素材在运动时的平滑度，提高此值可降低影片运动时的抖动。

4. 透明度的设置

"透明度"特效组用于控制影片在屏幕上的可见度；混合模式设置素材的混合模

式，各项功能和 Photoshop 软件中混合模式的功能相同。在“特效控制台”面板中，展开“透明度”选项，设置其参数值，便可以修改素材的不透明程度。当素材的“透明度”为100% 时，素材完全不透明；当素材的“透明度”为 0% 时，素材完全透明，此时可以显示出其下层的图像。

5. 时间重置的设置

“时间重置”特效组用于控制素材的无级变速效果，它可以在任意时间位置加快或放慢影片，影片产生快、慢镜头。通过在不同时间位置添加速度关键帧，来改变素材的速度。

案例 5　电脑广告——运动效果的综合应用

案例描述

通过综合运用“运动”效果来制作一个电脑广告，加深对运动效果的理解，掌握制作技巧，最终效果如图 3-18 所示。

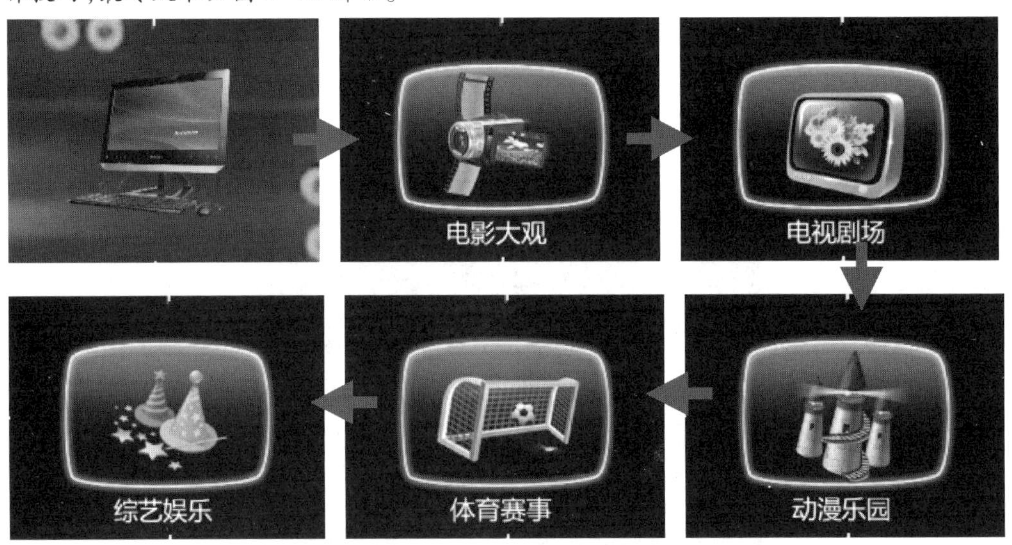

图 3-18　“电脑广告”效果图

案例分析

① 首先通过更改静帧图像默认持续时间，导入相关素材。

② 然后在“特效控制台”面板中设置素材的“位置”、“透明度”、“缩放比例”、“旋转”参数，来形成运动效果。

③ 通过建立序列副本，并利用素材替换功能来制作各镜头，最后组合完成视频。

操作步骤

① 新建一个名为“电脑广告”的项目，选择“DV-PAL→标准 48 kHz”，序列名称为默认的项目文件。

② 选择“编辑→首选项→常规”菜单命令，在弹出的“首选项”对话框中设置“静帧图像默认持续时间”为 50 帧(2 秒)，然后单击“确定”按钮。

③ 双击“项目”面板，打开“导入”对话框，将“png 素材”文件夹、“ps 素材”文件夹、“sc. wmv”视频和“music. mp3”音乐素材导入到“项目”面板中，导入素材后的“项目”面板如图 3-19 所示。

④ 将“项目”面板上的“sc. wmv”素材拖放到“视频 1”轨道上，“music. mp3”素材拖放到“音频 1”轨道上。将“项目”面板上“ps 素材”文件夹中的“电脑”素材分别拖放到“视频 2”轨道上，并更改其持续时间为 3 秒 15 帧，此时的“时间线”面板如图 3-20 所示。

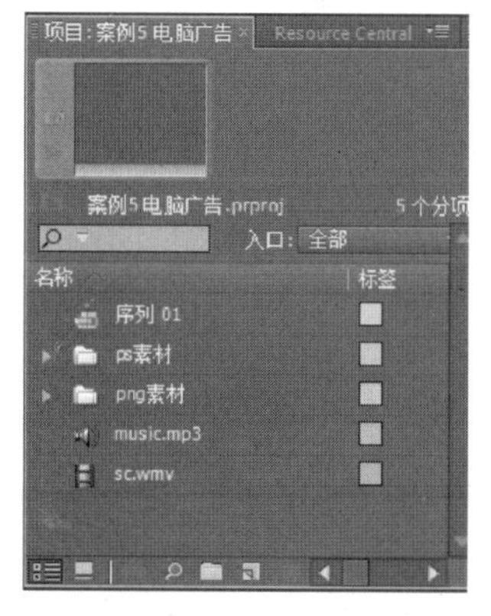

图 3-19　导入素材后的“项目”面板

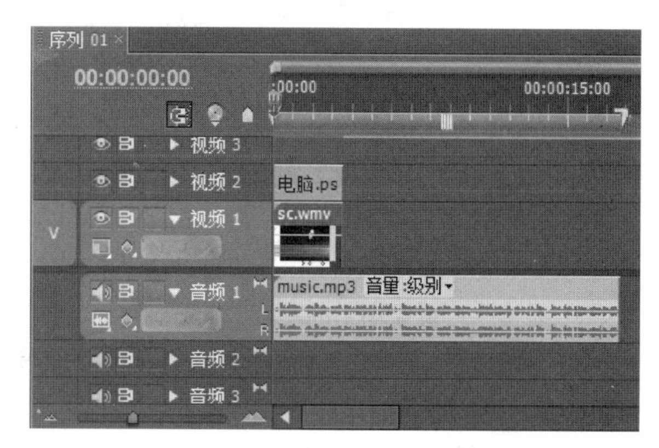

图 3-20　添加素材后的“时间线”面板

⑤ 选中“视频 2”轨道上的“电脑”素材，在“特效控制台”面板中，单击“运动”选项前面的三角折叠按钮，展开“运动”选项的参数，单击“缩放比例”前面的“切换动画”按钮，在 00:00:00:00 处设置为“0.0”，在 00:00:00:24 处设置为“80.0”；单击“透明度”前面的“切换动画”按钮，在 00:00:02:15 处设置为“100.0%”，在 00:00:03:14 处设置为“0.0%”，如图 3-21 所示。

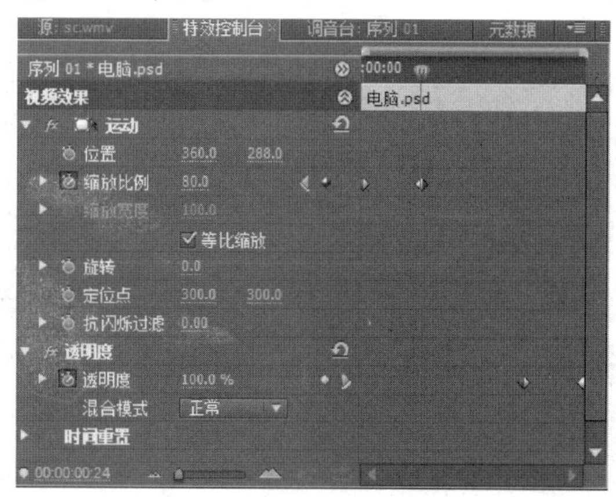

图 3-21　设置“电脑”素材的“缩放比例”和“透明度”关键帧

⑥ 单击“项目”面板底部的“新建分项”按钮，在出现的快捷菜单中选择“序列”，在弹出的对话框中的“序列名称”文本框中输入“电影大观”。分别将“项目”面板

上“ps 素材”文件夹中的“边框.psd”素材拖放到“电影大观”序列的“视频 1”轨道上，“png 素材”文件夹中的“t1.png”素材拖放到“视频 2”轨道上；把时间指针定位到00:00:00:05处，将“电影大观.psd”文字素材拖放到“视频 3”轨道上，并更改其持续时间为 1 秒 20 帧，“电影大观”序列如图 3-22 所示。

图 3-22 “电影大观”序列

⑦ 选中“视频 1”轨道上的“边框”素材，分别单击“位置”、“透明度”前面的“切换动画”按钮，在 00:00:00:00 处“位置”设置为“990.0,288.0”，“透明度”设置为“0.0%”；在 00:00:00:05 和 00:00:01:19 处“位置”设置为“360.0,288.0”，“透明度”设置为“100.0%”；在 00:00:01:24 处“位置”设置为“-180.0,288.0”，“透明度”设置为“0.0%”。复制已经设置好的关键帧，粘贴到“t1”素材上，并在 00:00:00:15 和00:00:01:09 处将“缩放比例”设置为“100.0”，“旋转”设置为“0.0°”；在 00:00:01:00 处“缩放比例”设置为“120.0”，“旋转”设置为“10.0°”，“t1.png”的设置如图 3-23 所示。选中“视频 3”轨道上的“电影大观.psd”文字素材，“位置”设置为“360.0,460.0”，“缩放比例”设置为“130.0”，在 00:00:00:05 和 00:00:01:24 处“透明度”设置为“0.0%”，在 00:00:00:10 和 00:00:01:19 处“透明度”设置为“100.0%”。

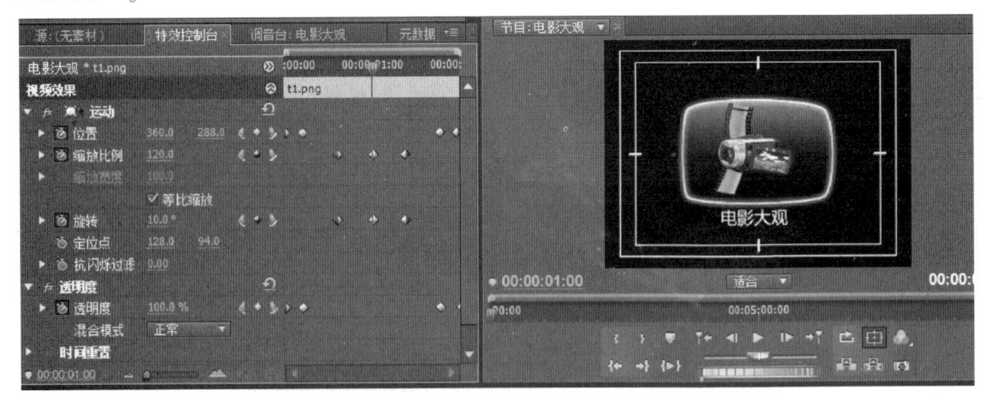

图 3-23 “t1”素材的关键帧设置及效果

⑧ 在“项目”面板上右击“电影大观”序列，在弹出的快捷菜单中选择“副本”命令，如图 3-24 所示，会在“项目”面板上新建“电影大观副本”序列，然后将“电影大观副本”序列改名为“电视剧场”。

⑨ 在"项目"面板上双击"电视剧场"序列，在"项目"面板中打开"电视剧场"序列。按住 Alt 键的同时拖动"t2"素材到"电视剧场"序列"视频 2"轨道的"t1. png"素材上，选中"ps 素材"文件夹中的"电视剧场. psd"文字素材，右击"电视剧场"序列"视频 3"轨道的"电影大观. psd"素材，在弹出的快捷菜单中选择"素材替换→从文件夹"命令，"电视剧场"序列替换效果如图 3-25 所示。

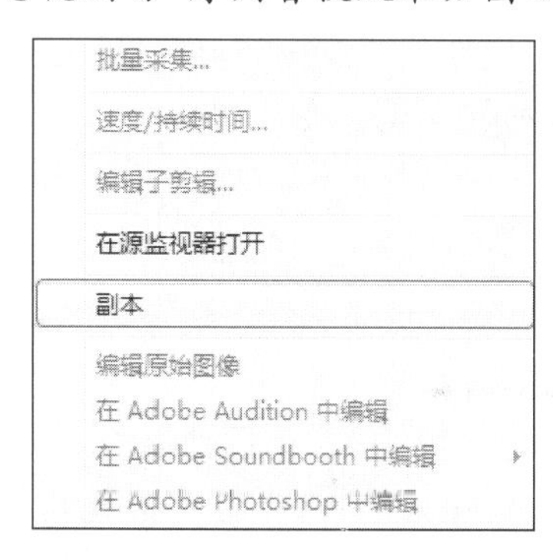

图 3-24　"副本"快捷菜单

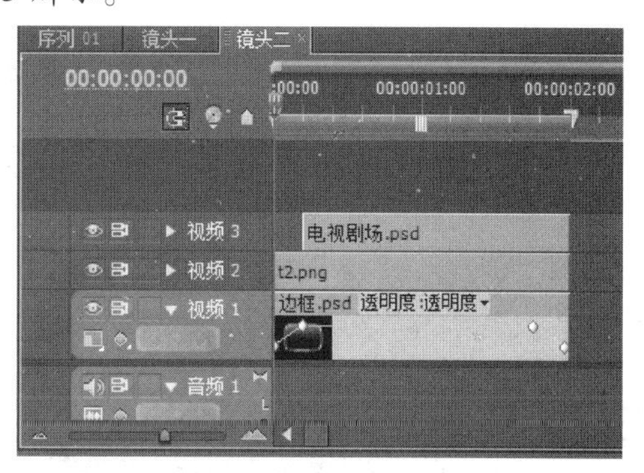

图 3-25　"电视剧场"序列

⑩ 依此方法分别建立"炫动音乐"、"动漫乐园"、"体育赛事"、"综艺娱乐"和"电子杂志"序列，各序列的效果分别如图 3-26、图 3-27、图 3-28、图 3-29 和图 3-30 所示。

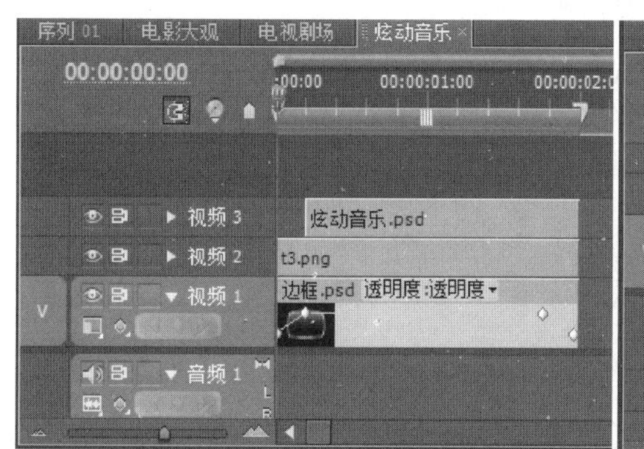

图 3-26　"炫动音乐"序列

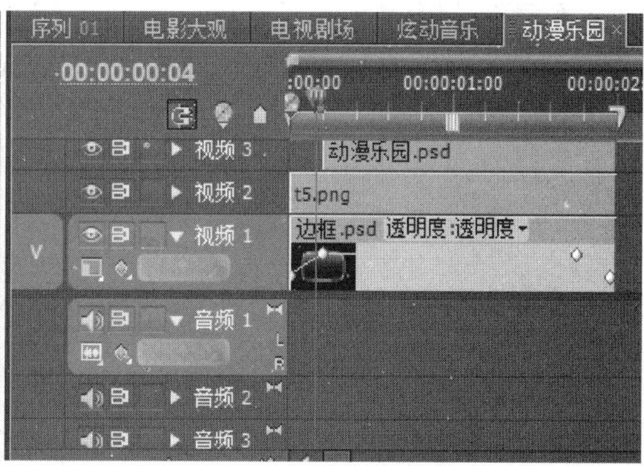

图 3-27　"动漫乐园"序列

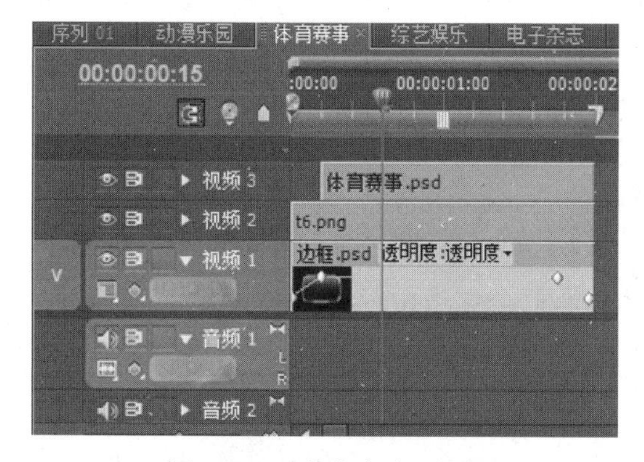

图 3-28　"体育赛事"序列

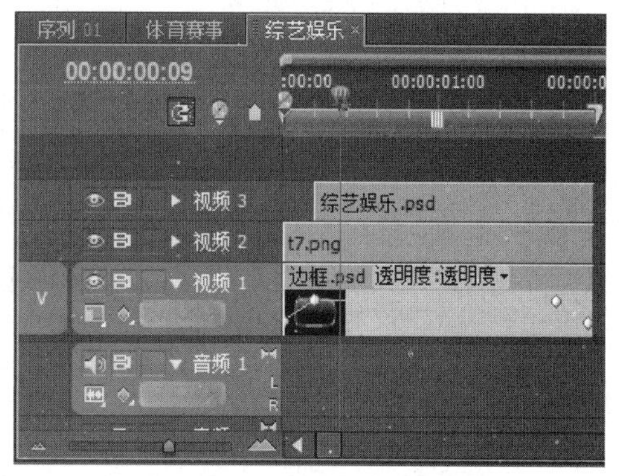

图 3-29　"综艺娱乐"序列

⑪ 切换到“序列 01”序列，单击“音频1”轨道前的“轨道锁定开关”按钮，将其锁定。在“项目”面板上依次选择“电影大观”、“电视剧场”、“炫动音乐”、“动漫乐园”、“体育赛事”、“综艺娱乐”和“电子杂志”序列，将其拖放到“视频 1”轨道“sc”视频的后面，并将各序列的视音频链接解除，删除音频部分，最终的效果如图 3-31 所示。

图 3-30 “电子杂志”序列

⑫ 制作完成后，按快捷键“Ctrl+S”命令保存项目文件。按“空格键”观看效果。

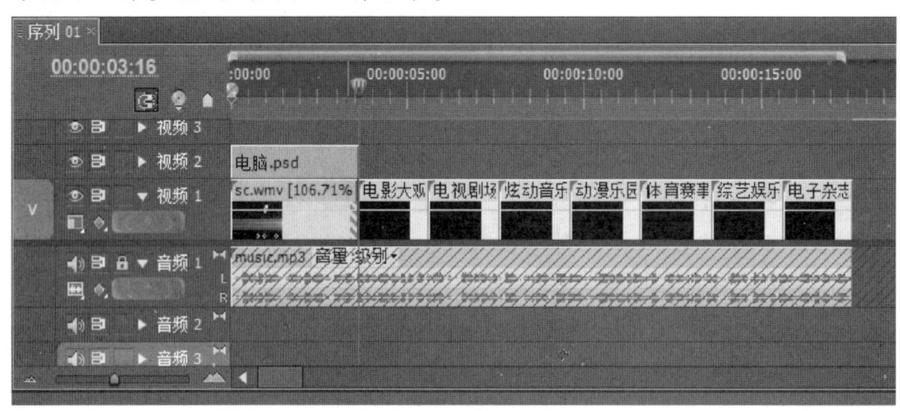

图 3-31 最终效果

练习与实训

一、填空

1. 运动效果是通过________来完成的，所谓的帧就是一个________，当时间线以不同的速度沿帧面板移动时，便形成了画面的运动效果。

2. 在非线性编辑中，表示关键状态的帧叫________。关键帧动画可以是素材的________、特效参数的变化、________、音频素材音量大小的变化。

3. 当使用关键帧创建随时间变换而发生改变的动画时，必须使用至少两个关键帧：一个定义________，另一个定义________。

4. Premiere 主要提供了两种设置关键帧的方法：一是在________面板中设置关键帧，二是在________面板中设置关键帧。

5. 单击“位置”选项左侧的________按钮，会自动在当前位置添加一个关键帧，将设置的参数值记录在关键帧中。

6. 选中需要删除的关键帧，按________或________键可删除关键帧。

7. 将时间指针移到需要删除的关键帧处，单击________按钮，可以删除关键帧。

8. 关键帧插值是指关键帧之间________的变化值。如从一个关键帧到下一个关键帧过渡时，可以是________或减速过渡，也可以是匀速过渡。

9. 位置由________和垂直参数来定位素材在“节目”面板中的位置。

10. ________控制素材的尺寸大小。________控制素材在“节目”面板中的角度。

11. ________特效组用于控制影片在屏幕上的可见度；________设置素材的混合模式。

12. ________特效组用于控制素材的无级变速效果，它可以在任意时间位置加快或放慢影片，影片产生快、慢镜头。通过在不同时间位置添加________关键帧，来改变素材的速度。

二、上机实训

1. 制作汽车从右边缓慢驶入，在中间暂留，然后加速向左行驶的运动效果，如图 3-32 所示。

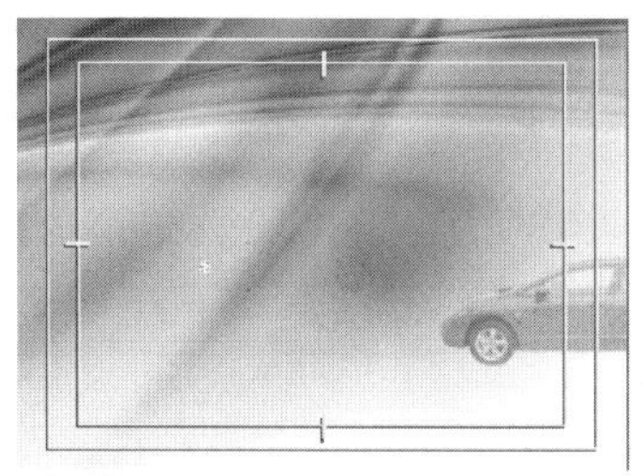

图 3-32　汽车的运动效果

2. 制作足球从场外右上旋转着飞入，在场内跳跃几次后，又滚出场外的运动效果，如图 3-33 所示。

图 3-33　足球的运动效果

提示：制作时应遵循近大远小的原则，可以通过设置缩放比例来实现。

3. 制作文字从无到逐渐出现，且从小逐渐变大，先向右移动，然后再向左移动，最后逐渐消失的运动效果，如图 3-34 所示。

图 3-34　文字的运动效果

提示:把文字素材的混合模式改为线性加深。

4. 制作如图 3-35 所示的蝴蝶采花的运动效果。

图 3-35　蝴蝶采花的运动效果

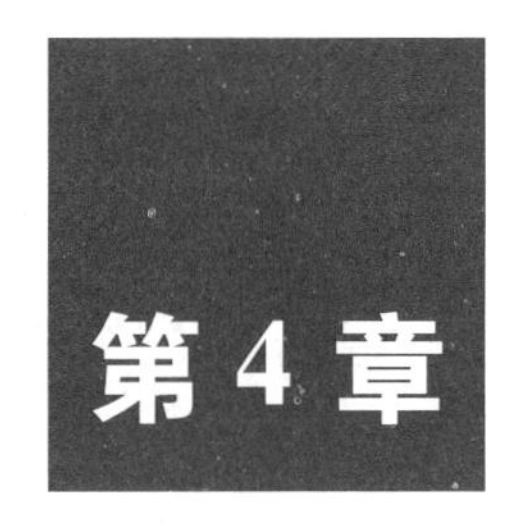

第4章 视频转场

案例6　四季过渡——认识视频转场

案例描述

本案例通过在4张季节图片间添加简单转场制作四季过渡的效果，如图4-1所示。

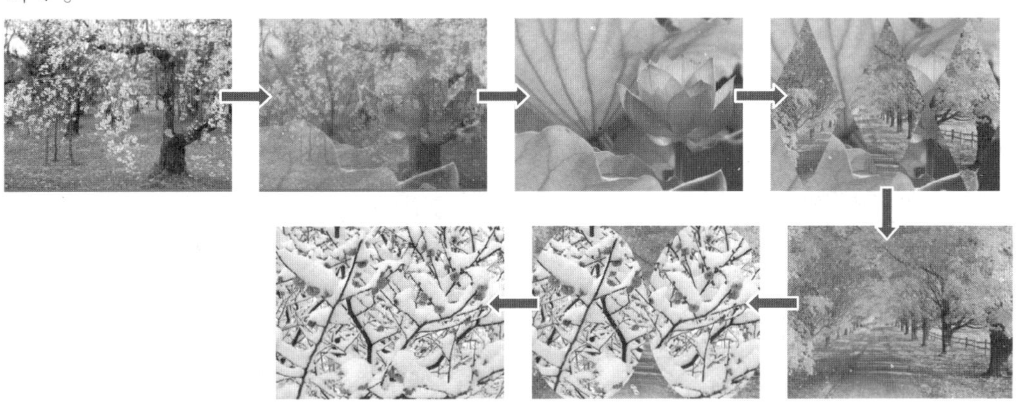

图4-1　四季过渡转场效果

案例分析

- 按快捷键Ctrl+D为视频添加默认“交叉叠化”转场效果。
- 通过“效果”面板添加“划像形状”转场效果。

操作步骤

① 单击“新建项目”按钮，在弹出的对话框中设置存储位置和文件名，如图4-2所示，单击“确定”，选择“DV-PAL→标准48 kHz”模式，如图4-3所示，新建名为“四季过渡”的项目。

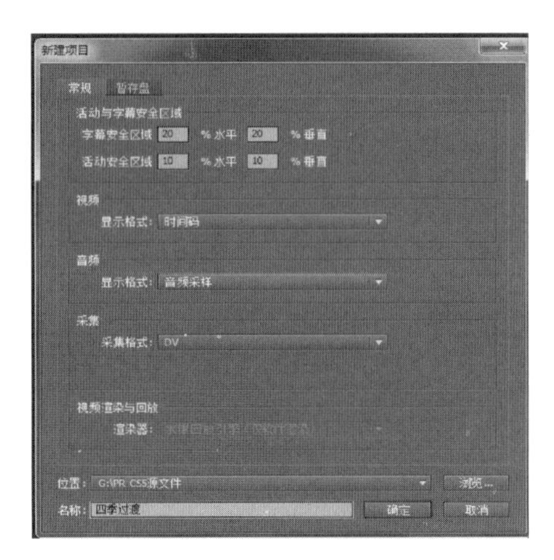

图 4-2 “新建项目”对话框

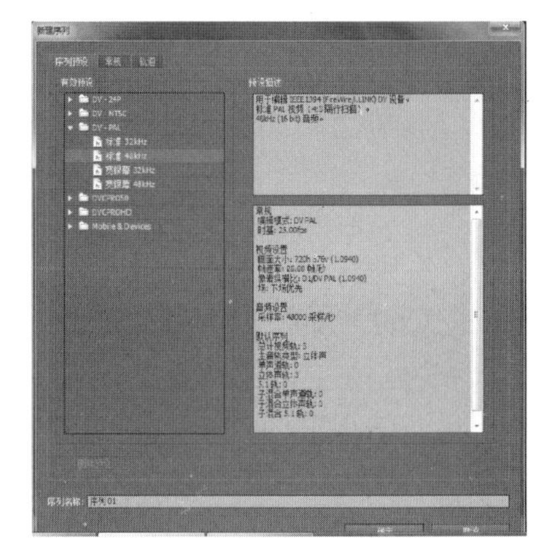

图 4-3 “新建序列”对话框

② 双击“项目”面板的空白处，打开“导入”对话框，按住 Ctrl 键单击选择素材文件“春. jpg”、“夏. jpg”、“秋. jpg”、“冬. jpg”，单击“打开”按钮，导入到“项目”面板中，导入后的效果如图 4-4 所示。

③ 在“项目”面板中右键单击素材“春. jpg”，选择“速度/持续时间”命令，打开如图 4-5 所示对话框，设置“持续时间”为 6 秒。同样，将其他素材的持续时间均设置为 6 秒。

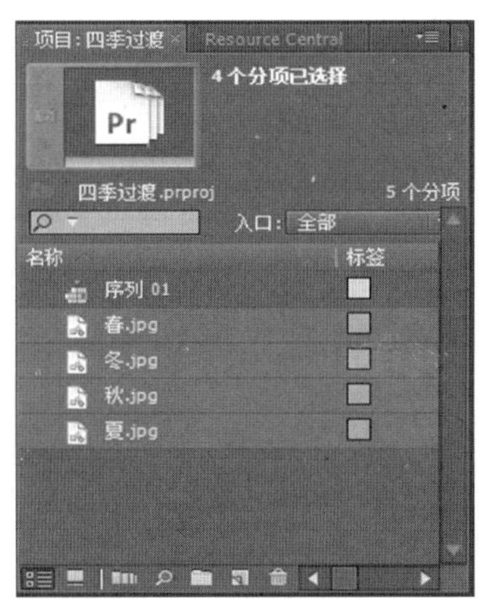

图 4-4 “项目”面板

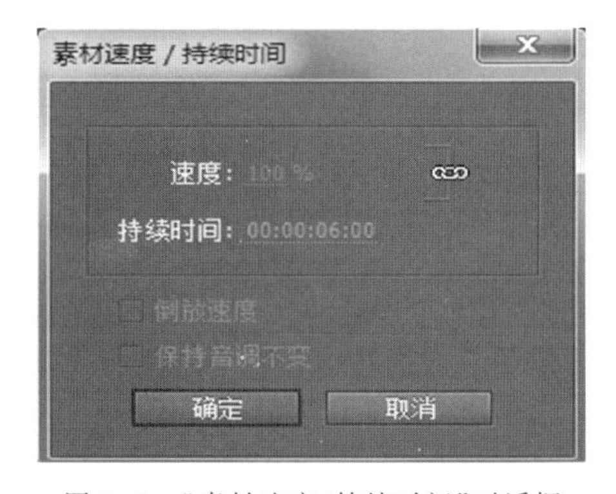

图 4-5 “素材速度/持续时间”对话框

④ 按住 Ctrl 键不放，在“项目”面板中用鼠标依次将“春. jpg”、“夏. jpg”、“秋. jpg”、“冬. jpg”4 个素材文件拖放至“时间线”面板中的“视频 1”轨道上，如图 4-6所示。

⑤ 在“时间线”面板中，将时间指针的位置调整到“春. jpg”和“夏. jpg”两个素材的交界处，选择“序列→应用视频过渡效果”命令或按 Ctrl+D 快捷键，在两个素材中间添加“叠化”视频转场效果。

⑥ 在如图 4-7 所示“效果”面板中，选择“视频切换”→“划像”→“划像形状”转场效果，将其拖放到“视频 1”轨道中“夏. jpg”和“秋. jpg”两个素材的交界处。

图 4-6　拖入素材后的“时间线”面板

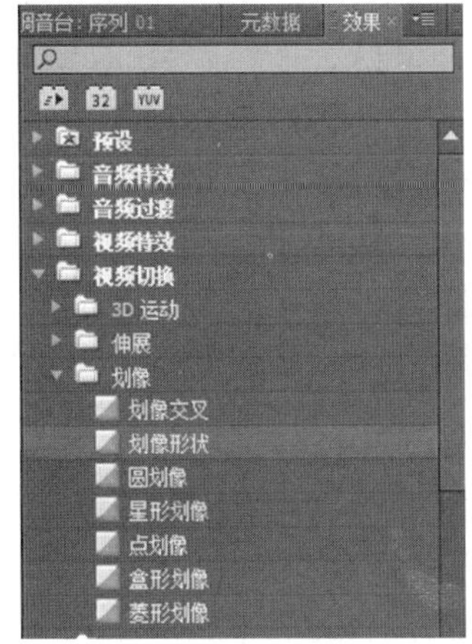

图 4-7　“效果”面板

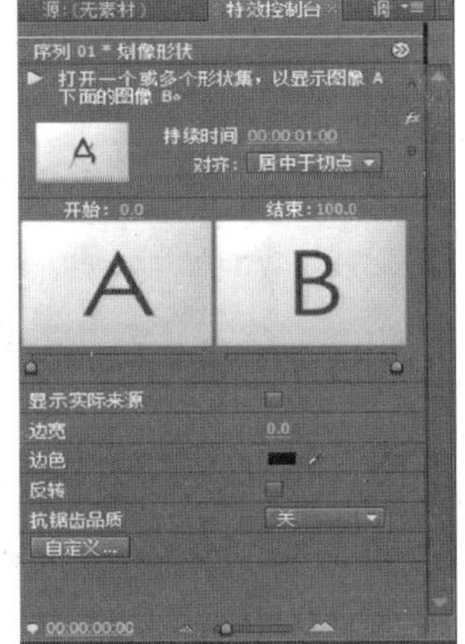

图 4-8　划像形状特效控制台

图 4-9　“划像形状设置”对话框

⑦ 双击“视频 1”轨道中“划像形状”转场效果，打开“特效控制台”面板，如图 4-8 所示，单击“自定义”按钮，设置参数如图 4-9 所示。

⑧ 重复步骤⑥、⑦，在“秋.jpg”和“冬.jpg”两个素材交界处添加“划像形状”转场效果，设置其转场属性，添加效果后的“时间线”面板如图 4-10 所示。

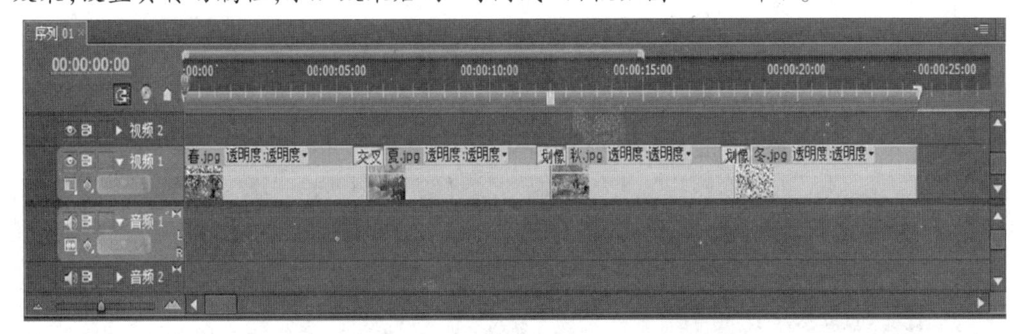

图 4-10　添加转场效果后的“时间线”面板

⑨ 保存项目，导出媒体。完成后的播放效果如图 4-1 所示。

4.1 认识视频转场

视频转场也称为视频切换或视频过渡，主要用于素材场景的变换。在影视作品的制作过程中，将转场添加到相邻的素材之间，能够使素材之间较为平滑、自然地过渡，增强视觉连贯性。利用转场效果的视觉特效，可以更加鲜明地表现出素材与素材之间的层次感和空间感，从而增加影片的艺术感染力。

Premiere 提供了多种类型的视频转场效果，使剪辑师有了更大的创作空间和灵活应变的自由度。视频转场由两部分组成："效果"面板和"特效控制台"面板，如图 4-11、图 4-12 所示。"效果"面板为用户准备了 70 多种生动有趣的转场特效，"特效控制台"面板提供了转场的参数信息，以方便用户对转场效果进行修改。

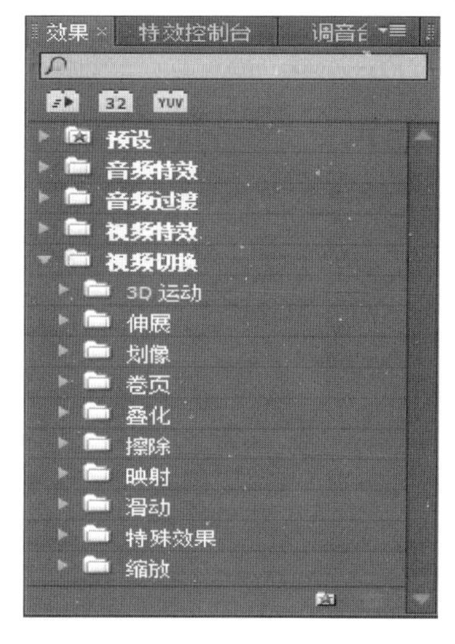

图 4-11 "效果"面板

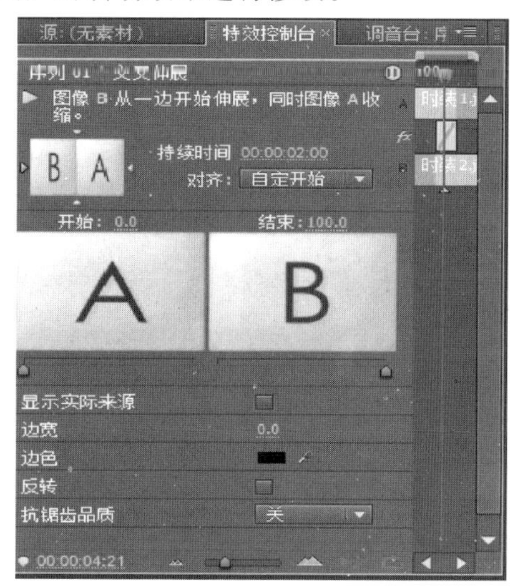

图 4-12 "特效控制台"面板

1. 添加视频转场

要为素材添加转场效果，可在"效果"面板中单击"视频切换"左侧的折叠按钮，然后单击某个转场类型的折叠按钮并选择某个转场效果，将其拖放到两段素材的交界处，在视频素材中就会出现转场标记，如图 4-13 所示。

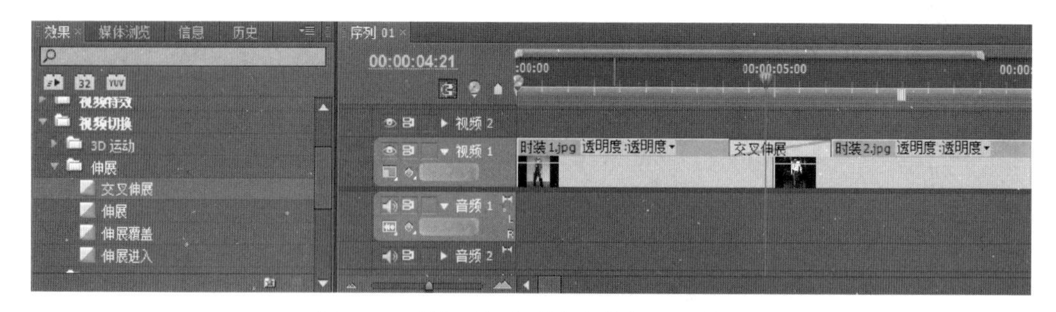

图 4-13 添加了视频转场的转场标记效果

视频转场添加后，选择转场，按 Delete 键或 Backspace 键可将转场删除。

提示：

- 如果“效果”面板被关闭，执行“窗口→效果”命令或按 Shift+7 快捷键重新打开。
- 转场效果可以添加到相邻的两段视频素材或图像素材之间，也可以添加到一段素材的开头或结尾。

2. 编辑转场效果

对素材添加转场效果后，双击视频轨道上的视频转场，打开“特效控制台”面板，设置视频转场的属性和各项参数，如图 4-14 所示。

图 4-14 “划像形状”转场效果设置

“特效控制台”面板中各选项的含义如下。

- “持续时间”：设置视频转场播放的持续时间
- “对齐”：设置视频转场的放置位置。“居中于切点”表示将转场放置在两段素材中间，“开始于切点”表示将转场放置在第二段素材的开头，“结束于切点”表示将转场放置在第一段素材的结尾。
- 剪辑预览窗口：如图 4-15 所示，调整滑块可以设置视频转场的开始或结束位置。
- “显示实际来源”：选择该选项，播放转场效果时将在剪辑预览窗口中显示素材；禁用该选项，播放转场效果时在剪辑预览窗口中以默认效果播放，不显示素材。

图 4-15 剪辑预览窗口

- “边宽”：设置视频转场时边界的宽度。
- “边色”：设置视频转场时边界的颜色。
- “反转”：选择该选项，视频转场将反转播放。
- “抗锯齿品质”：设置视频转场时边界的平滑程度。

案例 7 时装展示——自定义视频转场

案例描述

Premiere 不仅提供了许多类型的预置转场效果，通过“渐变擦除”还可以自定义视频转场。本案例通过自定义转场制作一场与众不同的时装展示会，如图 4-16 所示。

案例分析

利用“渐变擦除”转场效果，通过选择不同的灰度图像实现转场的创意应用。

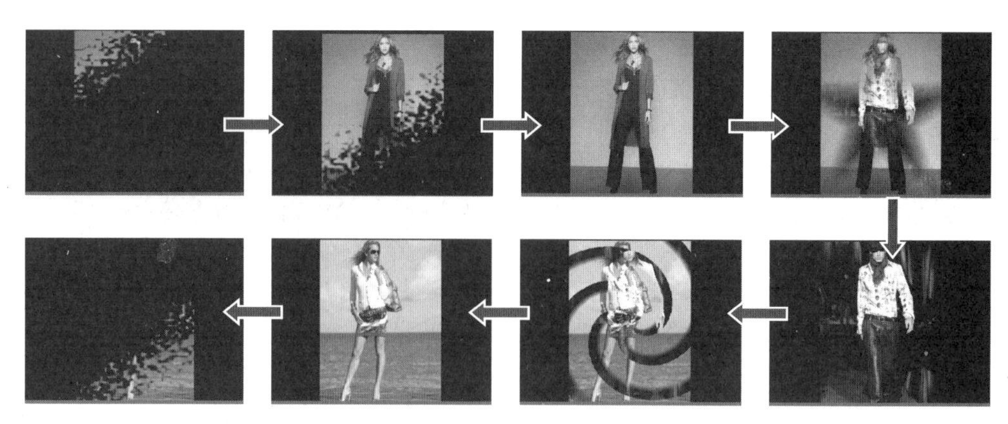

图 4-16　利用不同的灰度图像自定义擦除效果

操作步骤

① 新建名为“时装展示”的项目，选择“DV-PAL→标准 48 kHz”模式。

② 导入素材文件夹中的素材“时装 1. jpg”、“时装 2. jpg”、“时装 3. jpg”。

③ 在“项目”面板中选择“时装 1. jpg”、“时装 2. jpg”、“时装 3. jpg”3 个素材文件，将其拖放到“时间线”面板中的“视频 1”轨道上，如图 4-17 所示。

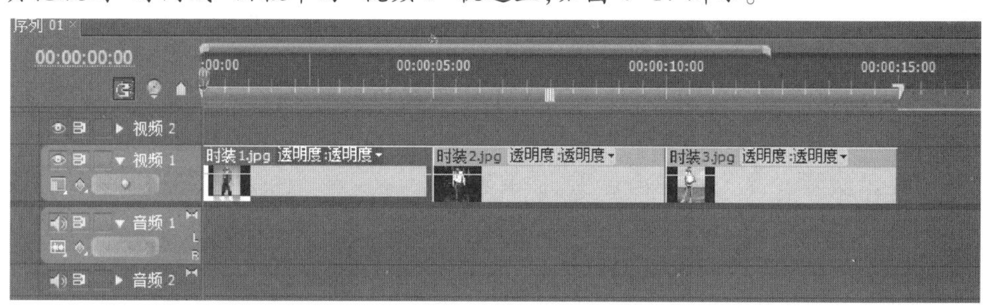

图 4-17　放入素材后的“时间线”面板

④ 选中三个素材后右击鼠标，从快捷菜单中选择“缩放为当前画面大小”，如图 4-18所示，使图片适合窗口大小，调整前后的“节目”面板如图 4-19 所示。

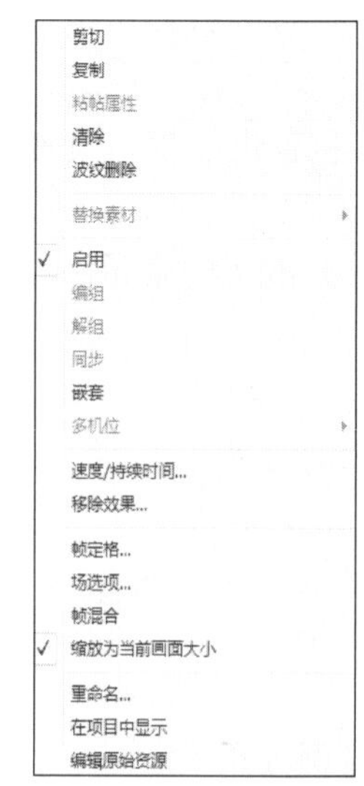

图 4-18　右击素材后的快捷菜单

⑤ 在“效果”面板中，选择“视频切换”→“擦除”→“渐变擦除”转场效果，如图4-20 所示，将其拖放到“视频 1”轨道上“时装 1. jpg”的开头处，弹出如图 4-21 所示的对话框，使用默认参数，单击“确定”按钮。

⑥ 选择“渐变擦除”转场效果，将其拖放到“时装 1. jpg”和“时装 2. jpg”两个素材的交界处，弹出“渐变擦除设置”对话框，单击“选择图像”按钮，选择“灰度 1. jpg”图像，将其“柔和度”设置为 30，如图 4-22 所示，单击“确定”按钮。

⑦ 在“时装 2. jpg”和“时装 3. jpg”两个素材交界处添加“渐变擦除”转场效果，将其“柔和度”设置

图 4-19　调整前后“节目”面板效果对比

为 20；单击“选择图像”按钮，选择“灰度 2. jpg”，如图 4-23 所示，单击“确定”，添加转场后“时间线”面板如图 4-24 所示。

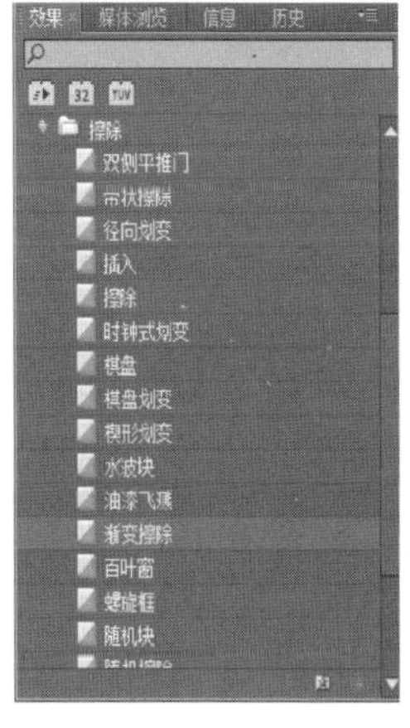

图 4-20　“效果”面板

图 4-21　“渐变擦除设置”对话框

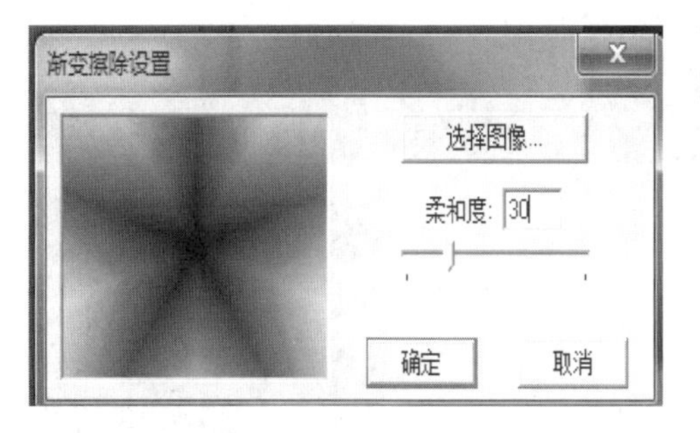

图 4-22　时装 1 和时装 2 间的转场参数设置

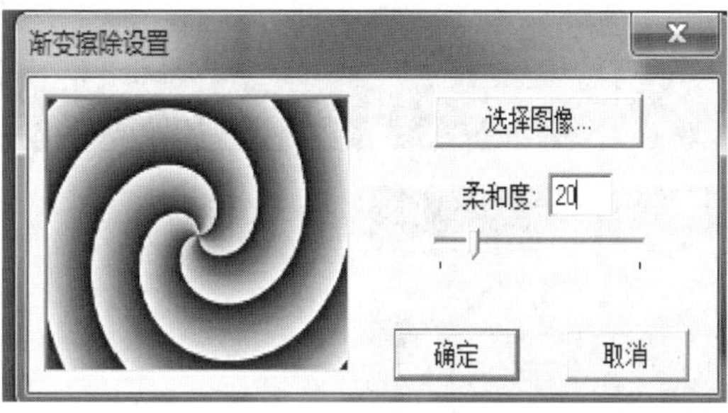

图 4-23　时装 2 和时装 3 间的转场参数设置

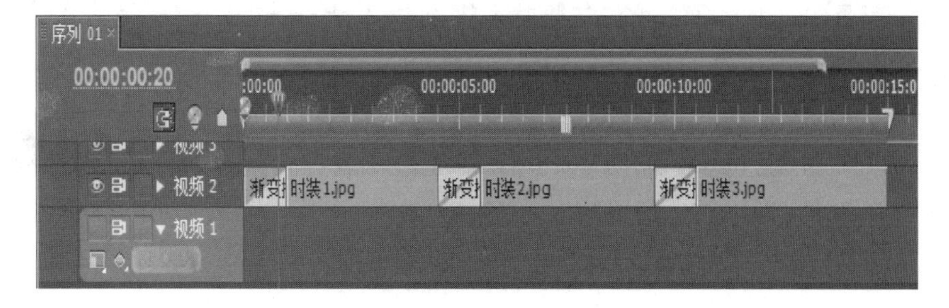

图 4-24　添加三个转场后的“时间线”面板

⑧ 将“渐变擦除”转场效果拖放到“视频 1”轨道上素材“时装 3. jpg”的结尾处，采用系统默认参数，单击“确定”按钮，添加转场后“时间线”面板如图 4-25 所示。

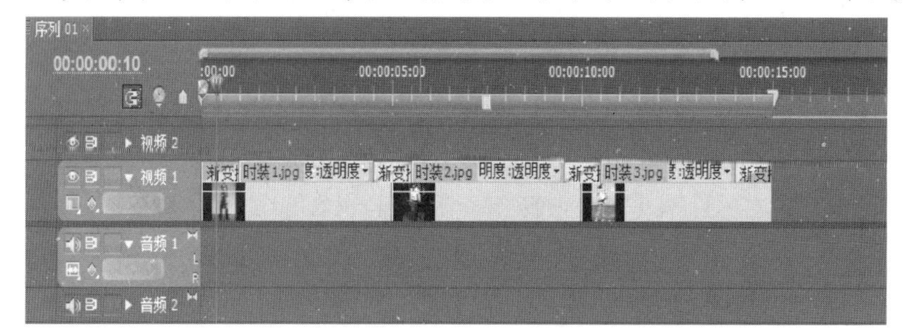

图 4-25 制作完成的“时间线”面板

⑨ 保存项目，导出媒体。完成后的播放效果如图 4-16 所示。

案例 8 画中画的划入划出——视频转场的综合应用

案例描述

在影片制作中经常用到画中画效果。画中画是指在一个背景画面上叠加一幅或多幅小于背景尺寸的其他画面。本案例将创建画中画效果，并在画中画上应用图片的划入划出效果，如图 4-26 所示。

图 4-26 画中画的划入划出效果

案例分析

① 通过设置素材的缩放比例和运动属性制作画中画效果。

② 画面的转场叠加形式可以是圆形、方形、三角形等多种形式，可以自由创意。

操作步骤

① 新建名为“画中画的划入划出”的项目，选择“DV-PAL→标准 48 kHz”模式。

② 把素材文件夹中的素材图片“01.jpg”、“02.jpg”、“03.jpg”、“04.jpg”、“05.jpg”和“长背景.jpg”导入到“项目”面板中。

③ 在“项目”面板中选择“01.jpg”、“02.jpg”、“03.jpg”、“04.jpg”、“05.jpg”，拖放到“时间线”面板中的“视频 2”轨道上。

④ 选择“02.jpg”、“04.jpg”，在原时间的位置上向上拖放到“视频 3”轨道上，这是为了后面单独为每个汽车图片添加划入和划出效果。

⑤ 把“长背景.jpg”拖放到“时间线”面板中的“视频 1”轨道上，长度与“视频 2”轨道上的素材长度相同，如图 4-27 所示。

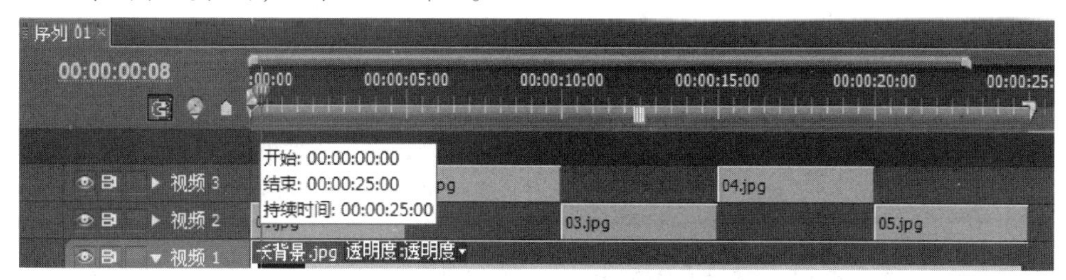

图 4-27 添加素材后的“时间线”面板

⑥ 在“时间线”面板上选择素材“01.jpg”，此时“节目”面板如图 4-28，在“特效控制台”中设置“运动”属性中的“缩放比例”为 50.0，效果如图 4-29 所示。

图 4-28 缩放比例为 100% 的“节目”面板

图 4-29 缩放比例为 50% 的“节目”面板

⑦ 在“特效控制台”面板上选中素材“01.jpg”的“运动”属性，按 Ctrl+C 快捷键复制，选中素材“02.jpg”、“03.jpg”、“04.jpg”、“05.jpg”，按 Ctrl+V 快捷键粘贴属性，使这几个素材的“缩放比例”均为 50.0，这样就实现了画中画效果。

⑧ 为长背景设置一个平移的动画效果。选择“长背景.jpg”图片，在第 0 秒处，单击“特效控制台”面板中“运动”属性的“位置”前的码表，将“位置”参数设置为“-40.0,288.0”；再将时间指针移到第 24 秒 24 帧处，设置“位置”参数为“700.0,

288.0”,如图 4-30 所示。

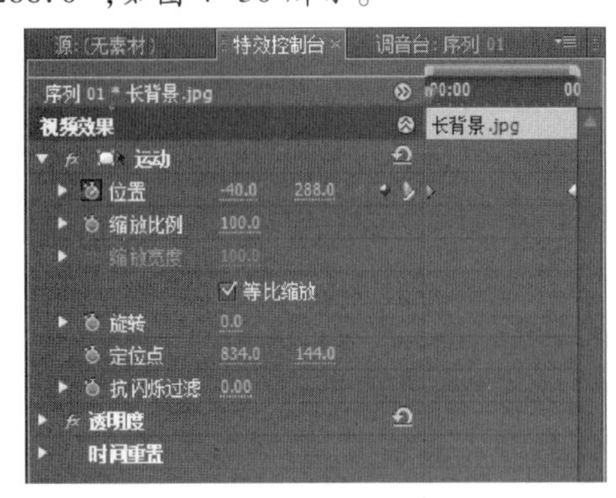

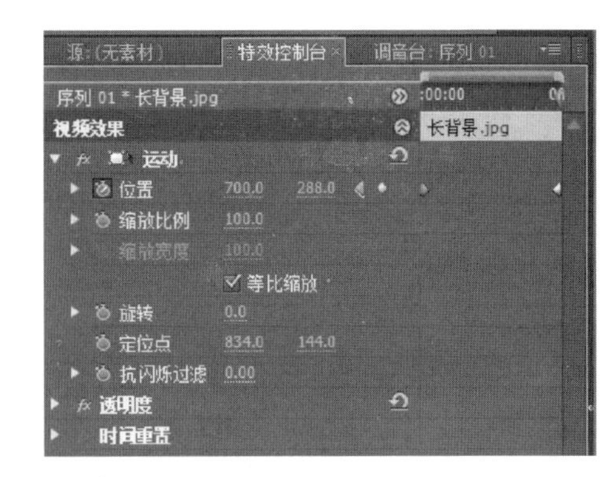

图 4-30　第 0 秒和第 24 秒 24 帧处长背景的位置参数

⑨ 在“效果”面板上,选择“视频切换”|“擦除”|“带状擦除”带状擦除转场效果,拖至时间线上“01. jpg”的入点位置,添加一个划入的切换,效果如图 4-31 所示。选择“棋盘划变”棋盘划变转场效果,将其拖至时间线上“01. jpg”的出点位置,添加一个划出的切换,效果如图 4-32 所示。继续为“02. jpg”~“05. jpg”素材添加划入划出效果,具体的效果可以根据个人理解自由选择并添加,添加效果后的“时间线”面板如图 4-33 所示。

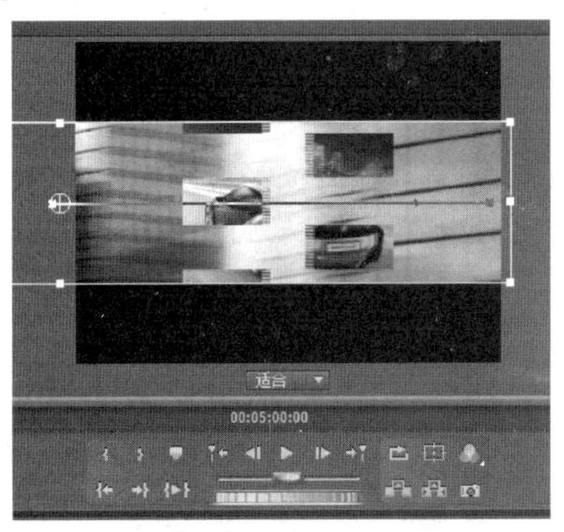

图 4-31　划入效果

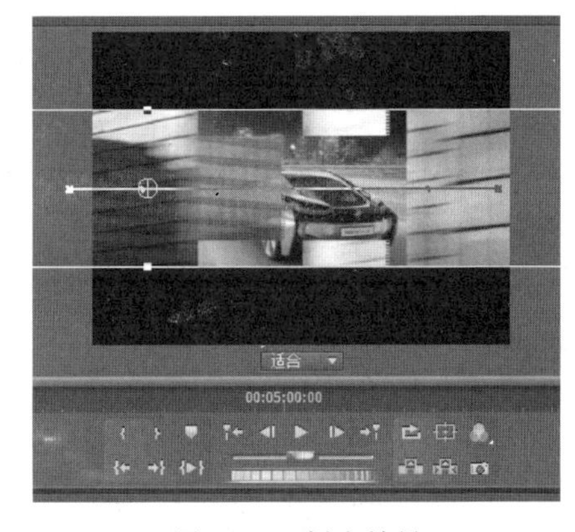

图 4-32　划出效果

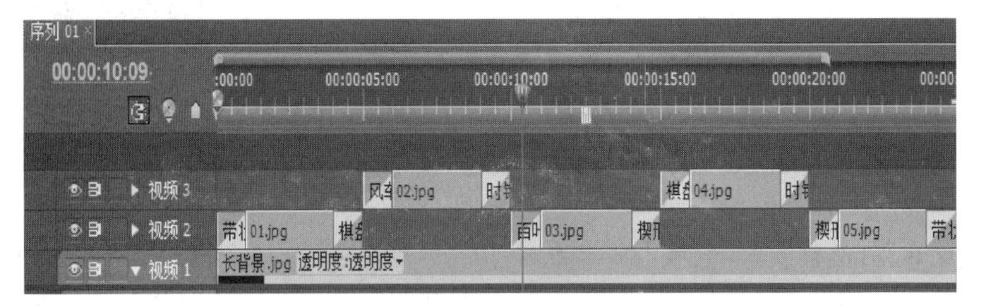

图 4-33　添加划入划出转场后的“时间线”面板

⑩ 保存项目,导出媒体。完成后的播放效果如图 4-25 所示。

提示:转场效果可以用在两段素材的交界处作为过渡,也可以用在单独一段素材的开始或结束位置。转场效果用在单独一段素材上时，就变成了这段素材的划入或划出方式。需要注意的是，对单独一段素材添加效果时，两段素材不要在同一轨道中相接。

4.2 Premiere 提供的视频转场

在 Premiere Pro CS5 中内置了 10 大类视频转场效果，如图 4-34 所示。本节主要介绍各种视频转场的播放效果以及使用技巧。

1. 3D 运动类视频转场

3D 运动类视频转场效果是将前后两个镜头进行层次化，实现从二维到三维的视觉效果。该类转场节奏比较快，能够表现出场景之间的动感过渡效果，共包括 10 种转场效果，如图 4-35 所示。

图 4-34 视频转场效果面板

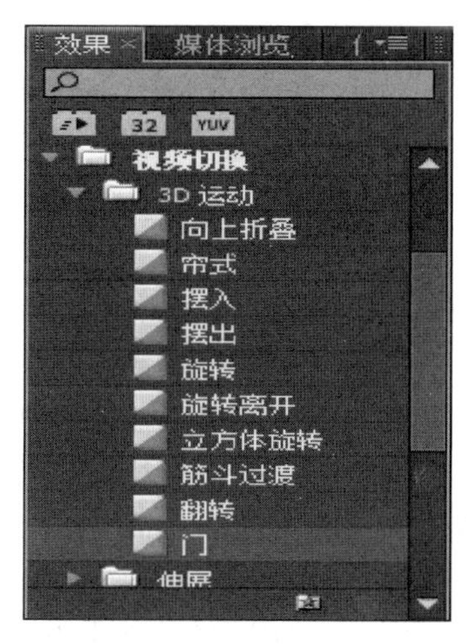

图 4-35 3D 运动类视频转场

(1)“向上折叠”视频转场效果

将素材 A 的场景像折纸一样折叠成素材 B 的场景，效果如图 4-36 所示。

图 4-36 “向上折叠”视频转场效果

(2)“帘式”视频转场效果

素材 A 像窗帘一样从两边被卷起，露出素材 B 的场景，效果如图 4-37 所示。

(3)“摆入”视频转场效果

素材 B 以屏幕的一边为中心旋转，像摆锤一样从里面摆入，取代素材 A 的场景，效果如图 4-38 所示。

图 4-37 “帘式”视频转场效果

图 4-38 “摆入”视频转场效果

(4)“摆出”视频转场效果

素材 B 以屏幕的一边为中心旋转,像摆锤一样从外面摆出,取代素材 A 的场景。

(5)“旋转”视频转场效果

素材 B 以画面的中线为轴旋转出现,取代素材 A 的场景。

(6)“旋转离开”视频转场效果

素材 B 从屏幕中心旋转进入,逐渐覆盖素材 A 的场景。

(7)“立方体旋转”视频转场效果

将素材 A 与素材 B 的场景作为立方体的两个面,通过旋转该立方体将素材 B 逐渐显示出来。

(8)“筋斗过渡”视频转场效果

素材 A 的场景像翻筋斗一样翻出,显现出素材 B 的场景。

(9)“翻转”视频转场效果

将素材 A 的场景与素材 B 的场景作为一张纸的正反面,通过翻转的方法实现两个场景的切换,效果如图 4-39 所示。

图 4-39 “翻转”视频转场效果

(10)“门”视频转场效果

素材 B 的场景像关门一样从两边出现,取代素材 A 的场景,效果如图 4-40 所示。

图 4-40 “门”视频转场效果

2. 伸展类视频转场

伸展类视频转场效果主要以素材的伸展来切换场景，该类型包括 4 种视频转场效果。

(1)“交叉伸展”视频转场效果

素材 B 的场景从一边进入，将素材 A 的场景挤压出屏幕，从而呈现出素材 B 的场景，效果如图 4-41 所示。

图 4-41 “交叉伸展”视频转场效果

(2)“伸展”视频转场效果

素材 B 的场景从一边以伸缩状展开，从而覆盖素材 A 的场景。

(3)“伸展覆盖”视频转场效果

素材 B 的场景在素材 A 的场景中心横向伸展开来，效果如图 4-42 所示。

图 4-42 “伸展覆盖”视频转场效果

(4)“伸展进入”视频转场效果

素材 B 的场景从屏幕中心横向放大展开，从而覆盖素材 A 的场景，效果如图 4-43 所示。

3. 划像类视频转场

划像类视频转场效果是在一个场景结束的同时开始另一个场景，该类型包括 7 种视频转场效果，节奏较快，适合表现一些娱乐、休闲画面之间的过渡效果。

 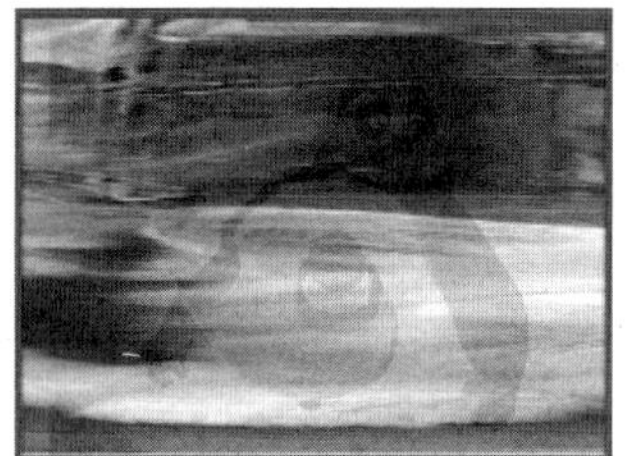 

图 4-43 “伸展进入”视频转场效果

(1)“划像交叉”视频转场效果

素材 B 的场景以“十”字形在素材 A 的场景中逐渐展开,效果如图 4-44 所示。

图 4-44 “划像交叉”视频转场效果

(2)“划像形状”视频转场效果

素材 B 的场景以自定义的形状(在“形状划像设置”对话框中设置,如图 4-45 所示)在素材 A 的场景中逐渐展开,效果如图 4-46 所示。

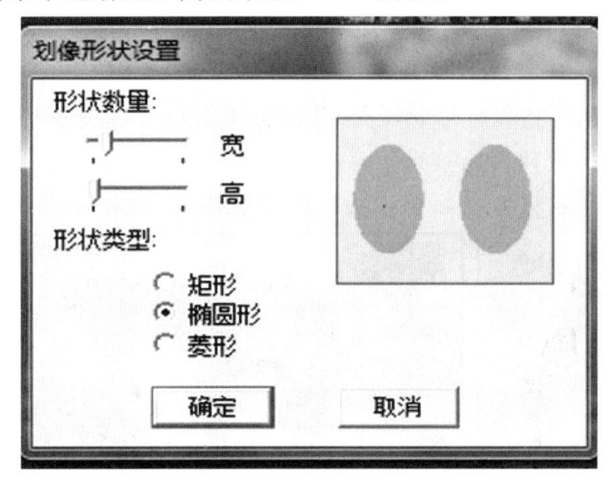

图 4-45 “划像形状设置”对话框

(3)“圆划像”视频转场效果

素材 B 的场景以圆形在素材 A 的场景中逐渐展开。

(4)“星形划像”视频转场效果

素材 B 的场景以五角星的形状在素材 A 的场景中逐渐展开。

(5)“点划像”视频转场效果

素材 B 的场景以 X 形状从屏幕四边向中心移动,逐渐遮盖住素材 A 的场景。

图 4-46 “划像形状”视频转场效果

(6)“盒形划像”视频转场效果

素材 B 的场景以矩形的形状从中心由小变大,逐渐覆盖素材 A 的场景。

(7)“菱形划像”视频转场效果

素材 B 的场景以菱形在素材 A 的场景中逐渐展开。

4. 卷页类视频转场

卷页类视频转场效果一般应用在表现空间和时间切换的镜头上,该类型包括 5 种视频转场效果。

(1)“中心剥离”视频转场效果

素材 A 的场景从屏幕的中心分割成 4 部分,同时向四角卷起,从而呈现素材 B 的场景,效果如图 4-47 所示。

 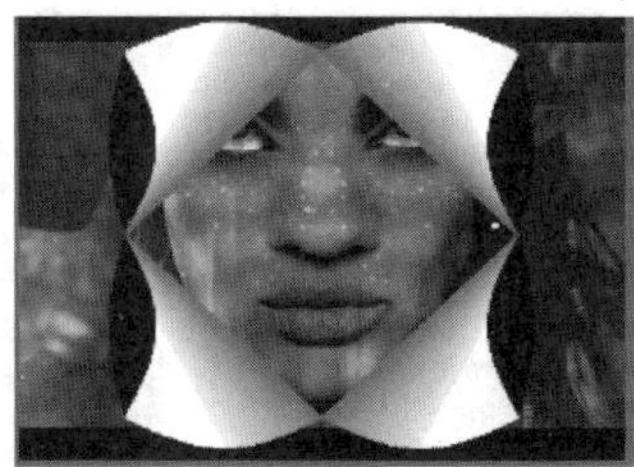 

图 4-47 “中心剥离”视频转场效果

(2)“剥开背面”视频转场效果

将素材 A 的场景从中心点分割成 4 部分,然后从左上角开始以顺时针方向依次向 4 个角卷起,最后呈现出素材 B 的场景,效果如图 4-48 所示。

图 4-48 “剥开背面”视频转场效果

(3)“卷走”视频转场效果

素材 A 的场景从一侧模拟纸张卷起的效果,逐渐呈现素材 B 的场景,卷起时背面透明,效果如图 4-49 所示。

图 4-49 “卷走”视频转场效果

(4) “翻页”视频转场效果

素材 A 的场景以翻页的形式,从屏幕的一角卷起,从而呈现素材 B 的场景,卷起时背面透明,效果如图 4-50 所示。

图 4-50 “翻页”视频转场效果

(5) “页面剥落”视频转场效果

素材 A 的场景以翻页的形式,从屏幕的一角卷起,从而呈现素材 B 的场景,卷起时背面不透明,效果如图 4-51 所示。

图 4-51 “页面剥落”视频转场效果

5. 叠化类视频转场

叠化类视频转场效果表现前一个视频剪辑融化消失,后一个视频剪辑同时出现的效果,它节奏较慢,适用于时间或空间的转换,是视频剪辑中最常用的一种转场效果,该类型包括 7 种视频转场效果。

(1) “交叉叠化”视频转场效果

素材 A 的场景结尾与素材 B 的开始部分交叉叠加,然后逐渐显示出素材 B 的场景,效果如图 4-52 所示。

(2) “抖动溶解”视频转场效果

素材 A 的场景以颗粒状溶解到素材 B 的场景中,从而显示出素材 B 的场景,效果如图 4-53 所示。

图 4-52 “交叉叠化”视频转场效果

图 4-53 “抖动溶解”视频转场效果

(3)“白场过渡”视频转场效果

素材 A 的场景逐渐变为白色场景,再由白色场景逐渐变换为素材 B 的场景。

(4)“附加叠化”视频转场效果

素材 A 的场景结尾与素材 B 的开始部分交叉叠加,然后逐渐显示出素材 B 的场景,过渡的中间会有一些色彩亮度的变换。

(5)“随机反相”视频转场效果

素材 A 的场景以随机反相显示的形式显示直到消失,然后逐渐显示出素材 B 的场景,效果如图 4-54 所示。

图 4-54 “随机反相”视频转场效果

(6)“非附加叠化”视频转场效果

素材 A 的场景向素材 B 过渡时,素材 B 的场景中亮度较高的部分直接叠加到素材 A 的场景中,从而完全显示出素材 B 的场景,效果如图 4-55 所示。

(7)“黑场过渡”视频转场效果

素材 A 的场景逐渐变为黑色场景,再由黑色场景逐渐变换为素材 B 的场景。

6. 擦除类视频转场

擦除类视频转场效果是将两个场景设置为一个将另一个擦除的效果,该类型包括 17 种视频转场效果。

图 4-55 “非附加叠化”视频转场效果

(1)“双侧平推门”视频转场效果

素材 A 的场景以开门的方式从中线向两边推开,显示出素材 B 的场景,效果如图 4-56 所示。

图 4-56 “双侧平推门”视频转场效果

(2)“带状擦除”视频转场效果

素材 B 的场景以水平、垂直或对角线呈带状逐渐擦除素材 A 的场景。

(3)“径向划变”视频转场效果

素材 B 的场景从一角进入,像扇子一样逐渐将素材 A 的场景覆盖。

(4)“插入”视频转场效果

素材 B 的场景呈方形从素材 A 的场景一角插入,并逐渐取代素材 A 的场景。

(5)“擦除”视频转场效果

素材 B 的场景从素材 A 的场景一侧进入,并逐渐取代素材 A 的场景。

(6)“时钟式划变”视频转场效果

素材 B 的场景按顺时针方向以旋转方式将素材 A 的场景完全擦除。

(7)“棋盘”视频转场效果

素材 B 的场景以小方块的形式出现,逐渐覆盖素材 A 的场景。

(8)“棋盘划变”视频转场效果

素材 B 的场景分割成多个方块,以方格的形式将素材 A 的场景完全擦除。

(9)“楔形划变”视频转场效果

素材 B 的场景从素材 A 的场景中心以楔形旋转展开,逐渐覆盖素材 A 的场景。

(10)“水波块”视频转场效果

素材 B 的场景以 Z 形擦除扫过素材 A 的场景,逐渐将素材 A 的场景覆盖。

(11)“油漆飞溅”视频转场效果

素材 B 的场景以泼溅油漆的方式进入逐渐覆盖素材 A 的场景,效果如图 4-57 所示。

图 4-57 “油漆飞溅”视频转场效果

(12)“渐变擦除”视频转场效果

素材 B 的场景依据所选的图像作为渐变过渡的形式逐渐出现,覆盖素材 A 的场景,可以通过选择不同的灰度图像自定义转场方式,默认效果如图 4-58 所示。

图 4-58 “渐变擦除”视频转场效果

(13)“百叶窗”视频转场效果

素材 B 的场景以百叶窗的形式出现,逐渐覆盖素材 A 的场景。

(14)“螺旋框”视频转场效果

素材 B 的场景以旋转方形的形式出现,逐渐覆盖素材 A 的场景。

(15)“随机块”视频转场效果

素材 B 的场景以随机小方块的形式出现,逐渐覆盖素材 A 的场景。

(16)“随机擦除”视频转场效果

素材 B 的场景随机小方块的形式出现,可以从上到下或从左到右逐渐将素材 A 的场景擦除。

(17)“风车”视频转场效果

素材 B 的场景以旋转风车的形式出现,逐渐覆盖素材 A 的场景。

7. 映射类视频转场

映射类视频转场效果主要是通过混色原理和通道叠加来实现两个场景的切换,该类型包括两种视频转场效果。

(1)“明亮度映射”视频转场效果

通过混色的原理,将素材 A 的亮度值映射到素材 B 的场景中,效果如图 4-59 所示。

(2)“通道映射”视频转场效果

通过素材 A 与 B 两个场景通道的叠加来完成画面的切换,效果如图 4-60 所示。

8. 滑动类视频转场

滑动类视频转场主要通过滑动来实现两个场景的切换,该类型包括 12 种视频转

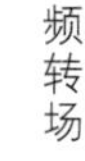

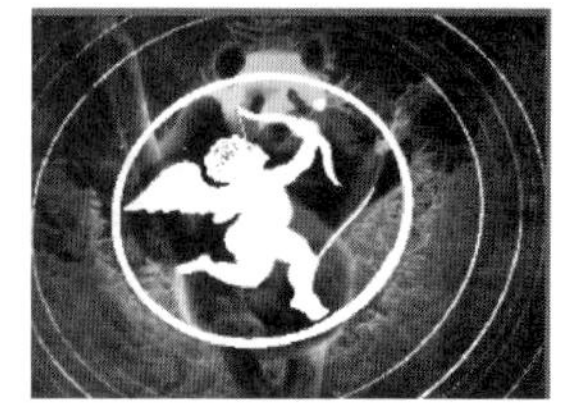

图 4-59 “明亮度映射”视频转场效果

图 4-60 “通道映射”视频转场效果

场效果。

(1) “中心合并”视频转场效果

素材 A 的场景分割成 4 个部分,从 4 个角同时向屏幕的中心移动,逐渐显示出素材 B 的场景,效果如图 4-61 所示。

图 4-61 “中心合并”视频转场效果

(2) “中心拆分”视频转场效果

素材 A 的场景分割成 4 个部分,同时向 4 个角移动,逐渐显示出素材 B 的场景,效果如图 4-62 所示。

图 4-62 “中心拆分”视频转场效果

(3) “互换”视频转场效果

素材 B 的场景从素材 A 的场景后方转到前方,将素材 A 的场景完全遮盖住。

(4)“多旋转”视频转场效果

素材 B 的场景以多个矩形不断放大的形式出现,覆盖素材 A 的场景。

(5)“带状滑动”视频转场效果

素材 B 的场景分割成带状,逐渐交叉覆盖素材 A 的场景。

(6)“拆分”视频转场效果

素材 A 的场景从屏幕的中心向两侧推开,显示出素材 B 的场景。

(7)“推”视频转场效果

素材 B 的场景从一侧推动素材 A 的场景向另一侧运动,从而显示出素材 B 的场景。

(8)“斜线滑动”视频转场效果

素材 B 的场景以斜线的方式逐渐插入到素材 A 的场景中,将素材 A 的场景完全覆盖,效果如图 4-63 所示。

图 4-63 “斜线滑动”视频转场效果

(9)“滑动”视频转场效果

素材 B 的场景像幻灯片一样滑入素材 A,将素材 A 的场景完全覆盖。

(10)“滑动带”视频转场效果

素材 B 的场景在水平或垂直方向上从小到大的条形中逐渐显露,将素材 A 的场景完全覆盖,效果如图 4-64 所示。

图 4-64 “滑动带”视频转场效果

(11)“滑动框”视频转场效果

素材 B 的场景通过移动的矩形框滑行逐渐显示出来,覆盖素材 A 的场景。

(12)“漩涡”视频转场效果

素材 B 的场景分为多个部分,从屏幕中心旋转放大,逐渐覆盖素材 A 的场景,效果如图 4-65 所示。

9. 特殊效果类视频转场

特殊效果类视频转场主要用于制作一些特殊的视频转场效果,该类型包括 3 种视频转场效果。

图 4-65　“漩涡”视频转场效果

(1)“映射红蓝通道”视频转场效果

素材 A 的场景中的红色和蓝色通道混合到素材 B 的场景中，从而慢慢地显示出素材 B 的场景，效果如图 4-66 所示。

图 4-66　“映射红蓝通道”视频转场效果

(2)“纹理”视频转场效果

将素材 A 的场景作为纹理贴图映射到素材 B 的场景中，逐渐显示出素材 B 的场景，效果如图 4-67 所示。

图 4-67　“纹理”视频转场效果

(3)“置换”视频转场效果

素材 A 场景中的 RGB 通道被素材 B 场景中的相同像素所代替，效果如图 4-68 所示。

图 4-68　“置换”视频转场效果

10. 缩放类视频转场

缩放类视频转场效果可以实现画面的推拉、画中画、幻影轨迹等效果，该类型包括4种视频转场效果。

(1)“交叉缩放”视频转场效果

素材A的场景逐渐放大，冲出屏幕，素材B的场景由大逐渐缩小到实际尺寸，效果如图4-69所示。

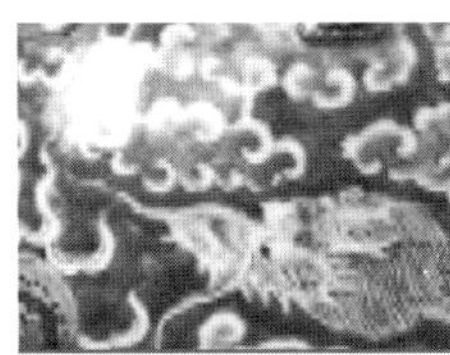

图4-69 “交叉缩放”视频转场效果

(2)“缩放”视频转场效果

素材B的场景在指定的位置逐渐放大，覆盖素材A的场景。

(3)“缩放拖尾”视频转场效果

素材A场景被逐渐拉远，从而显示出素材B的场景，效果如图4-70所示。

图4-70 “缩放拖尾”视频转场效果

(4)“缩放框”视频转场效果

素材B场景被分割成多个框逐渐放大，将素材A的场景覆盖。

练习与实训

1. 填空

(1) 转场效果可以应用于两个视频素材或图像素材之间，还可以应用于同一个视频素材或图像素材的________或________。

(2) 在Premiere中，所有的转场效果均放置在________面板中。

(3) 按Shift+5快捷键可打开________面板。

(4) 选择已经添加的转场效果，按下________键或________键，可将转场删除。

(5) 在“特效控制台”面板中，可以设置转场的________、边框宽度以及________等属性。

(6) 使用________视频转场效果可以通过选择不同的灰度图像来自定义视频转场。

(7) 按Shift+7快捷键可打开________面板。

(8) 要想在视频转场预览播放时显示素材,应选中“特效控制台”中的________选项。

(9) 在 Premiere 中为两段素材添加默认转场效果,应使用________命令。

(10) 通过调整________窗口中的滑块,可以设置视频转场从哪个位置开始或结束。

2. 上机实训

(1) 使用提供的素材,制作如图 4-71 所示画中画效果(提示:可从中等职业教育教学在线 http://sve.hep.com.cn 下载相关素材)。

(2) 制作如图 4-72 所示的转场效果(提示:使用“风车”效果)。

图 4-71　画中画效果

图 4-72　风车效果

(3) 使用提供的素材,制作如图 4-73 所示的转场效果。

(4) 使用提供的素材,制作如图 4-74 所示的转场效果。

(5) 利用提供的视频、图片素材,运用“拉伸”、“拆分”、“推挤”等转场效果制作一段充满活力的体育运动片段。

图 4-73　翻页效果

图 4-74　渐变擦除效果

视频特效

案例 9 屏幕播放——扭曲效果的应用

案例描述

本案例通过“边角固定”和“网格”特效将视频素材放置到大屏幕中，合成屏幕播放效果，如图 5-1 所示。

图 5-1 变形画面素材及截图效果

案例分析

① 用“网格”特效制作方格排列效果。

② 用“边角固定”特效制作视频与显示屏图像的合成效果。

操作步骤

① 新建名为“屏幕播放”的项目，选择“DV-PAL→标准 48 kHz”模式。

② 导入素材文件夹中的“屏幕.jpg”，然后拖放到“视频 1”轨道，作为背景。

③ 导入素材“bike.mov”，拖放到“视频 2”轨道上。

④ 为视频素材添加方格排列效果。单击“效果”面板“视频特效”左侧的折叠按钮 视频特效，选择“生成”特效中的“网格” 网格 特效，如图 5-2 所示，拖放到“视频 2”轨道中的素材“bike.mov”上。单击素材，按 Shift+5 快捷键打开“特效控制台”面板，设置“网格”特效的参数如图 5-3 所示，“边框” 边框 为“7.0”，“混合模式” 混合模式 为“叠加”。

提示：“混合模式”也可设置为其他模式，只要保证网格叠加到视频上同时显示。

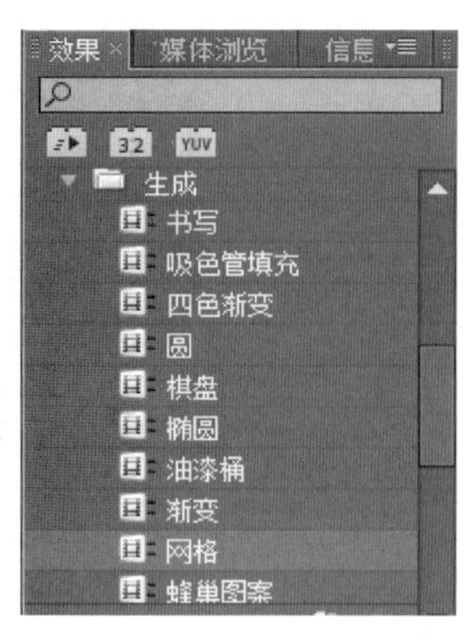

图 5-2 “生成”效果面板

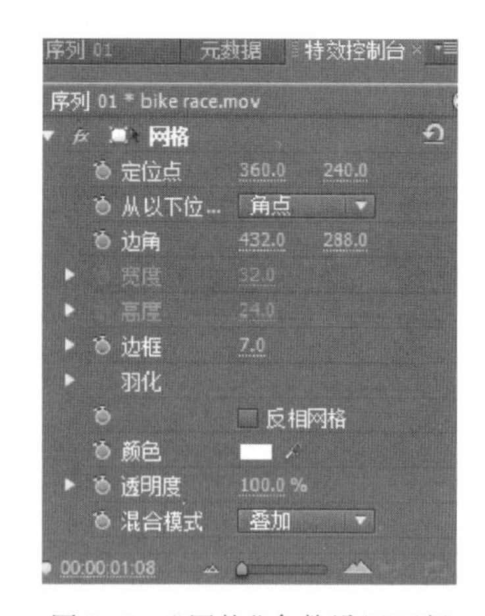

图 5-3 “网格”参数设置面板

⑤ 应用“边角固定”特效将视频素材合成到大屏幕上。单击“效果”面板“视频特效”文件夹左侧的折叠按钮 视频特效 ,选择“扭曲”特效中的“边角固定” 边角固定 特效,如图 5-4 所示,拖放到“视频 2”轨道中的素材“bike race. mov”上。单击素材,按 Shift+5 快捷键打开“特效控制台”面板,设置“边角固定”特效的参数如图 5-5 所示。

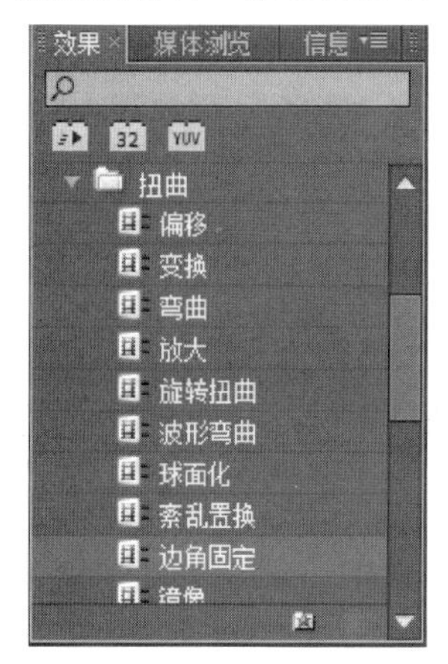

图 5-4 “扭曲”效果面板

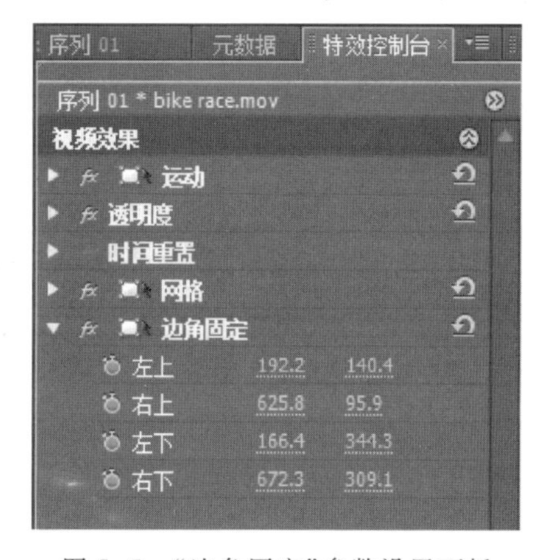

图 5-5 “边角固定”参数设置面板

提示:在“特效控制台”中选中“边角固定”特效后,在“节目”面板中可以看到四个角上有位置坐标点,如图 5-6 所示,用鼠标拖动四个位置坐标点,可以调整视频画面的位置。

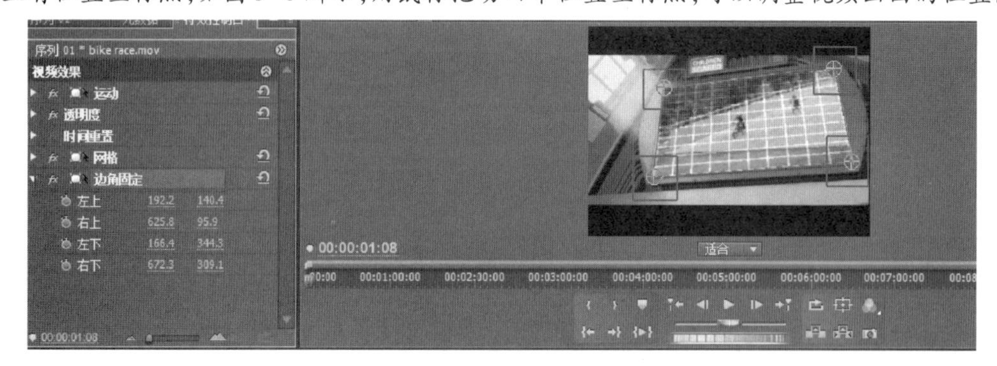

图 5-6 选中“边角固定”效果后“节目”面板的位置坐标点

⑥ 保存项目，导出媒体。完成后的播放效果如图 5-1 所示。

案例 10　神奇的变色——调色技术的应用

案例描述

本案例通过“色彩校正”特效实现花开过程中神奇的变色效果，如图 5-7 所示。

图 5-7　花开过程中的变色效果

案例分析

① 通过添加关键帧实现不同时间段花朵的颜色不同的效果。

② 用“色彩校正”中的“更改颜色”特效制作花开过程中的变色效果。

操作步骤

① 新建名为“神奇的变色”的项目，选择“DV-PAL→标准 48 kHz”模式。

② 导入素材文件夹中的“花开. avi”，然后拖放到“视频 1”轨道上，右击“视频 1”轨道中的素材，从快捷菜单中选择“缩放为当前画面大小”命令，使素材画面与节目“预览”面板大小相同。

③ 为视频素材添加变色效果。单击“效果”面板上“视频特效”文件夹左侧的折叠按钮，选择“色彩校正”色彩校正类特效中的“更改颜色”更改颜色特效，如图 5-8 所示，拖放到“视频 1”轨道中的素材“花开. avi”上。

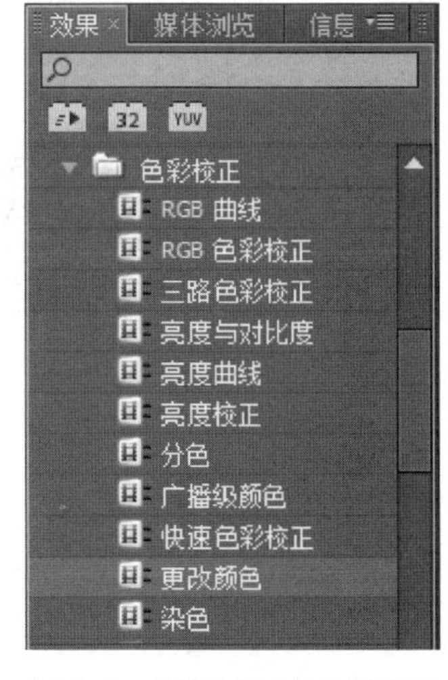

图 5-8　“更改颜色”效果面板

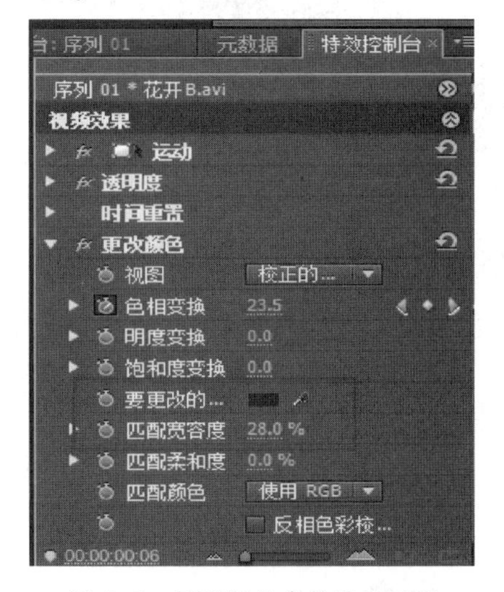

图 5-9　匹配颜色参数设置面板

④ 选择更改颜色的范围。单击素材，按 Shift+5 快捷键打开“特效控制台”面板，打开“更改颜色”左侧的折叠按钮，单击“要更改的…”右侧的吸管，在“节目”预览面板中吸取花朵的颜色红色，然后调整“匹配宽容度”参数为28%，以匹配选择整个花朵颜色，如图 5-9 所示。

⑤ 为视频素材添加关键帧。在时间线上的第 5 帧处，单击“色相变换”前面的“切换动画”按钮，添加关键帧，参数设置如图 5-10 所示。同法，在时间线的第 15 帧处、第 1 秒处、第 1 秒 10 帧处添加关键帧，“色相变换”的参数设置分别如图 5-11、图 5-12、图 5-13 所示。4 个关键帧处的预览效果如图 5-7 所示。

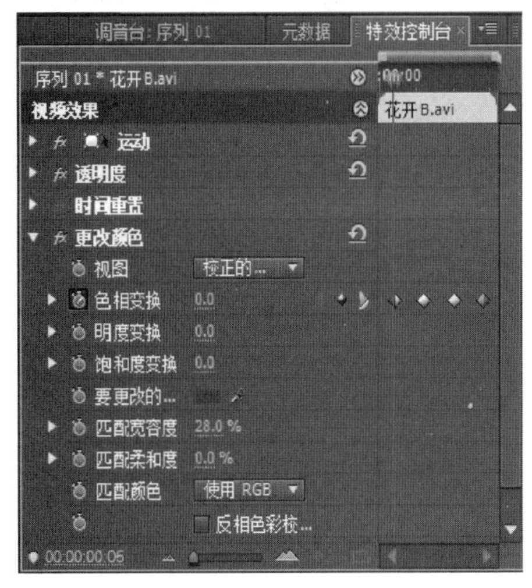

图 5-10　第 5 帧处“色相变换”参数设置

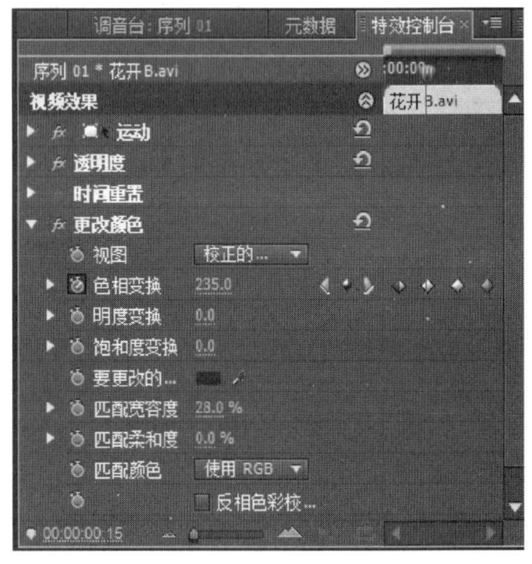

图 5-11　第 15 帧处“色相变换”参数设置

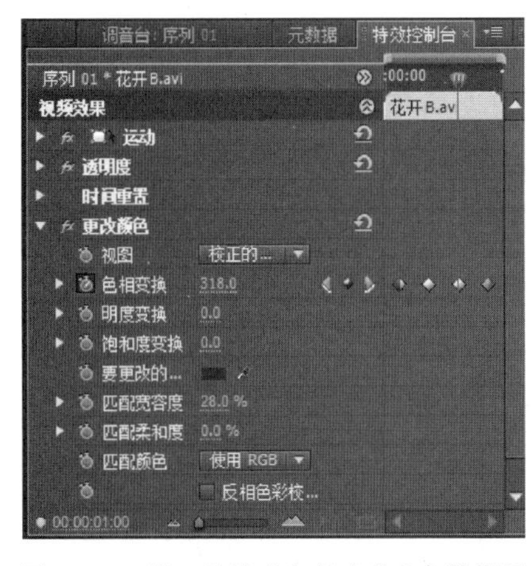

图 5-12　第 1 秒处“色相变换”参数设置

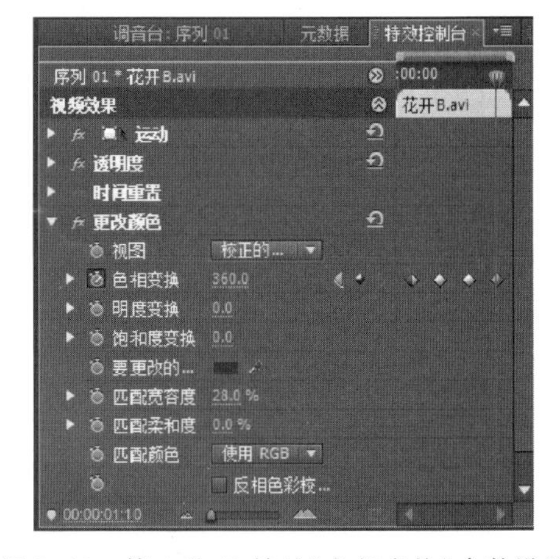

图 5-13　第 1 秒 10 帧处“色相变换”参数设置

⑥ 保存项目，导出媒体。

5.1　视频特效操作基础

在一些影视制作的后期，为视频添加相应的特效，可以弥补拍摄过程中的画面缺陷，使得视频素材更加完美和出色；同时，借助于视频特效，还可以完成许多现实生活中无法实现的特技场景。

1．添加视频特效

在 Premiere 中，可以为同一段素材添加一个或多个视频特效，也可以为视频中的某一部分添加视频特效。

添加视频特效的方法为：在“效果”面板中，单击“视频特效”文件夹前的折叠按钮，如图 5-14 所示，选择某个特效类型下的一种具体的视频特效，将其拖放到视频轨道中需要添加特效的素材上，此时素材对应的“特效控制台”面板上会自动添加该视频特效的选项。图 5-15 是添加了“更改颜色”特效后的“特效控制台”面板。

图 5-14 “视频特效”面板

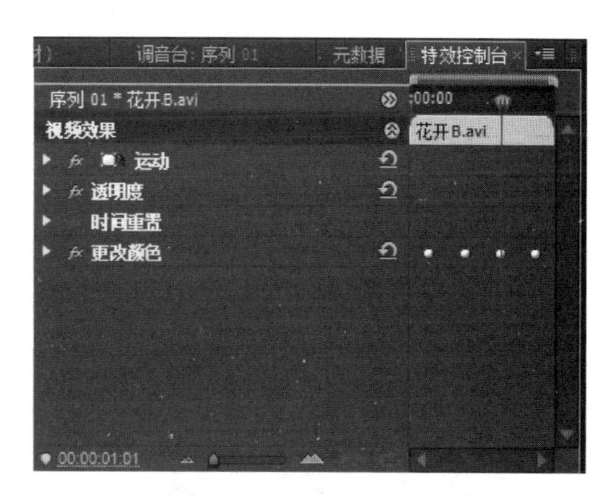

图 5-15 添加“更改颜色”特效后的“特效控制台”

2．删除视频特效

要删除视频特效，可以采用以下两种方法：

- 在“特效控制台”面板中选中需要删除的视频特效，按 Delete 或 Backspace 键。
- 右键单击需要删除的视频特效，选择“清除”命令。

3．复制和移动视频特效

在“特效控制台”面板中，选中设置好的视频特效，使用“编辑”菜单中的“复制”、“剪切”、“粘贴”命令，可以复制或移动视频特效到其他素材上。

4．设置特效关键帧

单击特效选项前面的“切换动画”按钮，可以为素材在当前时间指针所在位置添加一个特效关键帧，拖动时间指针的位置，修改特效选项的参数，系统会自动将本次修改添加为关键帧。

要删除已添加的特效关键帧，可以选中关键帧后按 Delete 键，或者右击该关键帧，选择“清除”命令。

5.2 常见视频特效

Premiere 中内置了多种类型的视频特效（或视频效果），本节主要介绍视频剪辑过程中常用的一些视频特效。

1. 变换类视频特效

变换类视频特效可以让图像发生二维或三维的变换，如压缩和旋转等特效。此类视频特效包括 7 种类型，如图 5-16 所示。

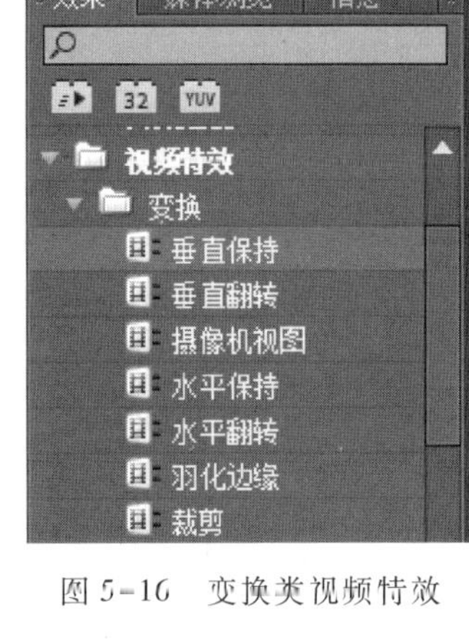

图 5-16　变换类视频特效

(1) "垂直保持"视频特效

将素材在垂直方向向上滚动，没有选项参数。

(2) "垂直翻转"视频特效

将素材在垂直方向上翻转 180 度，没有选项参数。

(3) "摄像机视图"视频特效

模仿摄像机从各个角度进行拍摄的效果。"摄像机视图"选项如图 5-17 所示。单击"摄像机视图"后面的"设置"按钮，可打开"摄像机视图设置"对话框，如图 5-18 所示。

- 经度：设置摄像机水平拍摄的角度。
- 纬度：设置摄像机垂直拍摄的角度。
- 垂直滚动：设置摄像机围绕中心轴旋转的效果。
- 焦距：设置摄像机的焦距。
- 距离：设置素材和摄像机的间距。
- 缩放：用来放大和缩小素材。
- 填充颜色：在素材周围空白区域填充颜色。

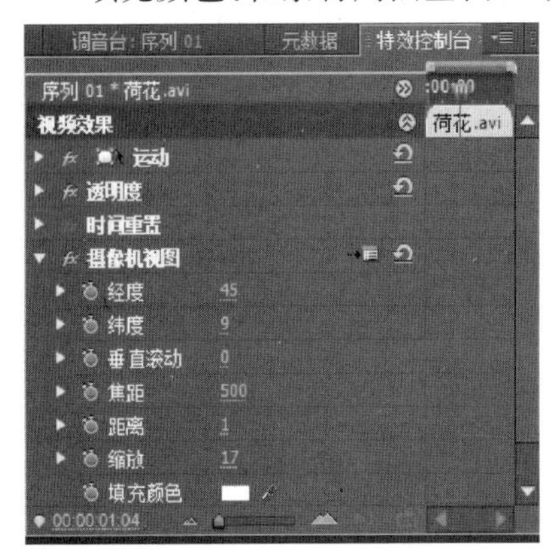

图 5-17　"摄像机视图"特效参数

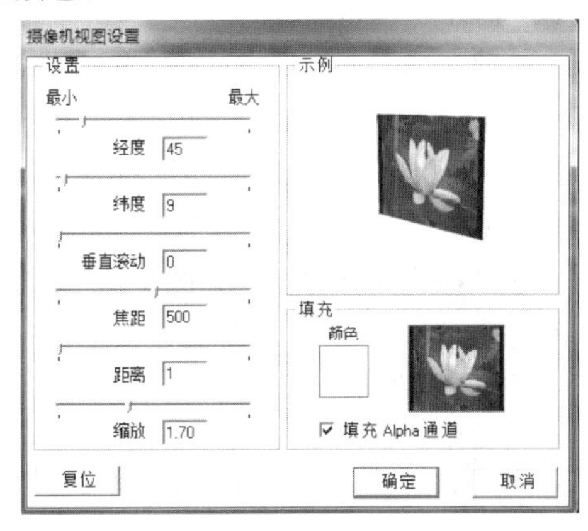

图 5-18　"摄像机视图设置"对话框

(4) "水平保持"视频特效

可以让素材在水平方向上产生倾斜，单击"水平保持"后面的"设置"按钮可以打开"水平保持设置"对话框，如图 5-19 所示。

图 5-19　"水平保持设置"对话框

(5) "水平翻转"视频特效

将素材在水平方向上翻转，没有选项参数。

(6) "羽化边缘"视频特效

可以对素材的边缘进行羽化。

(7) "裁剪"视频特效

根据需要对素材的周围进行修剪，图 5-20 所示为“裁剪”参数设置及其对应的视频效果。

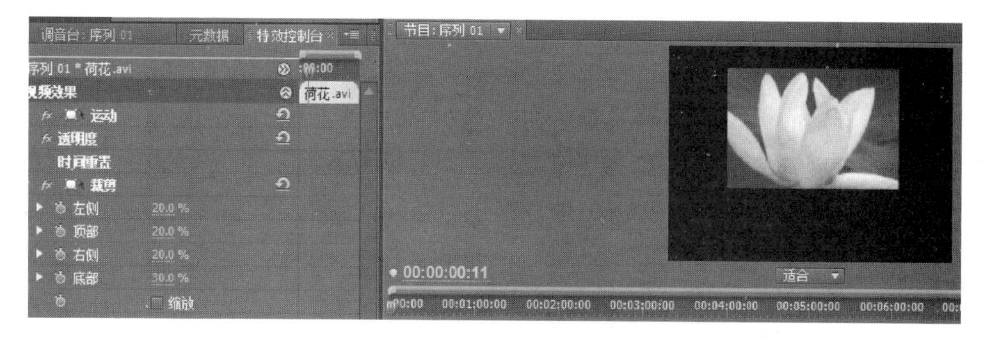

图 5-20　“裁剪”参数设置及其对应的视频效果

2. 图像控制类视频特效

图像控制类视频特效的主要作用是调整图像的色彩，弥补素材的画面缺陷，此类视频特效包括 5 种类型。

(1)“灰度系数(Gamma)校正”视频特效

通过改变图像中间色调的亮度来调节图像的明暗度，其“灰度系数”参数用来调整素材的明暗程度，如图 5-21 所示。

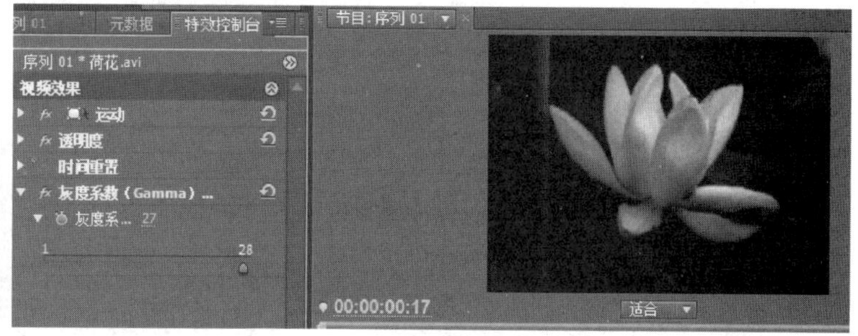

图 5-21　原素材及添加“灰度系数”视频特效后的“节目”面板

(2)“色彩传递”视频特效

该视频特效只保留指定的色彩，没有被指定的色彩将被转换为灰色。

(3)“颜色平衡”视频特效

通过调整图像的 RGB 值来改变图像色彩。

(4)“颜色替换”视频特效

在保持灰度级不变的前提下，用一种新的颜色替代选中的色彩及和它相似的色彩。单击“颜色替换”后面的“设置”按钮，可打开“颜色替换设置”对话框，如图 5-22 所示。

图 5-22　“颜色替换设置”窗口

(5)“黑白”视频特效

将彩色图像转化为黑白图像。

3. 实用类视频特效

实用类视频特效只有“Cineon 转换”一种效果，可以增强素材的明暗及对比度，让亮的部分更亮，暗的部分更暗，其参数设置及对应的视频效果如图 5-23 所示。

图 5-23 “Cineon 转换”参数设置及其预览效果

4. 扭曲类视频特效

扭曲类视频特效可以创建出多种变形效果，扭曲类视频特效包括 11 种类型。

（1）“偏移”视频特效

将素材进行上下或左右的偏移。

（2）“变换”视频特效

可以使素材产生二维几何变化，其参数设置及对应的视频效果如图 5-24 所示。

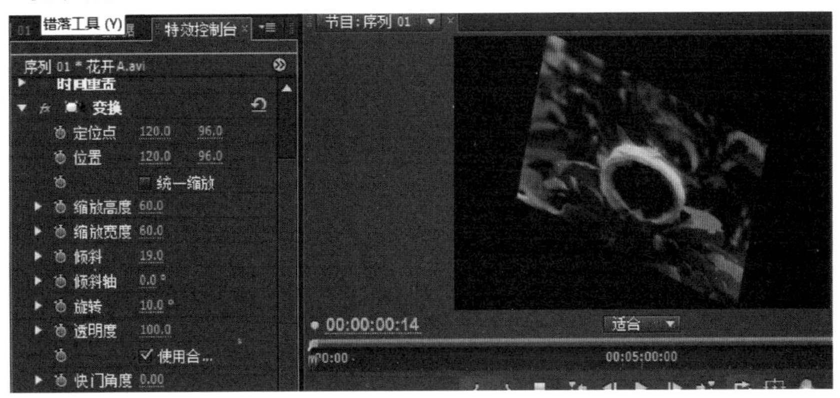

图 5-24 “变换”特效参数设置及其节目预览效果

（3）“弯曲”视频特效

可以使素材在水平和垂直方向上产生扭曲效果，“弯曲设置”对话框如图 5-25 所示。

（4）“放大”视频特效

对素材的某一个区域进行放大处理，如同放大镜观察图像区域一样，其参数设置及对应的视频效果如图 5-26 所示。

（5）“旋转扭曲”视频特效

使素材沿着其中心旋转，越靠近中心，旋转越剧烈，效果如图 5-27 所示。

（6）“波形弯曲”视频特效

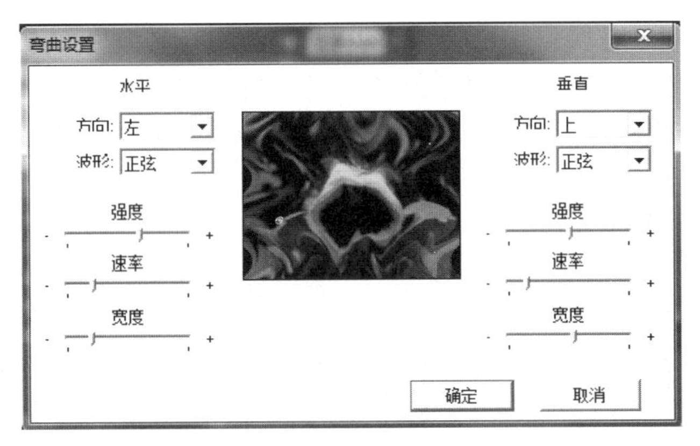

图 5-25 “弯曲设置”对话框

图 5-26 “放大”特效参数设置及节目预览效果

图 5-27 “旋转扭曲”特效参数设置及节目预览效果

可以使素材产生波浪状的变形。

(7)“球面化”视频特效

使素材以球化的状态显示,产生圆球效果。

(8)“紊乱置换”视频特效

使素材产生一种不规则的湍流变相效果。通过调整数量、大小、偏移、复杂度和演变等参数,可以制作出想要的扭曲效果。

(9)“边角固定”视频特效

设置素材4个角的位置,对画面进行透视和弯曲处理。可以通过修改“特效控制台”中的参数值调整边角的位置,也可以直接在“节目”面板中拖动画面上的4个角上的位置控制点来调整边角的位置。

(10)“镜像”视频特效

将沿分割线划分的图像反射到另外一边,可以通过角度控制镜像图像到任意角度,如图5-28所示。

图5-28 “镜像”参数设置及节目预览效果

(11)“镜头扭曲”视频特效

创建一种通过扭曲的透镜观看画面的效果。

5. 时间类视频特效

时间类视频特效可以控制素材的时间特效,产生跳帧和重影效果,此类视频特效包括两种类型。

(1)“抽帧”视频特效

通过改变素材播放的帧速率来回放素材,输入较低的帧速率会产生跳帧的效果。

(2)“重影”视频特效

可以混合同一素材中不同的时间帧,从而产生条纹或反射效果,如图5-29所示。

图5-29 “重影”特效参数及节目预览效果

6. 杂波与颗粒类视频特效

杂波与颗粒类视频特效可以为素材添加噪点效果,此类视频特效共包括6种类型。

(1)“中值”视频特效

将图像素材的每个像素用其周围的 RGB 平均值来代替平均画面的色值,形成一定的艺术效果,如图 5-30 所示。

图 5-30 “中值”半径为 9 时节目预览效果

(2)“杂波”视频特效

使素材产生随机的噪波效果。

(3)“噪波 Alpha”视频特效

该特效可以设置在 Alpha 通道中生成噪波。

(4)“噪波 HLS”和“自动噪波 HLS”视频特效

通过色调、亮度和饱和度来设置噪波。

(5)“灰尘与划痕”视频特效

改变相异的像素,模拟灰尘的噪波效果,可以用来处理老电影的视频效果,如图 5-31 所示。

图 5-31 “灰尘与划痕”参数设置及节目预览效果

7. 模糊与锐化类视频特效

模糊类特效可以使图像模糊,而锐化类特效可以锐化图像,使图像更清晰,此类视频特效共包括 10 种类型。

(1)“快速模糊”视频特效

使图像进行快速模糊。

- 模糊量:可以指定模糊的程度和方向。
- 重复边缘像素:选择该复选框,就会重复像素的边缘。

(2)“摄像机模糊”视频特效

模拟摄像机镜头变焦所产生的模糊效果,其“模糊百分比”参数用来设置模糊的程度。

(3)“方向模糊”视频特效

使图像的模糊具有一定的方向性,从而产生一种动感的效果,如图5-32所示。

图5-32 “方向模糊”参数设置及节目预览效果

(4)“残像”视频特效

显示运动物体的重叠虚影效果,对静态画面不起作用,该视频特效没有参数。

(5)“消除锯齿”视频特效

可以对图像对比度较大的颜色进行平滑处理,该视频特效没有参数。

(6)“混合模糊”视频特效

基于亮度值模糊图像,在其“模糊图层”参数中可以选择一个视频轨道中的图像。根据需要用一个轨道中的图像模糊另一个轨道中的图像,能够达到有趣的重叠效果。

(7)“通道模糊”视频特效

通过改变图像中颜色通道的模糊程度来实现画面的模糊效果,如图5-33所示。

图5-33 “通道模糊”参数设置及节目预览效果

(8)“锐化”视频特效

通过增加相邻像素的对比度,达到提高图像清晰度的效果。

(9)“非锐化遮罩”视频特效

通过颜色之间的锐化程度提高图像的细节效果。

(10)“高斯模糊”视频特效

通过高斯运算的方法生成模糊效果,应用该效果,可以达到更加细腻的模糊效果,其参数包括“模糊度”和“模糊方向”。

8. 色彩校正类视频特效

色彩校正类视频特效主要用于调整素材的颜色、亮度、对比度等,此类视频特效共包括 17 种类型。

(1)“RGB 曲线”视频特效

主要通过曲线调整主体、红色、绿色、蓝色通道的参数值,来改变图像的颜色。

(2)“RGB 色彩校正”视频特效

通过调整 RGB 的值来改变图像的色彩。

(3)“三路色彩校正”视频特效

可以针对阴影、中间调、高光区进行一系列的调整。

(4)“亮度与对比度”视频特效

用来调节图像的亮度和对比度,其参数包括“亮度”、“对比度”。

(5)“亮度曲线”视频特效

可以通过拖拽亮度调整曲线来调节图像的亮度。

(6)“亮度校正”视频特效

可以调整图像的亮度和对比度,使用该视频特效还可以将需要调整的色调分离出来,然后再进行调整,其参数设置面板如图 5-34 所示。

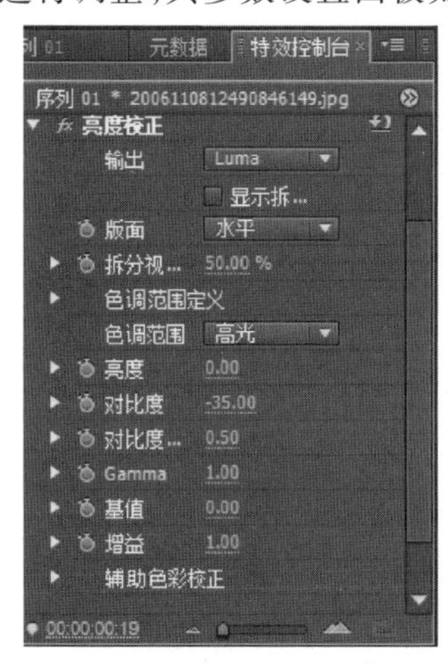

图 5-34 “亮度校正”参数设置及节目预览效果

- “输出”:选择需要输出的方式,默认为“复合”模式,还包括“Luma”、“蒙版”、“色调范围”三种模式。
- “版面”:用来设置分屏预览布局。
- “拆分视图”:用来设置分配的比例。
- “色调范围”:用来选择调整的区域。
- “亮度”:用来设置图像的亮度。

- “对比度”：用来设置图像的对比度。
- “对比度等级”：用来设置对比度的级别。
- “Gamma”：用来调整中间色调的色阶。
- “基值”：用来添加指定的偏移像素值。
- “增益”：利用像素值和乘积调整亮度值。
- “辅助色彩校正”：用来设置二级色彩的校正。

(7)“分色”视频特效

用于删除指定的颜色，可以将彩色图像转换为灰度图像，但图像的颜色模式保持不变。

(8)“广播级颜色”视频特效

为了让作品在电视中更加精确、清晰地播放，可以使用该视频特效。

(9)“快速色彩校正”视频特效

可以快速调整素材中的颜色和亮度效果。

(10)“更改颜色”视频特效

用于改变图像中某种颜色区域的色调、饱和度或亮度，通过选择一种基色并设置相似值来确定区域。

(11)“染色”视频特效

用来调整图像中包含的颜色信息，在最亮和最暗之间确定融合度。

(12)“色彩均化”视频特效

改变图像的像素值并将这些像素值平均化处理。

(13)“色彩平衡”视频特效

通过调整高光、阴影和中间色调的红、绿、蓝的参数，来更改图像总体颜色的混合程度。

(14)“色彩平衡 HLS”视频特效

通过对图像的色相、亮度、饱和度参数的调整，来实现图像色彩的改变。

(15)“视频限幅器”视频特效

在颜色修正之后，使用“视频限幅器”可以确保视频处于指定的限制范围内，可以限制影像的所有信号。

(16)“转换颜色”视频特效

在图像中选择一种颜色，将其转换为另一种颜色的色调、透明度、饱和度，如图5-35所示。

- “从”：用来设置当前图像中需要转换的颜色。
- “到”：用来设置转换后的颜色。
- “更改”：用来选择在 HLS 彩色模式下对哪个通道起作用。
- “更改依据”：用来指定颜色的执行方式。
- “宽容度”：用来设置色调、透明度、饱和度的值。
- “柔和度”：用来设置可修改颜色的平滑程度。

(17)“通道混合”视频特效

通过设置每个颜色通道的数值，可以产生灰阶图像或其他色调的图像。

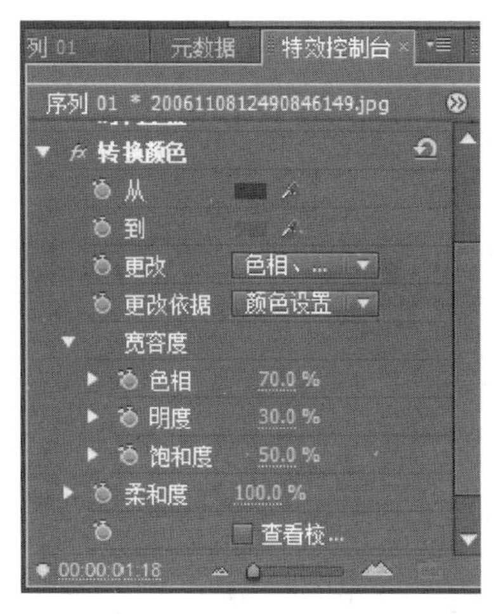

图 5-35 “转换颜色”参数设置及节目预览效果

9. 视频类视频特效

视频类特效只有“时间码”一种类型，主要用于在素材中显示时间码或帧数量信息，如图 5-36 所示。

图 5-36 “时间码”参数设置及节目预览效果

10. 调整类视频特效

调整类视频特效主要用于调整素材的亮度、色彩、对比度等，此类视频特效共包括 9 种类型。

（1）“卷积内核”视频特效

通过使用数学的卷积原理来改变图像中像素颜色的运算，从而改变像素亮度值，并且可以增加图像的清晰度或轮廓。

（2）“基本信号控制”视频特效

用来调整图像的亮度、对比度、色相、饱和度。

（3）“提取”视频特效

可以在图像中吸取颜色，然后通过设置灰色区域的范围控制影像的显示。

（4）“照明效果”视频特效

可以在图像中应用多种光照效果，共有三种光源类型，分别为“平行光”、“全光

源”、“点光源”。用户还可以通过参数对光源的颜色、大小、角度、密度和位置进行设置，如图 5-37 所示。

图 5-37　“照明效果”参数设置及节目预览效果

(5)“自动对比度”视频特效

自动调整图像的对比度。

(6)“自动色阶”视频特效

自动调整图像的色阶。

(7)“自动颜色”视频特效

自动调整图像的颜色。

(8)“色阶”视频特效

可以修正图像中的亮度、中间色调和阴影，“色阶设置”对话框如图 5-38 所示。

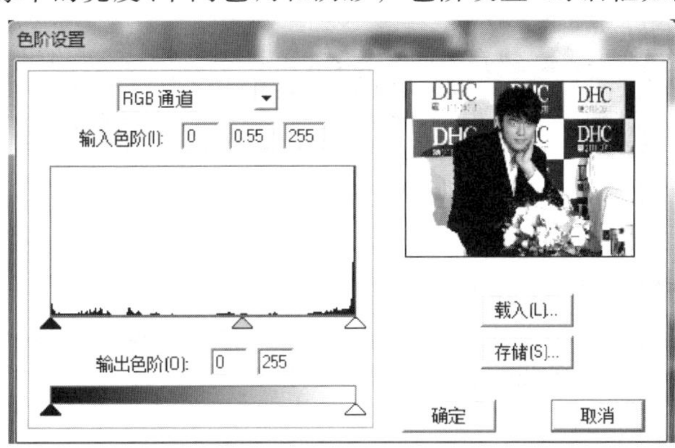

图 5-38　“色阶设置”对话框

(9)“阴影/高光”视频特效

适用校正图像的背光问题，可以使阴影的亮度提高，降低高亮区的亮度。

11. 过渡类视频特效

过渡类视频特效类似于视频转场效果，是在两个素材之间进行切换的视频特效，包括“块溶解”、“径向擦除”、“渐变擦除”、“百叶窗”、“线性擦除”5 种视频特效。

12. 透视类视频特效

透视类视频特效可以为素材添加各种透视的效果，包括 5 种类型。

(1)“基本 3D”视频特效

可以使图像在模拟的三维空间中沿水平和垂直轴旋转,也可以使图像产生移近或拉远的效果。

(2)“径向阴影”视频特效

通过将指定的位置作为光源,使图像产生投影效果,该视频特效可以为带有 Alpha 通道的图像创建阴影。

(3)“投影”视频特效

可以在层的后面产生阴影,形成投影的效果。

(4)“斜角边”视频特效

可以使图像边缘产生一个立体的效果,用来模拟三维的外观。

(5)“斜面 Alpha”视频特效

可以在图像的 Alpha 通道区域的边缘产生一种边界分明的效果。

案例 11 深情演奏——抠像技术的应用

案例描述

本案例运用“键控”类视频特效中的多种视频特效完成演奏者的绿屏抠像效果,如图 5-39 所示。

图 5-39 抠像效果截图

案例分析

① 熟练掌握导入序列文件的方法。

② 应用“RGB 差异键”可以实现抠像效果,应用“色度键”也可以实现抠像效果。

操作步骤

① 新建名为“深情演奏”的项目,选择“DV-PAL→标准 48 kHz”模式。

② 把素材文件夹中的“928_JumpBack. avi”导入到“项目”面板。在“导入”对话框中打开 man 文件夹,如图 5-40 所示,选择“man_00000. tga”,然后选中“序列图像”复选框,单击“打开”按钮,导入序列文件“man_00000. tga”。

③ 把素材“928_JumpBack. avi”添加到“视频 1”轨道上,把素材“man_00000. tga”添

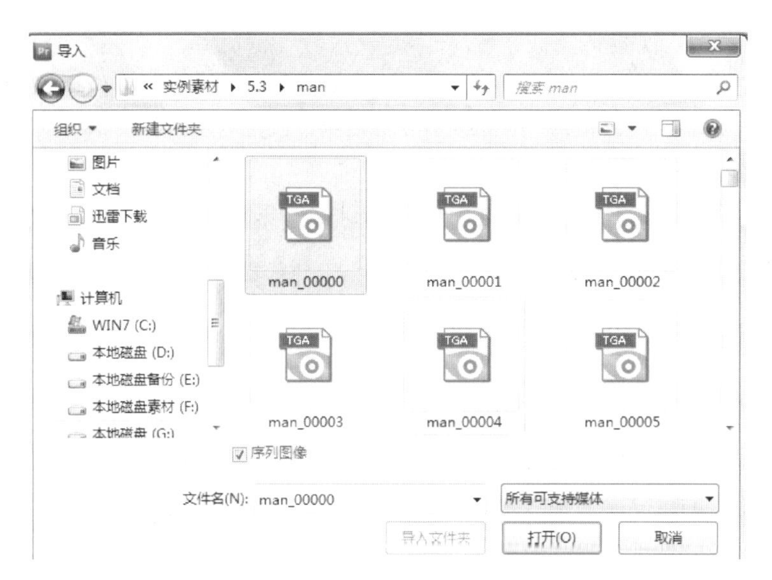

图 5-40　导入序列图像

加到“视频 2”轨道上,并设置两段素材长度相同,适合屏幕大小显示,如图 5-41 所示。

图 5-41　放入素材的时间线和节目预览效果

④ 为素材“man_00000. tga”添加“键控”效果。单击“效果”面板上“视频特效”左侧的折叠按钮 视频特效 ,选择“键控” 键控 类特效中的“RGB 差异键” RGB 差异键 视频特效,拖放到“视频 2”轨道中的素材“man_00000. tga”上。

⑤ 调整特效参数,将素材“man_00000. tga”的绿色背景抠掉,如图 5-42 所示。

图 5-42　“RGB 差异键”参数设置和节目预览效果

提示：使用“色度键”视频特效也可以将绿屏抠掉。

⑥ 保存项目，导出媒体。播放效果如图 5-39 所示。

13. 键控类视频特效

键控类视频特效主要用于对素材进行抠像处理，在影视制作中大量应用于将不同的素材合成到一个场景中。此类视频特效共包括 15 种类型。

(1)“16 点无用信号遮罩”、“4 点无用信号遮罩”、“8 点无用信号遮罩”视频特效

可以对叠加的素材分别进行 16 个角、4 个角、8 个角的调整，通过调整角点的控制手柄可以调整蒙版的形状，出现透明区域。

(2)“Alpha 调整”视频特效

可以根据上层素材的灰度等级来完成不同的叠加效果。

(3)“RGB 差异键”视频特效

将素材中的一种颜色差值做透明处理，通过选取颜色来设置透明，该视频特效适合对色彩明亮、无阴影的图像做抠像处理。

(4)“亮度键”视频特效

可以将图像中的灰阶部分设置为透明，对明暗对比十分强烈的图像特别有效。

(5)“图像遮罩键”视频特效

可以使用一幅静态的图像作为蒙版，该蒙版决定素材的透明区域。

(6)“差异遮罩”视频特效

将指定视频素材与图像相比较，除去视频素材中相匹配的部分。

(7)“极致键”视频特效

可以在图像中吸取颜色设置透明，同时可设置遮罩效果，如图 5-43 所示。

图 5-43 “极致键”参数设置和节目预览效果

(8)“移除遮罩”视频特效

将已有的遮罩移除，移除画面中遮罩的白色区域或黑色区域。

(9)“色度键”视频特效

可以将图像上的某种颜色及与其相似的颜色设置为透明。

(10)“蓝屏键”视频特效

用来将素材中的蓝色区域变为透明。

(11)“轨道遮罩键”视频特效

将相邻轨道上的素材作为被叠加的素材底纹背景,底纹背景决定被叠加图像的透明区域。

(12)“非红色键”视频特效

用来将素材中的蓝色或绿色区域变为透明。

(13)“颜色键”视频特效

可以选择需要透明的颜色来完成抠像效果,与“色度键”类似。

14. 生成类视频特效

生成类视频特效可以在场景中产生炫目的光线效果,此类视频特效共包括 12 种类型。

(1)“书写”视频特效

使用画笔在指定的层中进行绘画、写字等效果。

(2)“吸色管填充”视频特效

可以将样本色彩应用到图像上进行混合,如图 5-44 所示,其参数设置如下。

- “取样点”:通过调整参数来设置颜色的取样点。
- “取样半径”:设置取样范围。
- “平均像素颜色”:用来选择平均像素颜色的方式。
- “保持原始 Alpha”:选择该复选框,Alpha 通道不会产生变化。
- “与原始图像混合”:用来选择颜色与原始素材的混合模式。

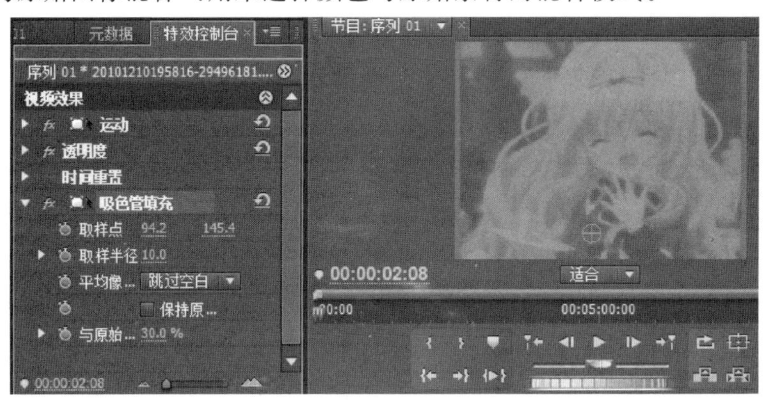

图 5-44 “吸色管填充”参数设置和节目预览效果

(3)“四色渐变”视频特效

在素材之上产生 4 种颜色渐变图形,并与素材进行不同模式的混合,如图 5-45 所示。

(4)“圆”视频特效

创建圆形并与素材相混合。

(5)“棋盘”视频特效

创建棋盘网格并与素材相混合。

(6)“椭圆”视频特效

可以在颜色背景上创建椭圆,用做遮罩,也可以直接与素材混合,其视频效果如图 5-46 所示。

图 5-45 “四色渐变”参数设置和节目预览效果

图 5-46 “椭圆”特效参数设置和节目预览效果

(7) “油漆桶”视频特效

根据需要将指定的区域替换成一种颜色,还可以设置颜色与素材混合的样式。

(8) “渐变”视频特效

在图像上创建一个颜色渐变斜面,并可以使其与原素材融合。

(9) “网格”视频特效

创建网格并与素材相混合,如图 5-47 所示。

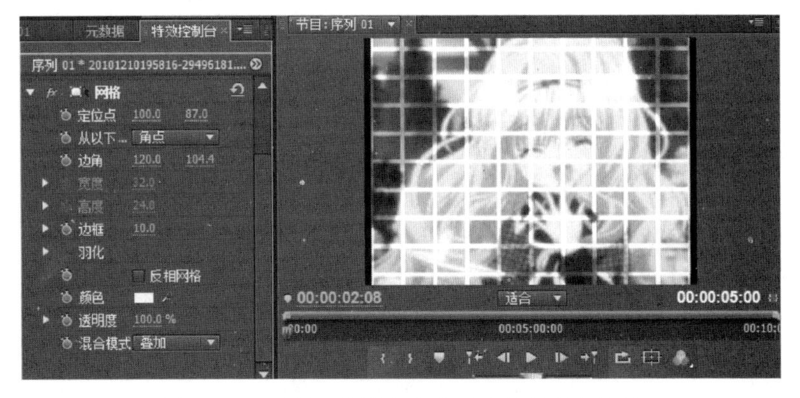

图 5-47 “网格”特效参数设置和节目预览效果

(10)“蜂巢图案”视频特效

模拟出多种细胞图形效果。

(11)“镜头光晕”视频特效

模拟镜头拍摄阳光而产生的光环效果,其参数设置及视频效果如图 5-48 所示。

图 5-48 “镜头光晕”特效参数设置和节目预览效果

(12)“闪电”视频特效

通过调整参数设置,模拟闪电和放电效果,如图 5-49 所示。

图 5-49 “闪电”特效参数设置和节目预览效果

案例 12 魔术表演——视频特效的创意应用

案例描述

本案例通过抠像实现魔术师表演背景的更换,通过添加“马赛克”视频特效遮挡表演者的面孔,然后改变素材“Fire. mov”火苗的叠加模式达到与魔术师的完美结合,通过设置位置关键帧实现火苗跟踪魔术师效果,如图 5-50 所示。

操作步骤

① 新建名为“魔术表演”的项目,选择“DV-PAL→标准 48 kHz”模式。

图 5-50　魔术表演

② 导入素材文件夹中的图像“长城.jpg”,然后拖放到“视频 1”轨道上,缩放比例设置为 200%,使背景充满屏幕。

③ 导入素材“魔术表演.mov”,拖放到“视频 2”轨道上,缩放比例设置为 123%。

④ 为视频素材添加抠像效果。单击“效果”面板上“视频特效”左侧的折叠按钮 视频特效 ,选择“键控”类特效中的“色度键” 色度键 特效,拖放到“视频 2”轨道中的素材“魔术表演.mov”上。单击素材,按 Shift+5 快捷键打开“特效控制台”面板,设置“色度键”特效的参数如图 5-51 所示。

图 5-51　“色度键”参数设置及节目预览效果

⑤ 为视频素材添加马赛克效果。单击“视频 2”轨道上的素材,按 Ctrl+C 快捷键复制,将时间指针移到“视频 3”轨道开始处并选中“视频 3”轨道,按 Ctrl+V 快捷键粘贴,单击“效果”面板上“视频特效”左侧的折叠按钮 视频特效 ,选择“变换”类特效中的

“裁剪”裁剪特效，拖放到“视频 3”轨道中的素材上。单击素材，按 Shift+5 快捷键打开“特效控制台”，设置“裁剪”特效的参数如图 5-52 所示；再将“风格化”类视频特效中的“马赛克”视频特效应用到该素材上，参数设置及效果如图 5-53 所示。

图 5-52　“裁剪”参数设置

图 5-53　“马赛克”参数设置及节目预览效果

⑥ 为视频素材添加火苗跟踪效果。导入素材“Fire. mov”，拖放到“视频 4”轨道上的第 15 帧处，分别设置其“位置”、“缩放比例”、“混合模式”参数，如图 5-54 所示。在第 15 帧处，单击“位置”前的“切换动画”按钮，添加关键帧；将时间指针移到第 19 帧处，继续为“Fire. mov”添加位置关键帧，“位置”为“323. 5，352. 0”；将时间指针移到第 1 秒处，添加位置关键帧，“位置”为“335. 7，197. 3”；将时间指针移到第 1 秒 10 帧处，添加位置关键帧，“位置”为“308. 9，197. 3”；将时间指针移到第 1 秒 24 帧处，添加位置关键帧，“位置”为“364. 9，218. 7”；将时间指针移到第 2 秒 05 帧处，添加位置关键帧，“位置”为 386. 8，184. 0；将时间指针移到第 2 秒 12 帧处，添加位置关键帧，“位置”为“304. 1，144. 0”；将时间指针移到第 2 秒 19 帧处，添加位置关键帧，“位置”为“238. 4，213. 3”；将时间指针移到第 3 秒处，添加位置关键帧，“位置”为“277. 3，258. 7”；将时间指针移到第 3 秒 05 帧处，添加位置关键帧，“位置”为“321. 1，344”；将时间指针移到第 3 秒 10 帧处，添加位置关键帧，“位置”为“328. 4，402. 7”。添加关键帧后的“位置”参数设置如图 5-55 所示，此时“时间线”面板如图 5-56 所示。

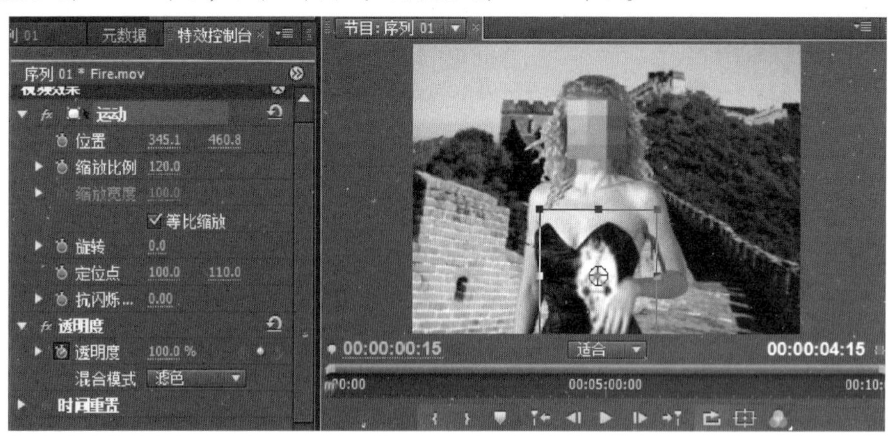

图 5-54　第 15 帧处“Fire. mov”参数设置及节目预览效果

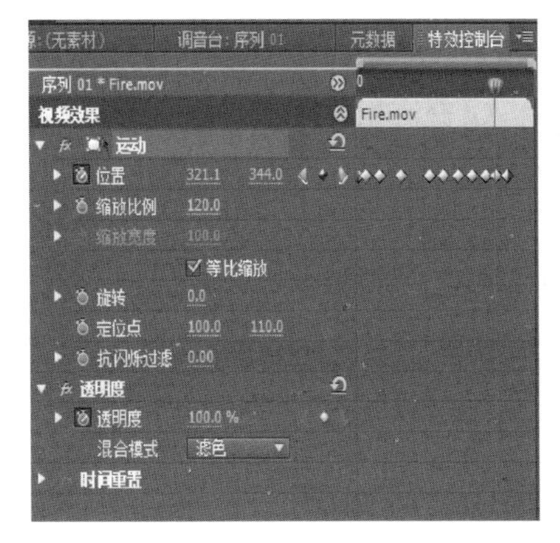

图 5-55　添加关键帧后的“位置”参数设置

图 5-56　最终的“时间线”面板

⑦ 保存项目,导出媒体。完成后的播放效果如图 5-50 所示。

15. 通道类视频特效

通道类视频特效主要通过改变通道的属性来实现画面的色彩变化,共包括 7 种类型。

(1)“反转”视频特效

将原素材的色彩都转换为该色彩的补色。“反转”视频特效通常会得到很好的颜色效果,如图 5-57 所示。

图 5-57　添加“反转”视频特效前后效果对比

(2)“固态合成”视频特效

将一种色彩填充合成图像放在素材层的后面,通过设置不透明度、混合模式等参数,来合成新的图像效果,其参数设置及节目预览效果如图 5-58 所示。

(3)“复合算法”视频特效

根据数学算法有效地将两个场景混合在一起。

(4)“混合”视频特效

通过 5 种不同的混合模式,将两个层的场景混合在一起。

(5)“算法”视频特效

该视频特效提供了各种用于图像颜色通道的简单数学运算,其参数设置如下。

- “操作符”:用于指定图像像素已存在的通道和新通道间的算法。
- “红色值/绿色值/蓝色值”:用于指定各通道在选定算法中的数值。

图 5-58 “固态合成”视频特效参数设置及节目预览效果

- “剪切”:选择“剪切结果值”复选框,可以防止设置的颜色值超出所有功能函数项的限定范围。

(6)“计算”视频特效

通过剪辑通道和不同的混合模式,合成两个位于不同轨道中的视频剪辑。

(7)“设置遮罩”视频特效

可以将其他层的通道设置为本层的遮罩,通常用来设置运动遮罩效果。

16. 风格化类视频特效

风格化类视频特效可以模仿一些美术风格,丰富画面的效果,包括 13 种类型。

(1)“Alpha 辉光”视频特效

该特效只对含有通道的素材起作用,它会在 Alpha 通道的边缘产生一圈渐变的辉光效果。

(2)“复制”视频特效

将原始画面复制多个,其“计数”参数用于控制复制副本的数量,如图 5-59 所示。

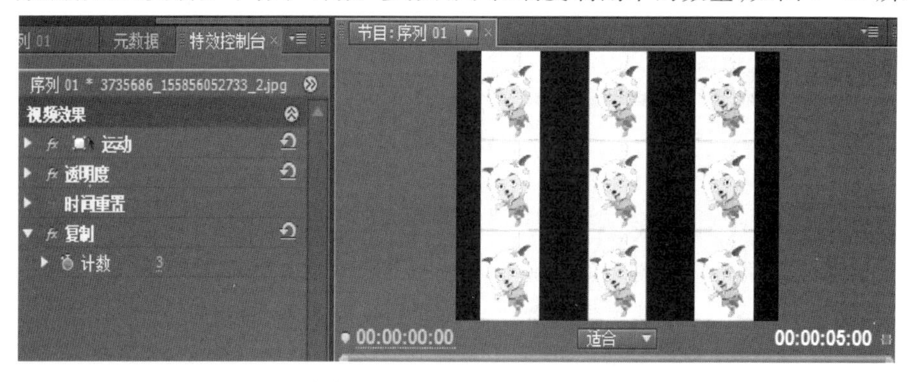

图 5-59 “复制”视频特效参数设置及节目预览效果

(3)“彩色浮雕”视频特效

可以使素材图像产生彩色的浮雕效果。

(4)“曝光过度”视频特效

可以使素材图像的正片和负片相混合,模拟底片曝光效果,其“阈值”参数用来设置曝光值。

(5)“材质”视频特效

可以将指定层的图像映射到当前层图像上,产生类似纹理的效果。

(6)“查找边缘”视频特效

强化过渡像素产生彩色线条,表现类似铅笔勾画的效果,如图 5-60 所示。

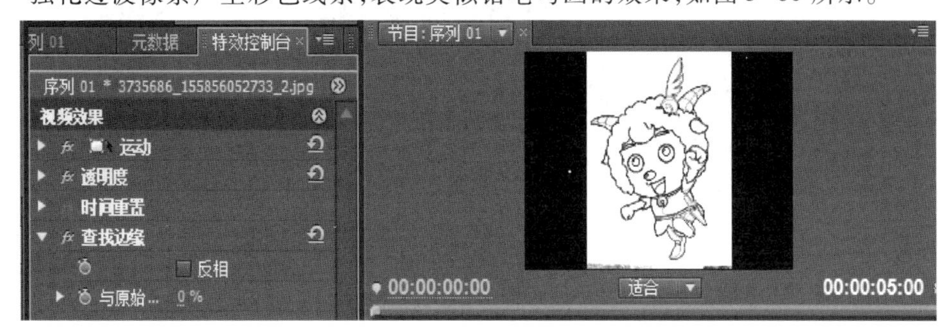

图 5-60 “查找边缘”视频特效参数设置及节目预览效果

(7)“浮雕”视频特效

使素材图像产生浮雕的效果,同时会摒弃原图的颜色。

(8)“笔触”视频特效

可以模拟向图像添加笔触,以产生类似水彩画的效果。

(9)“色调分离”视频特效

将图像连续的色调转化为只有有限的几种色调,产生类似海报的效果。

(10)“边缘粗糙”视频特效

可以影响图像的边缘,制作出锯齿边缘的效果。

(11)“闪光灯”视频特效

可以在视频播放中形成一种随机闪烁的效果,其参数设置如图 5-61 所示。

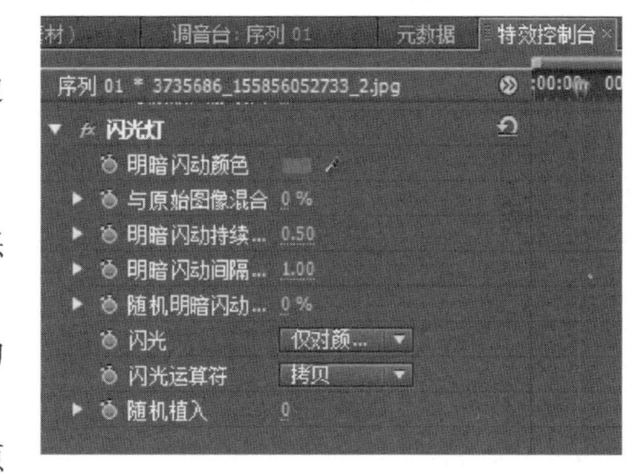

图 5-61 “闪光灯”视频特效参数设置面板

- “明暗闪动颜色”:设置闪光的颜色。
- “与原始图像混合”:设置闪光与原图像的混合程度。
- “明暗闪动持续时间”:设置闪光持续的时间。
- “明暗闪动间隔”:设置两个相同的闪光效果间隔的时间。
- “随机明暗闪动”:设置闪光的随机性。
- “闪光”:设置闪光的方式。
- “闪光运算符”:不同的运算符,产生的闪光效果不同。

(12)“阈值”视频特效

可以将灰度或彩色图像转换为高对比度的黑白图像,其中“色阶”参数用于设置阈值的色阶。

(13)“马赛克”视频特效

可以将画面分成若干网格,每一格都用本格内所有颜色的平均色填充,形成马赛克效果,如图 5-62 所示。

图 5-62 “马赛克”参数设置及节目预览效果

练习与实训

1. 填空

(1) ________类视频特效可以为素材添加各种透视效果,如三维、阴影、倾斜等。

(2) 在 Premiere 中,使用________可以使效果随时间而改变。

(3) ________类特效可以让素材形状产生二维或三维变化,也可以使图像进行翻转,还可以将素材中不需要的部分进行裁剪。

(4) ________即利用多种特效,剔除影片中的背景。

(5) ________类视频特效可以模仿一些美术风格,丰富画面的效果。

(6) ________类视频特效主要通过改变通道的属性来实现画面的色彩变化。

(7) 单击特效选项前面的________按钮,可以为素材在当前时间指针所在位置添加一个特效关键帧。

(8) ________视频特效通过改变素材播放的帧速率来回放素材,输入较低的帧速率会产生跳帧的效果。

(9) ________类视频特效可以在场景中产生炫目的光效。

(10)“残像”视频特效显示运动物体的重叠虚影效果,对________画面不起作用。

2. 上机实训

(1) 利用提供的素材,制作如图 5-63 所示的画面望远镜效果(提示:使用“轨道遮罩键”视频特效和关键帧功能)。

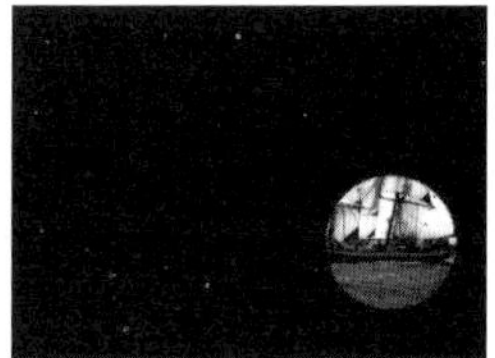

图 5-63 画面望远镜效果

(2) 利用提供的素材,制作如图 5-64 所示的阳光照射效果。

(3) 利用提供的素材,制作如图 5-65 所示的局部马赛克效果。

（4）利用提供的素材，制作如图 5-66 所示水中倒影效果。

（5）利用提供的素材，制作如图 5-67 所示水墨画效果（提示：使用“黑白”、“查找边缘”、“色阶”、“高斯模糊”等特效进行调整）。

图 5-64　阳光照射效果

图 5-65　局部马赛克效果

图 5-66　水中倒影效果

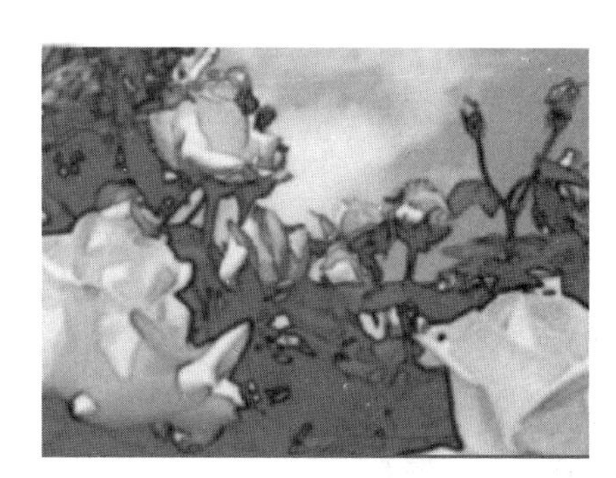

图 5-67　水墨画效果

第6章

字幕设计

案例13　雅尼经典曲目介绍——静态与滚动字幕

案例描述

本案例将创建影视作品中常见的标题字幕和滚动字幕效果，如图6-1所示。

图6-1　“静态字幕”与“滚动字幕”效果

案例分析

① 用“静态字幕”制作标题字幕。使用“垂直文字工具”输入文字，为文字填充颜色、添加描边、阴影，调整文字在Y轴方向的扭曲。

② 用“滚动字幕”制作动态字幕。使用“区域文字工具”创建多行文字，通过“滚动/游动选项”设置字幕的动态效果。

操作步骤

① 新建名为“倾听雅尼”的项目，选择“DV-PAL→标准48 kHz”模式。

② 导入素材文件夹中的“雅尼.jpg”，然后拖放到“视频1”轨道上，作为背景。

③ 单击菜单“字幕→新建字幕→默认静态字幕”，打开“新建字幕”对话框，在“名称”文本框中输入“倾听”，“视频设置”选项组中的各选项使用默认值，然后单击“确定”按钮，效果如图6-2所示。

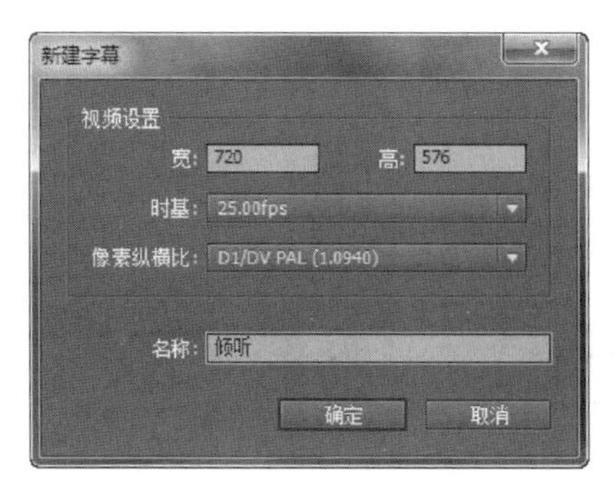

图 6-2 “新建字幕”对话框

提示:Premiere Pro CS5 允许序列具有不同的视频属性,因此可以创建具有不同帧尺寸和长宽比的字幕,其默认设置为活动序列的设置。

④ 在窗口中央打开“字幕”面板,选择“字幕工具”面板上的“垂直文字工具”,然后在“字幕”面板中单击,在光标处输入文字“倾听雅尼”。在右侧的“字幕属性”面板上,设置相关属性,其中“字体”为 SimHe,“字体大小”为 60.0,“字距”为 38.0,“扭曲”为“Y-50%”;在“填充”选项组中,“颜色”设置为#FFFFFF,“填充类型”设置为“实色”。单击“描边”选项组中“外侧边”右侧的“添加”链接,然后设置外侧边的属性,其中“类型”设置为“凸出”,“大小”设置为 6.0,“填充类型”设置为“实色”,“颜色”设置为#F82603;在“阴影”选项区,“颜色”设置为#000000,“透明度”设置为 50%,“角度”设置为 135.0°,“距离”设置为 10.0,“扩散”设置为 30.0。最终效果如图 6-3 所示。

图 6-3 “静态字幕”编辑效果

提示:如有的字无法正确显示,可以更换其他字体试试。

⑤ 单击“字幕”面板左上角的“基于当前字幕新建”按钮,设置“名称”为“曲目”,“视频设置”使用默认值,然后单击“确定”按钮。复制素材“曲目.doc”中的文字,然后选择“字幕工具”面板中的“区域文字工具”,在字幕区拖出一个矩形区域,在里面粘贴文字,设置好文字的字体、大小等属性。单击“字幕”面板左上角的“滚动/游动选项”按钮,在打开的对话框中做如图 6-4 所示的设置,然后单击“确定”按钮。删除“字幕”面板中的文字“倾听雅尼”。滚动字幕的最终效果如图 6-5 所示。

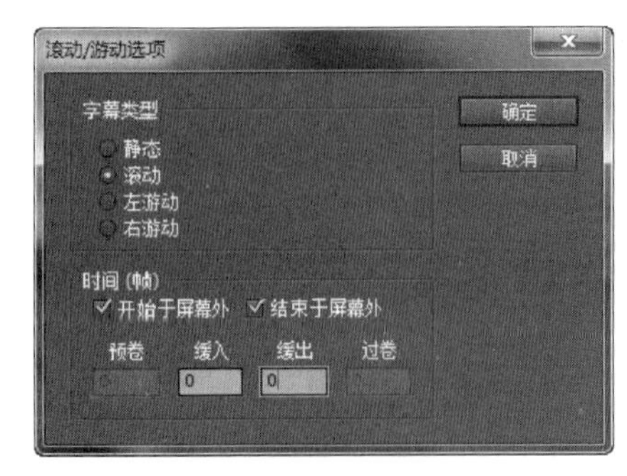

图 6-4 “滚动/游动选项”对话框

图 6-5 “滚动字幕”编辑效果

⑥ 关闭“字幕”面板。把“项目”面板中的“倾听”与“曲目”分别拖放到时间线的“视频 2”、“视频 3”轨道上，然后把 3 段素材的持续时间统一调整为 20 秒。这时的“时间线”面板如图 6-6 所示。

图 6-6 添加了字幕的“时间线”面板

提示：如果字幕滚动太快，可以适当延长它在时间线上的持续时间；若滚动太慢，可以适当缩短它在时间线上的持续时间。

⑦ 保存项目，导出媒体。完成后的播放效果如图 6-1 所示。

6.1 认识字幕窗口

字幕有助于更好地表达故事情节，是影视作品中重要的信息表达元素，具有补充、说明、强调和美化屏幕的作用。Premiere 的字幕制作功能非常强大，提供了单独的“字幕窗口”用来设计制作字幕。用 Premiere Pro CS5 设计的字幕和图形，可以作为静态标题、滚动字幕或者单独的剪辑添加到视频中。

1. 字幕窗口简介

(1) 启动字幕窗口

启动字幕窗口的方法如下：

- 选择菜单“字幕→新建字幕→默认静态字幕”，打开“新建字幕”对话框，如图 6-2 所示。
- 单击“项目”窗口下方的“新建分项”图标，从弹出的菜单中选择“字幕”选项，如图 6-7 所示。
- 右击“项目”窗口的空白处，从弹出的快捷菜单中选择“新建分项→字幕”选项，如图 6-8 所示。

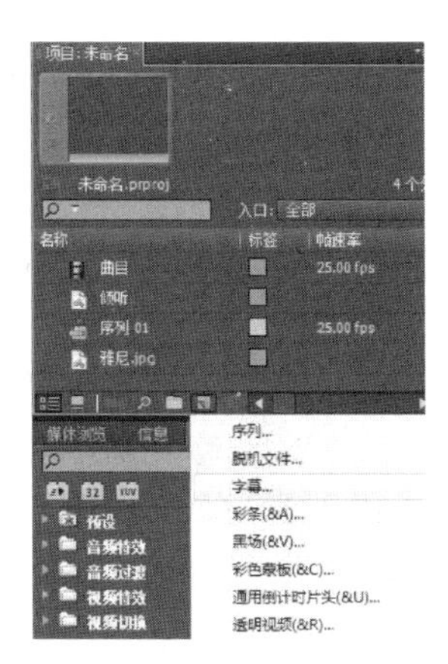

图 6-7　用“新建分项”启动字幕窗口

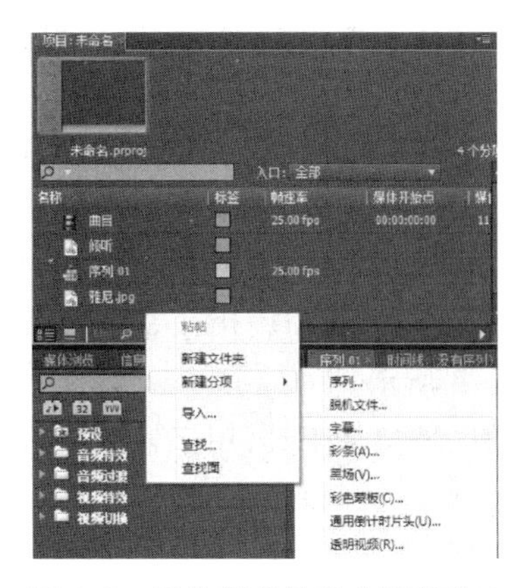

图 6-8　用快捷菜单启动字幕窗口

- 按 Ctrl+T 组合键。

(2) 字幕窗口的组成

字幕窗口由 5 个部分组成，如图 6-9 所示。

图 6-9　字幕窗口

- “字幕工具”面板：有 20 个工具按钮，用于添加文本、设置字幕路径和绘制几何形状。
- “字幕动作”面板：用于对齐、居中或分布字幕或对象组。
- “字幕”面板：由一个字幕预演窗口和上部的文本属性工具栏构成，用于创建和查看文本和图形。
- “字幕样式”面板：显示预设的字幕样式。单击一种样式即可将其属性应用到当前选中的字幕。
- “字幕属性”面板：用于设置文字和图形的显示效果，如字体、颜色、大小、填充、描边、阴影、背景等。

2. 字幕工具简介

使用字幕工具，可以添加和编辑文字、绘制简单的几何图形。图 6-10 所示为“字幕工具”面板。

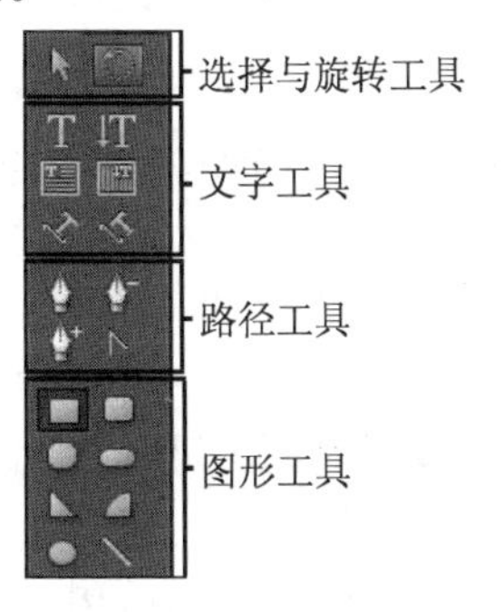

图 6-10　字幕工具面板

选择工具：用于选择和移动文字或图形。与 Shift 键结合使用，可以同时选择多个对象。

旋转工具：对选中的对象进行旋转调整。

文字工具：用于输入横向文字。选择“文字工具”后，在工作区域单击，在出现的矩形框内即可输入文字。

垂直文字工具：用于输入垂直方向的文字。使用方法与“文字工具”相同，效果如图 6-3 所示。

区域文字工具：用于输入多行横向文字，该工具可以创建一个文本框作为文字的输入区域。选择该工具，在工作区域单击并拖动鼠标，出现一个文本框，松开鼠标即可输入文字。

垂直区域文字工具：用于在工作区域中输入多列竖向文字。使用方法与“区域文字工具”相同。

路径文字工具：用于输入沿路径弯曲且平行于路径的文字。选择“路径文字工具”，在工作区域多次单击并拖动鼠标，绘制好文本的显示路径，然后选择“文字工具”，在路径上单击，即可输入路径文字，效果如图 6-11 所示。

垂直路径文字工具：用于输入沿路径弯曲且垂直于路径的文字。使用方法与“路径文字工具”相同，效果如图 6-12 所示。

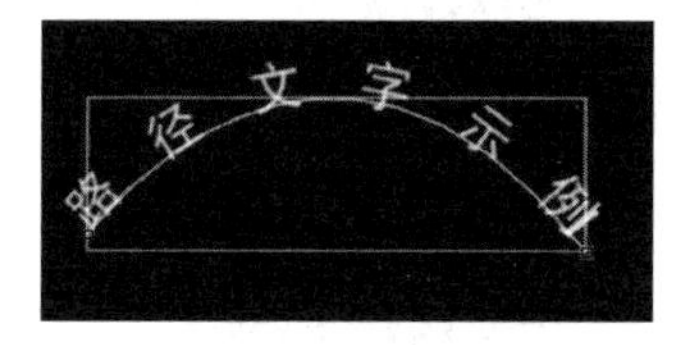

图 6-11　路径文字

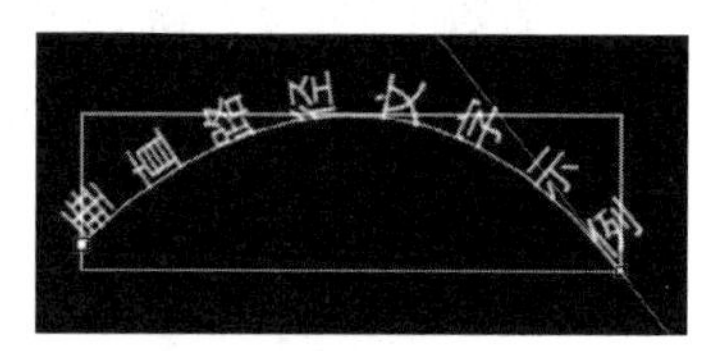
图 6-12　垂直路径文字

钢笔工具：用于绘制线条、路径或图形，也可以用来调整“路径文字工具”和“垂直路径文字工具”所创建的文本路径。选择“钢笔工具”，在文本路径的节点或控制柄上拖动，就可以调整文本路径。

添加定位点工具：用于增加文本路径上的锚点，常常与“钢笔工具”结合使用。

删除定位点工具：用于减少文本路径上的锚点，也常常与“钢笔工具”结合使用。

转换定位点工具：可使定位点在“平滑控制点”与“角控制点”之间进行转换，并对定位点进行调整。选择该工具，单击文本路径上的节点，在节点上会出现两个控制柄，拖动控制柄可以调整路径的平滑度。该工具常常与“钢笔工具”结合使用。

矩形工具：用于绘制矩形。选择该工具后，在工作区域内拖动即可绘制矩形。同时按住 Shift 键，可以绘制正方形。

圆角矩形工具：用于绘制圆角矩形，使用方法与“矩形工具”一样。

切角矩形工具：用于绘制切角矩形，使用方法与“矩形工具”一样。

圆矩形工具：用于绘制边角为圆形的矩形形状，使用方法与“矩形工具”一样。

三角形工具：用于绘制三角形，同时按住 Shift 键，可以绘制等腰直角三角形。

弧形工具：用于绘制圆弧，使用方法与“矩形工具”一样。

椭圆形工具：用于绘制椭圆形，同时按住 Shift 键，可以绘制正圆形。

直线工具：用于绘制直线。

3. 创建、导出和导入字幕

(1) 创建字幕的方法

启动字幕窗口,输入文字或绘制图形,然后设置属性。

(2) 设置"滚动/游动选项"

通过设置字幕的"滚动/游动选项",可以制作动态字幕。"滚动/游动选项"对话框如图 6-4 所示,各选项的作用如下。

- "开始于屏幕外":选中该项,字幕将从屏幕外滚入。如果不选该项,且字幕高度大于屏幕,当将字幕窗口的垂直滚动条移到最上面时,所显示的字幕位置就是其滚动的初始位置。可以通过拖动字幕来修改其初始位置。游动字幕的设置大致相同,只是运动方向为水平方向。
- "结束于屏幕外":选中该项,字幕将完全滚出屏幕。不选该项,如果字幕高度大于屏幕,则字幕最下侧(结束滚动位置)会贴紧下字幕安全框。游动字幕的设置大致相同。
- "预卷":当不勾选"开始于屏幕外"选项时,设置字幕在开始滚动/游动前播放的帧数。
- "缓入":设置字幕开头逐渐变快的帧数。
- "缓出":设置字幕末尾逐渐变慢的帧数。
- "过卷":当不勾选"结束于屏幕外"选项时,设置字幕在结束滚动/游动后播放的帧数。

(3) 导出字幕

Premiere Pro CS5 会自动将字幕保存到项目文件中,所以可以随时切换到新的或不同的字幕,而不会丢掉当前字幕中所创建的内容。

如果想在其他项目中使用当前项目的字幕,可以先导出当前项目的字幕,然后在其他项目中导入。要导出字幕,可执行以下操作:

① 选中"项目"面板中要导出的字幕,然后执行菜单命令"文件→导出→字幕",如图 6-13 所示。

② 在弹出的"存储字幕"对话框中,设置字幕的保存路径以及文件名,单击"保存"按钮即可将该字幕导出,如图 6-14 所示。

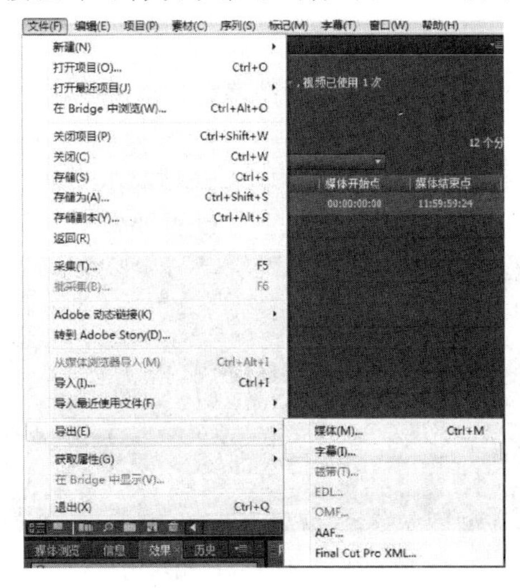

图 6-13 选择并导出字幕

图 6-14 存储字幕

(4) 导入字幕

要在项目中使用已存储的外部字幕,可执行菜单命令“文件→导入”,在弹出的对话框中找到字幕文件并双击,即可把字幕导入到当前项目中。导入的字幕成为当前项目文件的一部分。

6.2 编辑字幕属性

字幕窗口右侧的“字幕属性”面板用于设置字幕的位置、字体、颜色、透明度、描边、阴影、背景等属性,各参数项如图 6-15 所示。

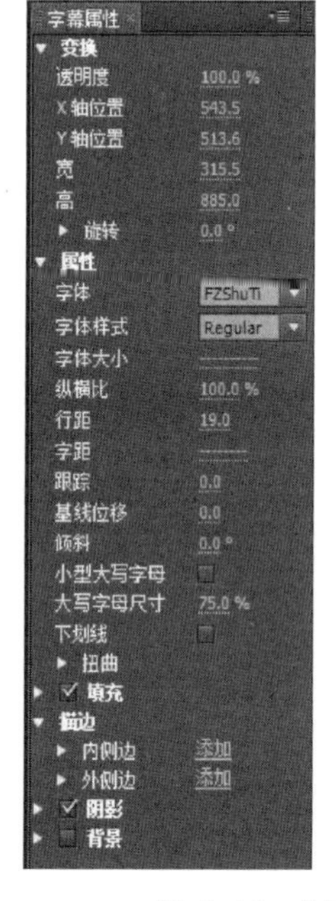

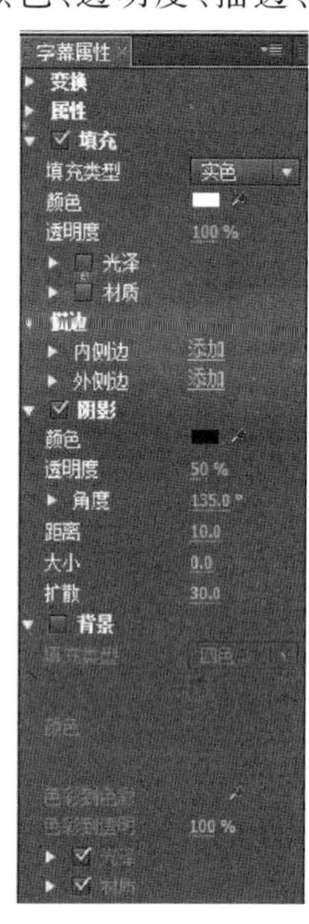

图 6-15 “字幕属性”面板

1. 变换

“变换”选项组用于设置字幕的透明度、位置、宽度、高度、旋转角度等。“变换”区域中各项参数如下。

- “透明度”:用于调整字幕的透明度,值为 100% 时,完全不透明,值越小,透明度越高。
- “X 轴位置”:用于调整字幕在 X 轴上的位置。
- “Y 轴位置”:用于调整字幕在 Y 轴上的位置。
- “宽”和“高”:分别用于设置字幕的宽度和高度。
- “旋转”:用于调整字幕的角度。

2. 属性

(1) 文字属性

当选择了文字对象时文字属性出现在面板中,用于设置文字字体、字体样式、字号等基本属性。文字属性选项组中各选项的作用如下。

- “字体”:用于设置字体,单击后会出现系统中所有字体的列表。屏幕视频适合用非衬线体,即黑体。宋体是衬线体,一般不用。
- “字体大小”:设置输入文字的大小。将鼠标指向数值变为小手形后,水平向左或向右拖动即可改变字号的大小,也可单击数值然后直接输入。字号设置要针对不同的媒体形式,如对于网络视频,一般要大些;在电视节目上,一般可小些。
- “纵横比”:用于设置文字的宽高比,可以使文字产生加宽或变窄的效果,如图 6-16 所示。
- “行距”:用于设置文字的行间距。
- “字距”:用于设置同一行内文字间的距离。

图 6-16 不同纵横比示例

● “跟踪”:设置文字的 X 坐标基准,可以与“字距”配合使用,从右往左排列文字。

● “基线位移”:用于设置文字偏移基线的距离,可用来创建上角标和下角标,数值为正数可创建上角标,数值为负数可创建下角标,效果如图 6-17 所示。

● “倾斜”:用于设置对象的倾斜程度。

● “小型大写字母”:可以把选中的英文字符改为大写。

● “大写字母尺寸”:用于调整转换后大写字母的大小,配合“小型大写字母”使用。

● “下划线”:为文字添加下划线。

● “扭曲”:可使文字分别在 X 轴或 Y 轴方向上变形,效果如图 6-3 所示。

(2) 图形属性

当选择了图形对象时图形属性出现在面板中,用于设置图形的形状属性。图形属性选项组如图 6-18 所示。

图 6-17 基线位移

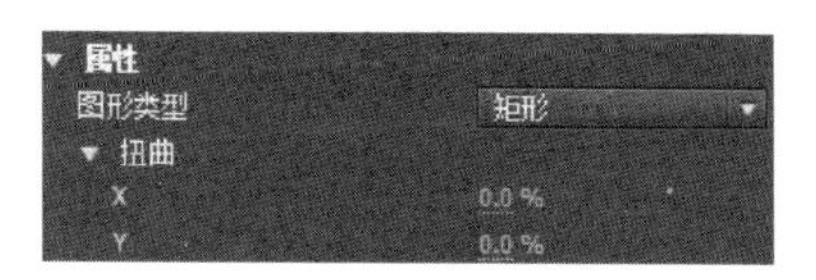

图 6-18 图形属性选项

图形属性选项组中各选项的作用如下。

● “图形类型”:用于调整所选图形的形状,可以使对象在矩形、椭圆形、三角形、标志等形状间简单转换,也可以使用贝塞尔工具进行创意调整。

● “扭曲”:用于在 X 轴或 Y 轴方向上扭曲图形。

3. 填充

“填充”选项组用于设置填充类型、颜色、透明度、光泽和材质等。“填充”选项中各选项的作用如下。

● “填充类型”:提供了 7 种填充样式,分别是“实色”、“线性渐变”、“放射渐变”、“4 色渐变”、“斜面”、“消除”和“残像”。

● “颜色”:用于指定填充的颜色。

● “透明度”:用于调整填充色的透明度。

● “光泽”:该选项用于为字幕添加一条辉光线,其中的“色彩”用于改变光泽的颜色,“透明度”用于设置光泽的透明程度,“大小”用于设置光泽的宽度,“角度”用于调整光泽的角度,“偏移”用于调整光泽的位置,效果如图 6-19 所示。

● “材质”:该选项用于为字幕添加材质纹理效果,其中的“材质”用于选择纹理贴图,“对象翻转”用于对纹理贴图进行水平或垂直方向的翻转,“对象旋转”用于对纹理贴图进行旋转,“缩放”用于调整纹理贴图的比例,“对齐”用于调整纹理贴图的位置,“混合”用于设置混合比例及混合方式,效果如图 6-20 所示。

图 6-19 光泽效果

图 6-20 材质效果

4. 描边

“描边”效果用于给字幕添加边缘轮廓线，可以添加内轮廓线和外轮廓线。单击其中的“添加”链接，进行相应设置，即可为字幕添加描边效果。对同一字幕对象也可以多次使用描边，效果如图 6-21 所示。

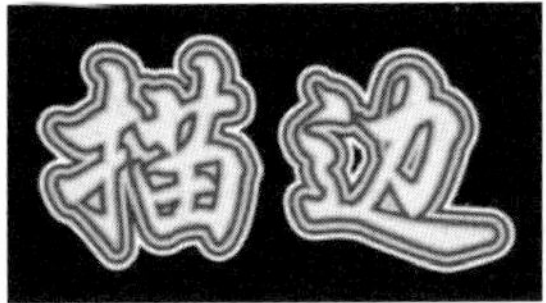

图 6-21 “描边”效果

5. 阴影

“阴影”选项组用于给字幕添加阴影效果。“颜色”选项用于设置阴影的颜色，“透明度”选项用于设置阴影的透明程度，“角度”选项用于设置阴影的角度，“距离”选项用于调整投影和文字的距离，“大小”选项用于设置阴影的宽度，“扩散”选项用于调整阴影边缘的模糊程度。图 6-3 中的“倾听雅尼”几个字就应用了“阴影”效果。

6. 背景

为字幕添加背景效果，其中的“填充类型”、“颜色”、“透明度”、“光泽”、“材质”等选项与“填充”选项组中对应选项的作用与用法相同。

案例 14 泰山风光图片展——模板和样式应用

案例描述

本案例使用模板和样式创建包含图形、Logo、文字的标题字幕，视频播放时字幕始终显示在屏幕的下方，如图 6-22 所示。

图 6-22 “模板”、“样式”字幕效果

案例分析

① 将 Premier 预置的模板应用到字幕，然后分别修改模板中的图形、Logo、文本，以适应画面和主题。

② 直接使用预置的字幕样式，加快制作流程。

操作步骤

① 新建名为“泰山风光”的项目，选择“DV-PAL→标准 48 kHz”模式。

② 把素材文件夹中的“01. jpg”~“08. jpg”导入“项目”面板；选择导入的全部素材，单击“项目”面板下部的“自动匹配序列”按钮，再单击“确定”按钮，把素材添加到“视频 1”轨道上。

③ 新建名为“标题”的字幕，单击“字幕”面板左上角的“模板”按钮，打开“模板”对话框。展开“字幕设计器预设”下的“常规”选项中的“礼物”，单击“礼物_HD_屏下三分之一”，在右边的预览框中可以看到效果图，如图 6-23 所示。

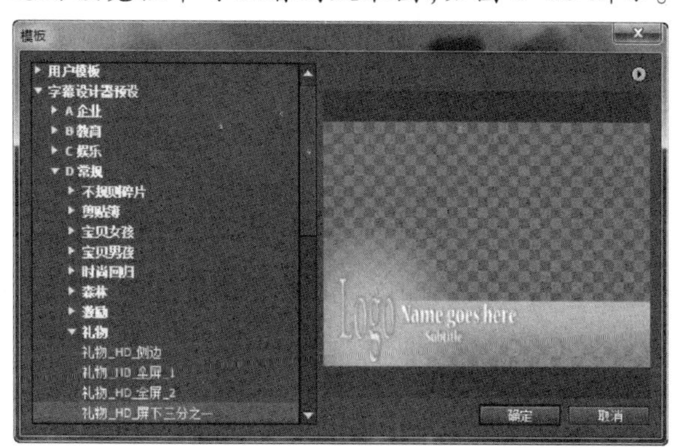

图 6-23 “模板”对话框

④ 单击“确定”按钮，将这个模板应用到当前字幕中，如图 6-24 所示。

⑤ 选择字幕中的“Logo”，然后在“字幕属性”面板的“属性”选项组中找到“标记位图”选项，单击它右侧的图标，打开“选择材质图像”对话框，选择素材中的“东岳真形图. png”替换当前“Logo”。用选择工具调整“东岳真形图. png”的大小与位置，然后单击“样式”面板中的“Myriad Pro Lime 72”，把该样式应用到“东岳真形图. png”，效果如图 6-25 所示。

图 6-24 应用模板效果

图 6-25 编辑 Logo 效果

提示：单击“字幕”面板上方的“显示背景视频”按钮，可以显示或隐藏背景视频；调整右侧的“背景视频时间码”00:00:01:13，可以改变当前显示的视频图像。

⑥ 在模板的文本上双击，分别更改为“五岳独尊”和“泰山风光图片展”，设置字体、大小、位置、描边等属性。选择文字下方渐变填充的矩形，设置“旋转”属性为 180°，线性渐变填充的两种颜色分别改为#67E910、#23A5E8，最终效果如图 6-26 所示。

⑦ 关闭字幕窗口。把“项目”面板中的“标题”拖放到时间线的“视频 2”轨道上，

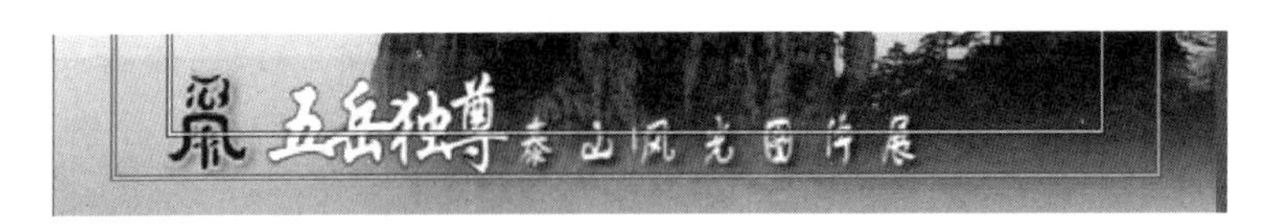

图 6-26　修改后的模板效果

将“视频 2”的持续时间调整到与“视频 1”相同。

⑧ 保存项目，导出媒体。完成后的播放效果如图 6-22 所示。

6.3　应用字幕样式和模板

1. 字幕样式

Premiere 预设了多种字幕样式，使用样式可以大大简化创作流程。“字幕样式”面板如图 6-27 所示。单击“字幕样式”面板右上角的按钮，可以打开“字幕样式”菜单，实现样式的各种操作。“字幕样式”菜单如图 6-28 所示。

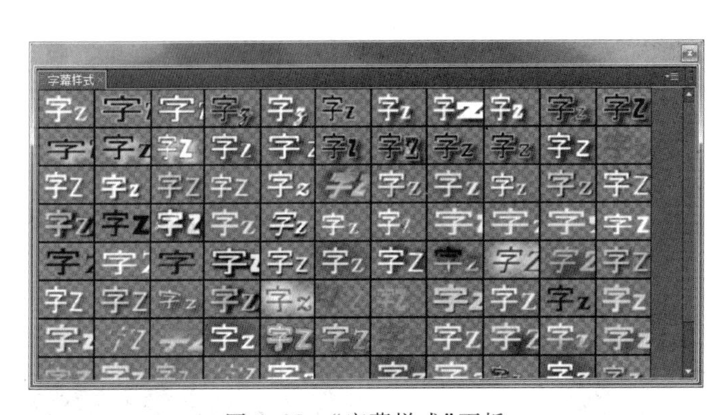

图 6-27　“字幕样式”面板

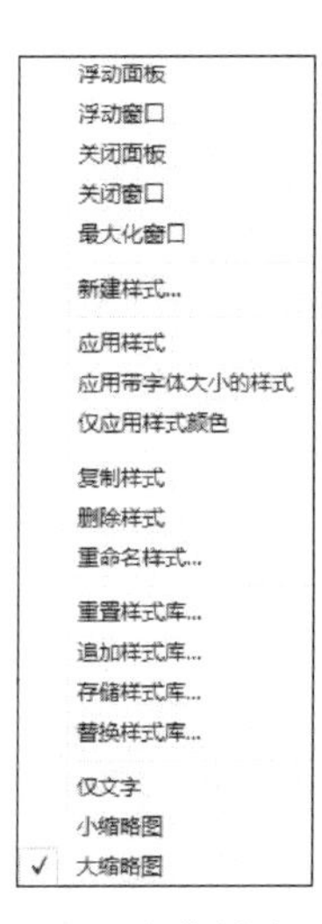

图 6-28　“字幕样式”菜单

(1) 应用样式

- 在“字幕”面板中的字幕对象，然后单击“字幕样式”面板中想要应用的样式，即可为对象应用该样式。
- 也可以单击一种样式，再选择要应用样式的对象，然后选择“字幕样式”菜单中的“应用样式”命令。

(2) 新建样式

可以将自己设计的字幕样式添加到“字幕样式”面板中，以便重复使用。

选择“字幕”面板中已设计好的字幕，再单击“字幕样式”菜单中的“新建样式”命令，在弹出的“新建样式”对话框中，输入样式的名称，单击“确定”即可。

(3) 复制字幕样式

先选定要复制的样式，然后选择“字幕样式”菜单中的“复制样式”命令即可。

(4) 删除字幕样式

选择需要删除的字幕样式,然后单击“字幕样式”菜单中的“删除样式”命令即可。

(5) 样式重命名

选择需要重命名的字幕样式,然后单击“字幕样式”菜单中的“重命名样式”命令,在“重命名样式”对话框中的“名称”文本框中输入样式名即可。

(6) 重置样式库

该操作可以恢复默认字幕样式库。单击“字幕样式”菜单中的“重置样式库”命令,在弹出对话框中单击“确定”即可。

(7) 追加样式库

该操作可以将保存的字幕样式添加到“字幕样式”面板中。单击字幕样式快捷菜单中的“追加样式库”命令,打开“追加样式库”对话框,选择样式库文件,单击“打开”按钮,即可将选择的样式追加到“字幕样式”面板中。

(8) 保存样式库

该操作可以将当前面板中的样式保存为样式库文件。单击“字幕样式”菜单中的“保存样式库”命令,在弹出的对话框中输入样式库的路径和名称即可。

(9) 替换样式库

该操作会用所选样式库文件中的样式替换当前的样式。单击“字幕样式”菜单中的“替换样式库”命令,在弹出的对话框中选择新的样式库,然后单击“打开”即可。

2. 字幕模板

与样式不同,模板是背景图片、几何形状和占位文字的组合。使用模板可以很容易地创建适合自己需要的图形主题;也可以从零开始创建自己的模板,并保存它们供将来使用。

注意:在应用一个新模板时,其内容会替换当前字幕制作窗口中的所有内容。

(1) 使用字幕模板

- 执行菜单命令“字幕→新建字幕→基于模板”,可以在打开的“模板”对话框中选择合适的模板,单击“确定”即可应用到当前字幕,如图 6-23 所示。
- 单击“字幕”面板左上角的“模板”按钮,也可以打开“模板”对话框。

(2) 保存字幕模板

单击“字幕”面板左上角的“模板”按钮,打开“模板”对话框,单击对话框右侧三角按钮,从弹出的菜单中选择“导入当前字幕为模板”命令,并为模板命名,即可将当前字幕保存在“模板”对话框中的“用户模板”列表框中,如图 6-29 所示。

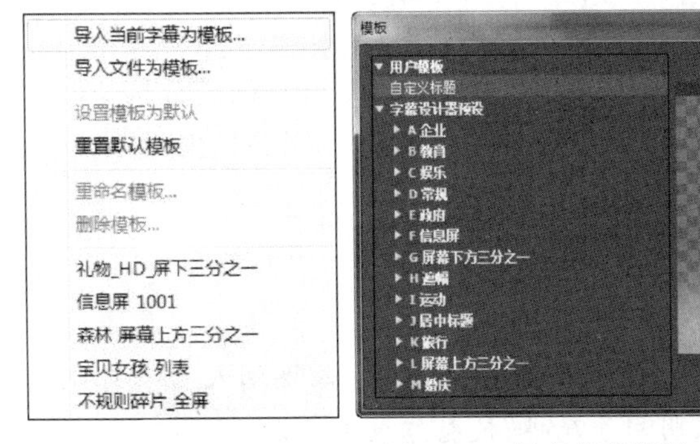

图 6-29 保存字幕模板

案例15　字幕动画——字幕的创意应用

案例描述

本案例通过为不同的字幕添加“视频特效”和“视频切换”特效，并定义关键帧动画，创造出字幕的切换、运动、变形等丰富多彩的动画效果。首先，“中央电视台”以旋转扭曲的动画出现，如图6-30(a)和图6-30(b)所示；然后，“爱心频道”以“多旋转”的切换方式出现，同时“中央电视台”旋转扭曲为装饰图形，如图6-30(c)所示；最后，“节目单”以“摆入”的切换方式出现，同时“中央电视台”和“爱心频道”缩小、移动到右上角，如图6-30(d)所示。

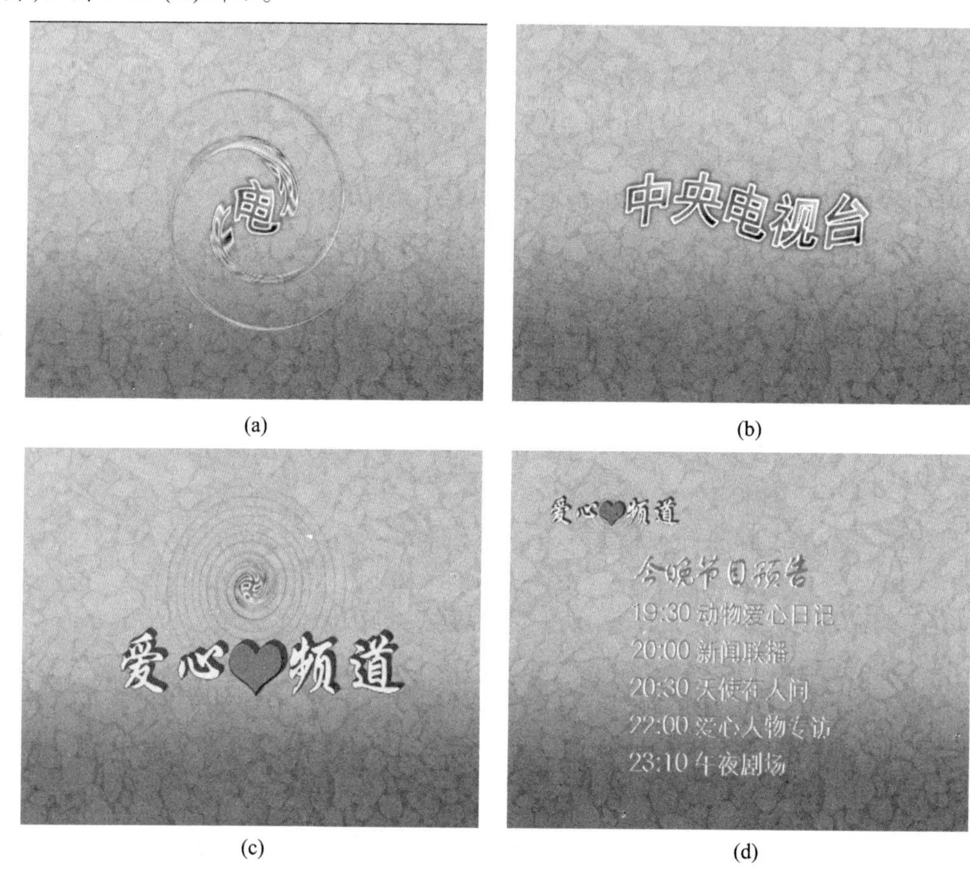

图6-30　字幕动画效果

案例分析

① 创建“背景”、“中央电视台”、“爱心频道”和“节目单”4个字幕素材。用“矩形工具”绘制背景，添加渐变填充和材质；在“爱心频道”字幕中插入心形标记；设置各字幕的字体、文字大小、填充、描边、阴影等属性，使整体效果协调统一。

② 调整各字幕在时间线上的位置，添加视频特效和视频切换特效，并通过设置关

键帧创建动画。

操作步骤

① 新建名为“字幕动画”的项目，选择“DV-PAL→标准48 kHz”模式。

② 新建名为“背景”的字幕，使用“矩形工具”画一个刚好能覆盖视频区域的矩形。设置矩形的属性，“填充类型”为“线性渐变”，颜色分别为#A9F010和#08B399，材质图像为“材质1.jpg”，材质混合为-80%。效果如图6-31所示。

③ 新建名为“中央台”的字幕，使用“输入工具”创建文本“中央电视台”，依次单击“字幕动作面板”上的“水平居中”按钮和“垂直居中”按钮，使创建的文本处于视频画面的正中央。在“字幕属性”面板上，在“属性”选项组中，设置“字体”为SimHe，“字体大小”为69.0；在“填充”选项组中，设置“填充类型”为“四色渐变”，“颜色”为#F62206、#E4F808、#12FB07、#001CEE；在“描边”选项组中，选择“外侧边”，设置“类型”为“凸出”，“大小”为30.0，“填充类型”为“实色”，“颜色”为#FFFFFF；在“阴影”选项组中，设置“颜色”为#000000，“透明度”为50%，“角度”为135.0°，“大小”为22.0，“扩散”为29.0。最终效果如图6-32所示。

图6-31 “背景”字幕效果

图6-32 “中央电视台”字幕效果

④ 新建名为“爱心频道”的字幕，使用“输入工具”输入文本“爱心频道”。把光标定位在“心”字与“频”字之间，单击菜单“字幕→标记→插入标记”打开“导入图像为标记”对话框，选择素材“心.png”双击导入，如图6-33所示。在“字幕属性”面板上，在“属性”选项组中，设置“字体”为STXingKai，“字体大小”为80.0；在“填充”选项组中，设置“填充类型”为“实色”，“颜色”为#FFFFFF；对于描边1，选择“外侧边”，设置“类型”为“凸出”，“大小”为10.0，“填充类型”为“实色”，“颜色”为#FC0505；对于描边2，选择“外侧边”，设置“类型”为“深度”，“大小”为43.0，“角度”为320.0°，“填充类型”为“实色”，“颜色”为#FA2010。最终效果如图6-34所示。

⑤ 新建名为“节目单”的字幕。使用“输入工具”输入文本“今晚节目预告”；使用“区域文字工具”创建文本区，把素材“节目单.doc”中的文字复制到里面。调整文字的字体与大小。按住Shift键的同时，分别单击两个文字对象，同时选中它们，然后单击“字幕动作”面板中的“水平靠左”按钮，使文字左对齐。在“字幕属性”面板上，在“填充”选项组中，设置“填充类型”为“实色”，“颜色”为#EC6909；在“描边”选项组中，选择“外侧边”设置“填充类型”为“实色”，“颜色”为#FFFFFF，“大小”为24.0，“角度”

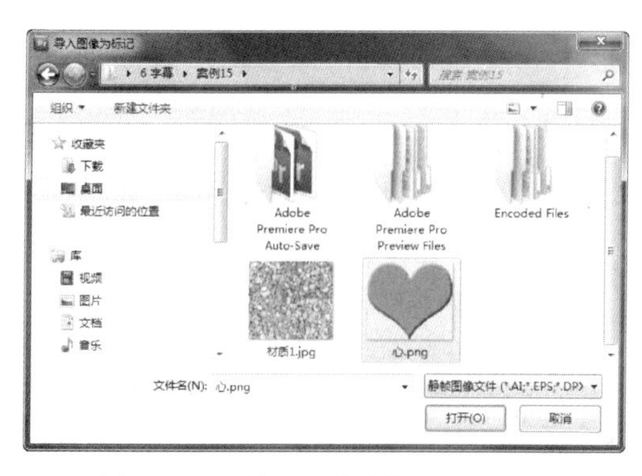

图 6-33 “导入图像为标记”对话框

图 6-34 “爱心”字幕效果

为 168.0°。调整文字对象的位置，确保内容在字幕区域的两个线框(安全框)以内。最终效果如图 6-35 所示。

图 6-35 “节目单”字幕效果

⑥ 关闭字幕窗口。把“项目”面板上的字幕素材“背景”、“中央台”分别拖放到“视频 1”、“视频 2”轨道上，然后把它们的持续时间都改为 00:00:07:00。为“视频 2”轨道添加“旋转扭曲”视频特效，打开“特效控制台”，设置“旋转扭曲半径”为 52.0，将时间指针定位至 00:00:00:00 处，单击“角度”左边的“切换动画”按钮添加关键帧，将“角度”值设为 2×22.0°。参数设置与效果如图 6-36 所示。

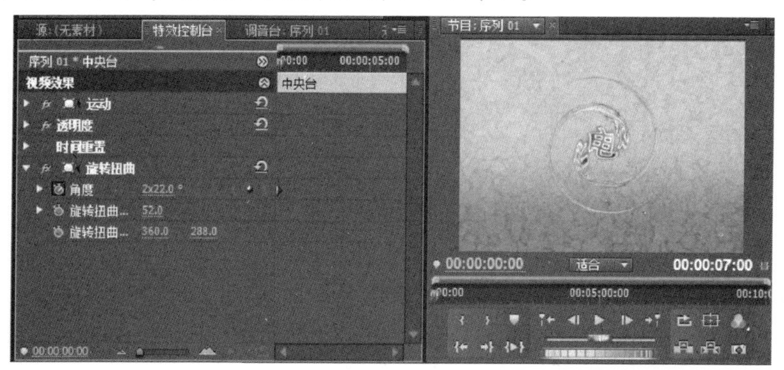

图 6-36 为字幕添加“旋转扭曲”特效

⑦ 将时间指针定位至00:00:01:13处，设置“旋转扭曲”的“角度”为0.0°。将播放指针定位至00:00:02:13处，在“旋转扭曲”特效的“角度”和“运动特效”的“位置”、“缩放比例”上分别添加关键帧。将播放指针位置定位至00:00:03:13处，调整参数，其中，“位置”为“360.0,210.0”；“缩放比例”为80%，“角度”为5×206.0°。把字幕素材“爱心频道”拖放到“视频3”轨道上，将其“入点”定位在00:00:02:13处，“出点”定位在00:00:07:00处，并在其入点处添加“多旋转”视频切换特效。这时效果如图6-37所示。

图6-37　00:00:03:13处的设置效果

⑧ 将时间指针定位至00:00:04:13处，把字幕“节目单”拖放到“视频4”轨道上，将其“入点”定位在时间指针处，“出点”定位在00:00:07:00处，在其“入点”处添加“摆出”视频切换特效。选择“视频2”轨道，在“位置”和“缩放比例”特效上分别添加关键帧。选择“视频3”轨道，同样在“位置”和“缩放比例”特效上分别添加关键帧。

⑨ 将时间指针位置定位至00:00:05:13处，选择“视频2”轨道，打开“特效控制台”，设置参数，其中“位置”为“155.0,87.0”，“缩放比例”为36.0。选择“视频3”轨道，设置参数，其中“位置”为“153.0,74.0”；“缩放比例”为45.0。这时的效果如图6-38所示，“时间线”面板如图6-39所示。

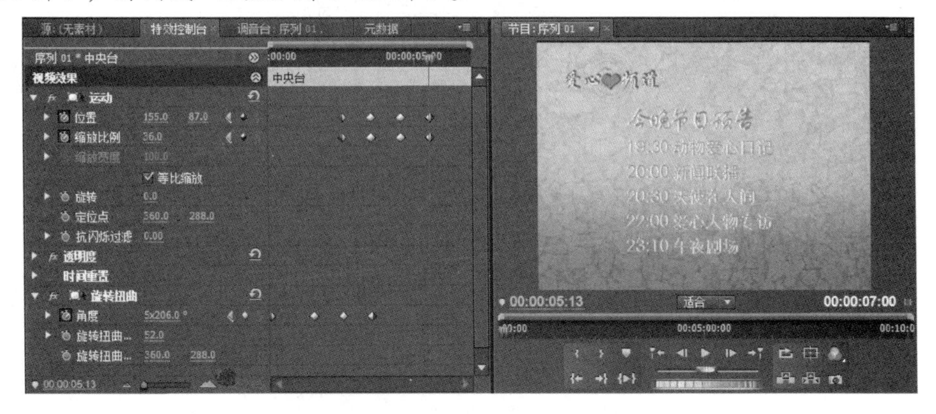

图6-38　00:00:05:13处的设置效果

⑩ 保存项目，导出媒体。完成后的播放效果如图6-30所示。

图 6-39　编辑完成的“时间线”面板

6.4　字幕对象的排列与对齐

1. 字幕安全框

一些电视机会裁切掉电视信号的边缘部分。将字幕保持在字幕安全边界内，可以确保观众能够看到完整的字幕。这个问题虽然在新的数字电视上并不是一个问题，但使用字幕安全区限制字幕区域仍是一个好办法。

单击“字幕”面板右上角的快捷菜单按钮，在打开的菜单中选择“字幕安全框”和“活动安全框”，即可显示出字幕安全框和活动安全框。在“字幕”面板中它们以线框的形式显示，取消菜单中的相应选项，可以隐藏安全框，效果如图 6-40 所示。

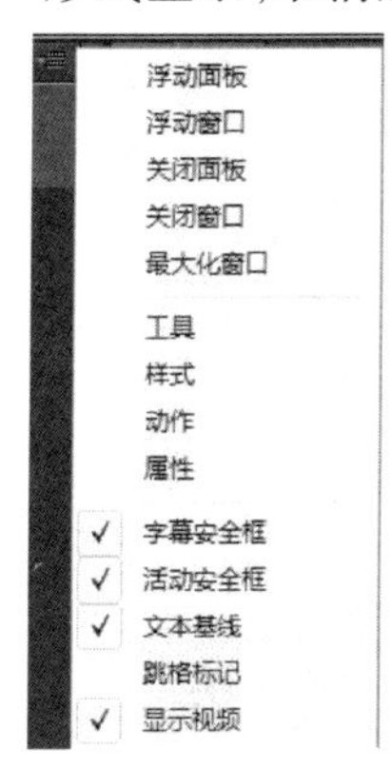

图 6-40　字幕安全框

2. 字幕对象的排列、对齐、分布

- 位置：单击菜单“字幕→位置”，可以设置字幕的位置，如图 6-41 所示。
- 排列：选择字幕对象，然后单击菜单“字幕→排列”，可以设置字幕对象间的层次关系，如图 6-42 所示。
- 对齐：同时选择两个以上的对象，单击“字幕动作”面板上的某一“对齐”按钮，即可进行相应的对齐操作，效果如图 6-43 所示。
- 分布：同时选择三个以上的对象，单击“字幕动作”面板上的某一“分布”按钮，即可进行相应的分布操作，效果如图 6-44 所示。

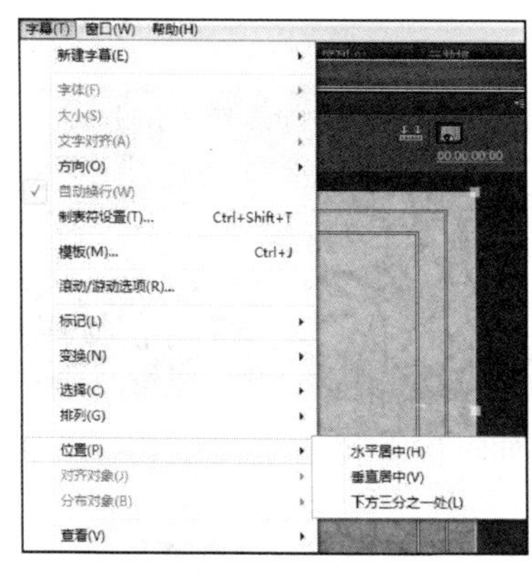

图 6-41　设置字幕位置

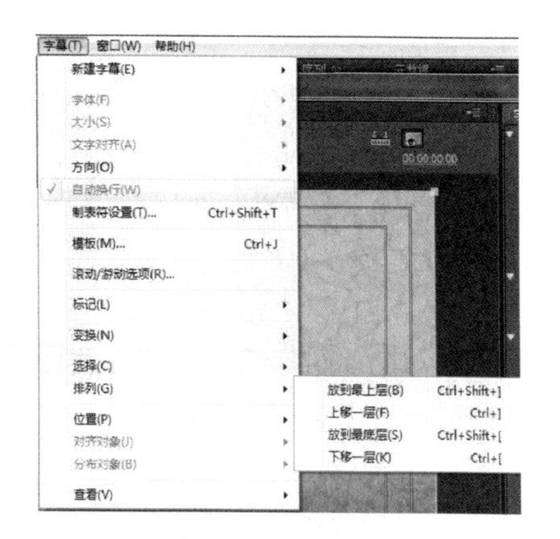

图 6-42　排列字幕

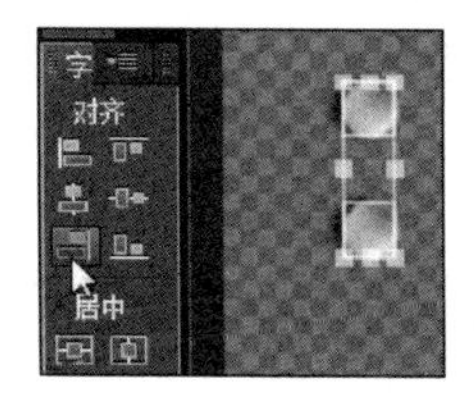

图 6-43　“对齐”操作

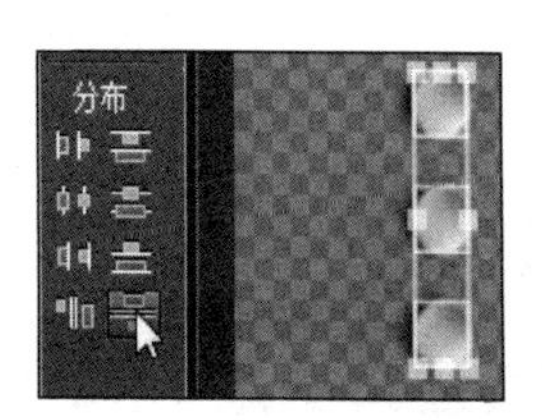

图 6-44　“分布”操作

练习与实训

1. 填空

（1）字幕中可以包含________和________内容。

（2）制作以曲线形状排列的文字，可以使用________或________工具。

（3）对路径进行调节，可以使用________工具。

（4）为加快制作速度，可以使用________或________快速格式化字幕。

（5）为确保字幕在播放时显示的完整性，应把字幕置于________之内。

（6）可以直接在字幕中设置________或________动态效果。

（7）“字幕动作”面板中的工具，可以用来对字幕进行________、________、________操作。

（8）在编辑过程中，可以为时间线上的字幕添加________类和________类特效。

（9）通过设置字幕文字的________属性，可以创建上角标或下角标效果。

（10）单击“字幕”面板上方的________按钮，可以显示或隐藏背景视频；调整其右侧的________，可以改变当前显示的视频图像。

2. 上机实训

（1）制作如图 6-45 所示的路径字幕。

（2）制作如图 6-46 所示的图形字幕（提示：字体用“华文彩云”，为字幕添加“外侧边”描边，“类型”为“深度”，调整“大小”、“角度”等参数）。

（3）使用提供的图片和文字素材，制作如图 6-47 所示的游动字幕效果。

（4）使用提供的素材，制作如图6-48 所示的模板字幕（提示：使用“旅行→世界旅

行→标题”模板）。

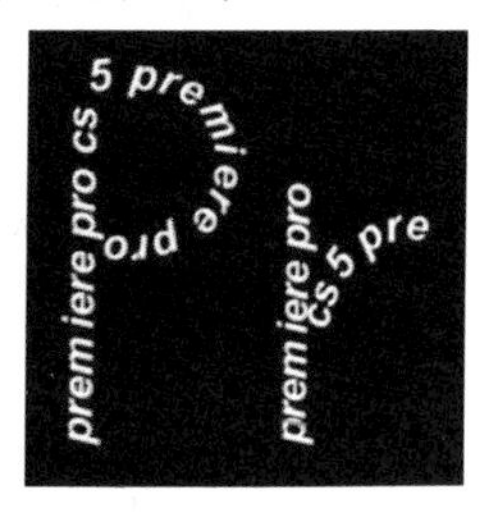

图 6-45　路径字幕

图 6-46　图形字幕

图 6-47　“游动字幕”效果

图 6-48　“模板字幕”效果

（5）使用提供的视频、图片、文字素材，自主创意制作丰富多彩的字幕效果（提示：可以综合使用“视频切换”、“视频特效”）。

第7章 音频的应用

案例16　田园交响曲——编辑音频素材

案例描述

本案例通过对音频素材进行导入、添加、裁切、调整音量、使用特效、输出作品等操作，演示进行音频编辑的基本步骤和基本技巧。

案例分析

① 通过“解除视音频链接”提取视音频中的音频素材，单独进行编辑。

② 通过调整不同素材的“音频增益”值，平衡不同素材的音量。

③ 通过设置关键帧，创建音量特效的变化效果。

④ 使用“恒定功率”转场特效，创建音频的“淡入淡出”效果。

操作步骤

① 新建项目，命名为“田园交响曲”。在“新建序列”对话框的“轨道”选项卡中，设置“主音轨”为“立体声”，如图7-1所示。

② 单击“确定”进入编辑界面。选择菜单“窗口→工作区→Audio”，将工作区设置为适合音频编辑的布局。双击“项目”面板的空白处，打开“导入”对话框，将“虫鸣.mp3”等8个音频素材文件导入到“项目”面板中。

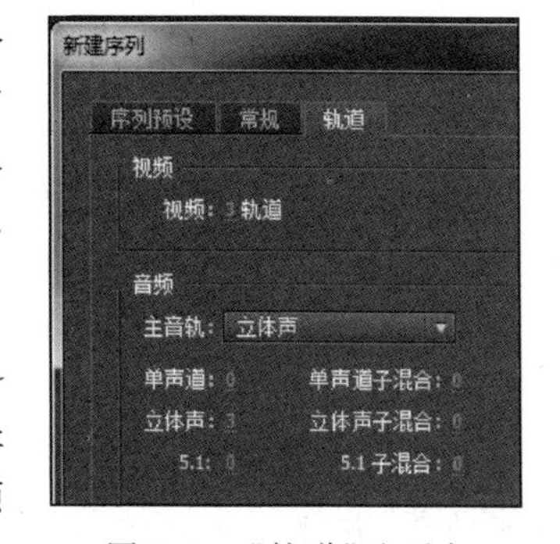

图7-1　“轨道”选项卡

③ 将视音频文件“鹅.mpg”拖放到“音频1”轨道上，右击“音频1”轨道上的“鹅.mpg”素材，从弹出的快捷菜单中选择“解除视音频链接”命令，清除素材的视频部分，如图7-2所示。

提示：选择“项目”面板中的视音频素材，然后执行“素材→音频选项→提取音频”命令，也可以分离出视音频素材中的音频信息。

④ 将“流水.mp3”、“蛙鸣1.mp3”分别拖放到“音频2”、“音频3”轨道上，其在时间

图 7-2　解除视音频链接并清除视频

线的入点都为 00:00:00:00。将时间指针置于 00:00:36:00 处，用“剃刀”工具把“流水. mp3”与“蛙鸣 1. mp3”分别裁开，清除 36 秒以后的部分。

⑤ 将“鸟鸣. mp3”拖到主音轨下方，释放鼠标后，系统会自动添加一个音轨（“音频 4”）来放置它。把“鸟鸣. mp3”素材拖到“音频 4”轨道上，然后把“羊羊. mp3”、“虫鸣. mp3”、“蛙鸣 2. mp3”分别放置到“音频 4”轨道上的空白处，使素材之间都间隔一定距离。把“狗狗. mp3”拖放到“音频 1”轨道，使用选择工具将时间线上的“鹅. mpg”拖动到“狗狗. mp3”之后。此时，“时间线”面板如图 7-3 所示。

图 7-3　添加素材后的“时间线”面板

⑥ 按空格键试听，发现流水声太小、蛙鸣声太大。在“音频 2”轨道上的“流水”素材上右击，从弹出的菜单中选择“音频增益”，在“音频增益”对话框中选择“设置增益为”选项，将其值设置为 5dB，如图 7-4 所示。用同样的方法，将“蛙鸣 1. mp3”的“音频增益”设置为“-3 dB”。继续试听与调整，直至各素材的音量效果协调一致。

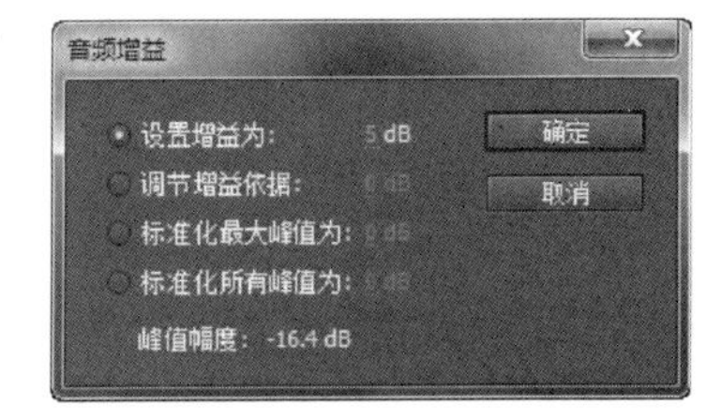

图 7-4　设置“音频增益”

提示：单击音频轨道左侧的“显示关键帧”按钮，在列表中选择“显示素材音量”，然后直接上下拖动轨道素材上的黄线也可以调整素材的音量。

⑦ 选择“音频 2”轨道的“流水. mp3”，打开“特效控制台”，选择“音量”特效，添加多个关键帧，通过调整关键帧上的音量级别创造流水声的高低起伏变化效果，如图 7-5 所示。用同样的方法调整“音频 3”轨道上的“蛙鸣 1. mp3”素材。

⑧ 将“效果”面板中“交叉渐隐”目录下的“恒定功率”特效拖放到序列“入点”与“出点”处的素材上，然后在“特效控制台”中将全部“恒定功率”的持续时间改为 00:00:03:00。

⑨ 试听调整完毕后，保存项目。选择菜单“文件→导出→媒体”，导出格式设置为

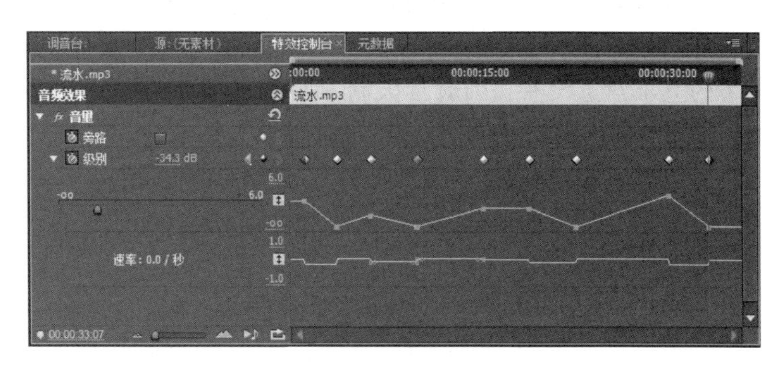

图 7-5　用关键帧调整音量变化

"mp3",导出作品。

对于视频作品来说,音频是至关重要的。恰到好处的背景音、对白、旁白和音效,会与视频内容相得益彰,极大增强作品的感染力。Adobe Premiere Pro CS5 提供的工具可以使音频编辑达到更高的水平,能满足视频制作者和音响爱好者的所有需要,使作品具备顶级的音效品质。

7.1　立体声

所谓立体声就是使人感到声源在空间的分布,声音有深度,有层次,在聆听扬声器重放音时如身临其境。

1. 单声道

普通的单声道录放系统使用一只话筒录音,信号录在一条轨道上,放音时使用一路放大器和一只扬声器,所以重放出来的声音是一个点声源。单声道的音乐文件只有一个声道,放音时理论上只有一个音箱响,但音箱在放音时一般会把这个单声道声音一分为二来放音。

2. 双声道

双声道录放系统由左、右两组拾音器录音,两个声道存储和传送,两组扬声器放音,所以也称为 2-2-2 系统。乐器可以定位,乐队的宽度感也可以再现,且具有一定的立体混响感和不同方向传来的反射声。

双声道音频文件具有两个声道,也称为立体声文件。但双声道不等于立体声,如果这两个声道放出的是同样的声音,那就不是真正的立体声,但立体声至少要双声道,用一个喇叭播放立体声是不可能的。

3. 多声道

尽管双声道立体声的音质和声场效果大大好于单声道,但它只能再现一个二维平面的空间感,即整个声场是平平地摆在我们面前,并不能让我们有置身其中的现场感。在欣赏影片时,整体声场全方位的三维空间感无疑可以给观众一种鲜活的、置身于其中的临场感,因此,多声道技术也开始发展起来。

(1) 5.1 声道(AC-3 录放系统)

5.1 声道具有以下四大特点:

- 该制式设有各自独立的前置三声道(左主声道 L、中置声道 C、右主声道 R),后置双声道(左环绕声道 Ls、右环绕声道 Rs)以及 0.1 的超低音声道 LFE。标准表示为 5.1 声道。

- 该制式中的五个声道没有任何频带限制,是一个全频道的立体声结构,因而,除声场感更自然外,移动感和定位感也变得更加明显。
- 超低音声道可以重现 200 Hz 以下的低频信号,并可独立控制。
- 该制式采用的是全数字信号,因此频带宽、动态范围大、相位特性优良。

(2) 6.1 声道

由原来的 5.1 声道升级为 6.1 声道,即在原有的 5 个主声道的基础上,又增加了 1 个独立的 Back Surround(后环绕或称后中置)声道,从而使后部声场的连贯性和声音的绵密度大大增强,有效地改善了原来的后部声场声音中空的缺陷。

(3) 7.1 声道

在系统中使用一对后环绕扬声器来代替 6.1 声道的一只后环绕扬声器。

7.2 音频轨道

音频轨道是用来放置音频素材的轨道,它的使用方法与视频轨道的使用方法大致相同。

1. 音频轨道控制

- 打开与关闭:单击轨道左端的“切换轨道输出”按钮,可以打开或关闭音频轨道。轨道被关闭后,播放时不会播出该轨道的声音。
- 设置显示样式:单击“设置显示样式”按钮,在出现的选择菜单中选择“显示波形”命令,可以精确地显示声音的波形信息,如图 7-6 所示。
- 锁定与解锁:单击“轨道锁定开关”,将出现标志,表示该轨道处于锁定状态,不能编辑,并且轨道的音频素材上会显示斜线,如图 7-7 所示。再次单击可以解除锁定。

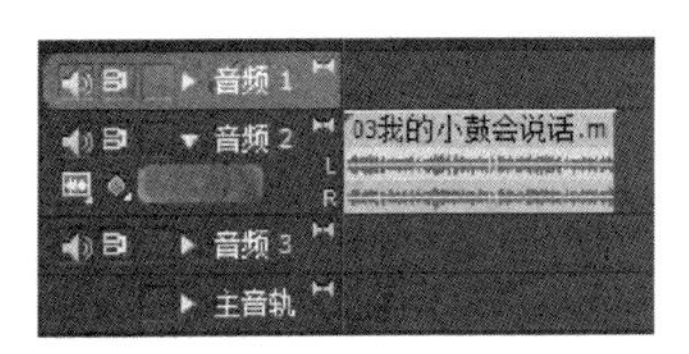

图 7-6 显示波形

图 7-7 锁定轨道

2. 音频轨道属性

(1) 按声道数目分

- 单声道音轨:放单声道文件。
- 立体声音轨:放立体声文件。
- 5.1 声道音轨:放 5.1 声道文件。

(2) 按功能分

- 普通音轨:包含实际的音频信息。
- 混合音轨(子混合轨道):进行分组混音,统一调整音频效果。

• 主音轨:汇集所有音频轨道的信号,重新分配输出。

7.3 剪辑音频素材

1. 导入音频素材

与导入视频素材的方法相同。

2. 将音频素材添加到时间线上

将“项目”面板中的音频素材拖放到“时间线”面板的音频轨道上即可,也可以使用“源”面板的“插入”、“覆盖”按钮。当把一个音频剪辑拖到时间线上时,如果当前序列没有一条与这个剪辑类型相匹配的轨道,Premiere 会自动创建一条与该剪辑类型匹配的新轨道。

3. 改变“速度/持续时间”

对于音频持续时间的调整,主要通过“入点”、“出点”的设置来进行。

• 可以在音频轨道上使用对“入点”和“出点”进行设置与调整的各种工具进行剪辑,也可以结合“源”面板进行素材的剪辑。

• 选择要调整的素材,执行“素材→速度/持续时间”命令,打开“素材速度/持续时间”对话框,在“持续时间”栏可以对音频的持续时间进行调整,如图 7-8 所示。

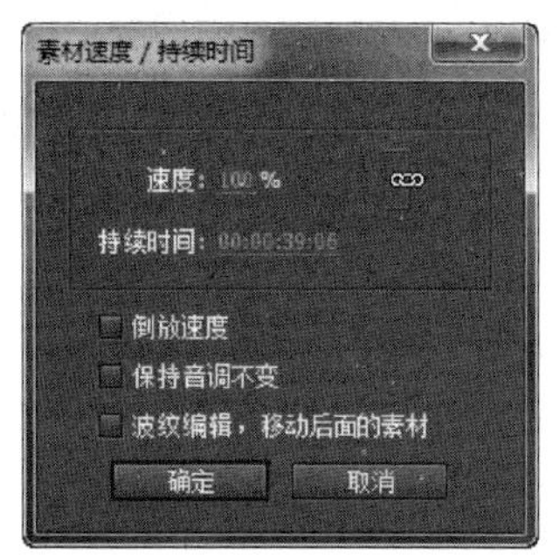

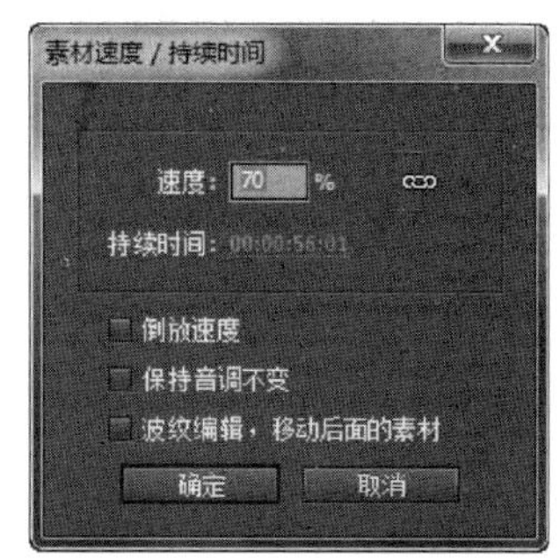

图 7-8 “素材速度/持续时间”对话框

提示:改变音频的播放速度会影响音频播放的效果,音调会因速度提高而升高,因速度的降低而降低。改变了播放速度,播放的时间也会随着改变。这种改变与单纯改变音频素材的“入点”与“出点”而改变持续时间不同。

4. 编辑关键帧

单击音频轨道左边的小三角按钮,可将轨道的详细内容展开。在音频轨道的详细内容中,可以显示和隐藏音频轨道的关键帧。调整播放指针到素材需要编辑的位置,然后单击轨道的“添加/移除关键帧”按钮,即可给该位置添加(或删除)关键帧。拖动关键帧,可以调整它的位置和值,效果如图 7-9 所示。

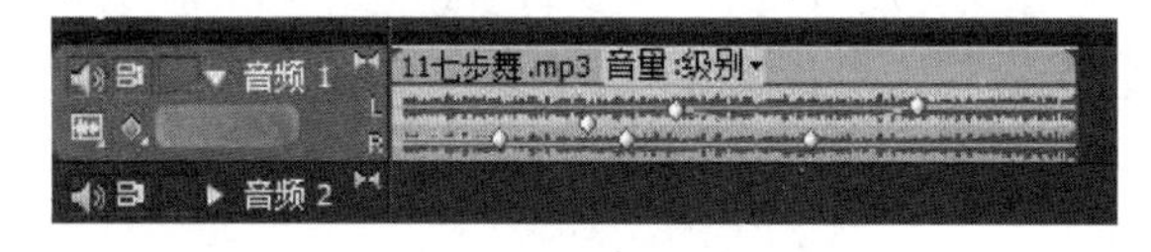

图 7-9 音频轨道关键帧效果

5. 调整素材音量

(1) 通过"特效控制台"调整

选择音频轨道上的素材，打开"特效控制台"面板，单击"音量"旁的三角按钮展开其参数，调节"级别"的值就可以改变音量；选择"旁路"则会忽略所做的调整。结合关键帧调整音量，可以创建音量的变化效果，如图 7-5 所示。

(2) 在音频轨道上调整

单击音频轨道上的"显示关键帧"按钮，选择"显示素材音量"，然后上下拖动淡化线(黄色水平线)即可调整音量。效果如图 7-10 所示。

(3) 通过"增益"调整

增益是指音频信号电平(压)的强弱，它直接影响音量的大小。增益变大，则音量变大；增益变小，则音量变小。

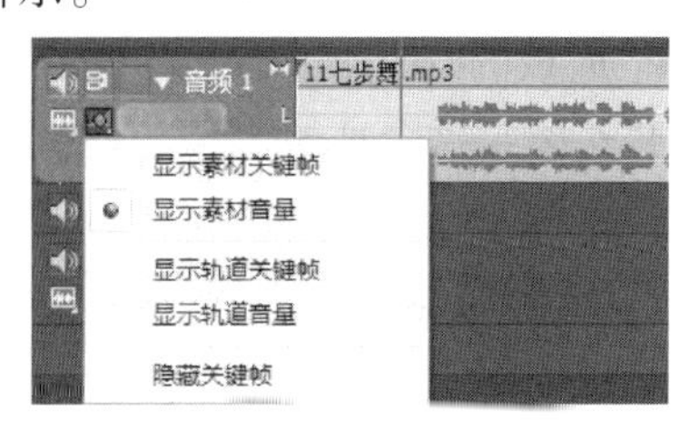

图 7-10　通过"淡化线"调整音量

通过"淡化线"或"音量特效"调整音量，会无法判断其音量与其他音频轨道音量的相对大小，也无法判断音量是否提得太高，以至于出现失真。而使用音频增益工具所提供的标准化功能，则可以自动把音量提高到不产生失真时的最高音量。

如果轨道上有多段音频素材，为避免声音时大时小，就需要通过调整增益来平衡音量。使用音频增益的标准化功能，可以把所选素材的音量调整到几乎一致。同时调整多段素材增益的方法如下：

同时选中音轨上的多段素材，单击右键，从弹出的快捷菜单中选择"音频增益"命令，在"音频增益"对话框(见图 7-4)中的"标准化所有峰值为"选项，设置 dB 值，然后单击"确定"按钮。

6. 转换音频类型

(1) 声道分离

在"项目"面板上选择一个立体声或 5.1 声道素材，执行"素材→音频选项→拆解为单声道"命令，可将 5.1 声道或立体声音频转换为单声道，然后可以单独为某个声道增加效果。

(2) 单声道素材按立体声素材处理

音频素材类型和音频轨道类型一一对应，但有时候需要将单声道素材作为立体声素材处理。此时，在"项目"面板选择一个单声道素材，执行"素材→修改→音频声道→单声道模拟为立体声"命令，即可进行转换。转换后该素材可放置到立体声音轨中进行编辑。

(3) 5.1 声道下混

由于 5.1 声道音响普及程度有限，经常要将多声道节目转换为单声道或立体声，使用一个或者两个音箱播放，这就需要设置"声道下混"。执行"编辑→首选项→音频"菜单命令，在"首选项"对话框中打开"5.1 下混类型"下拉列表框进行设置即可，如图7-11所示。

7. 渲染和替换素材

选择音频轨道上的素材，执行"素材→音频选项→渲染并替换"命令，会将音频渲染为一个文件，并用它替换原有音频。

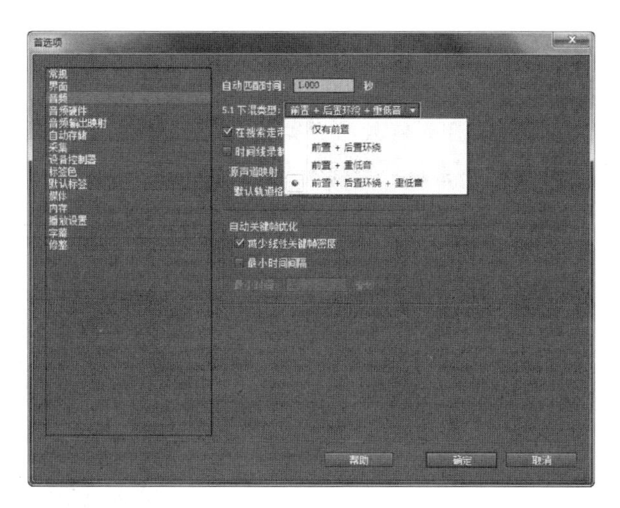

图 7-11　设置“5.1 下混类型”

7.4　音频转场

在音频素材之间使用转场，可以使声音的过渡变得自然，也可以在一段音频素材的“入点”或“出点”创建“淡入”或“淡出”效果。Premiere 提供了 3 种转场方式：“恒定功率”、“恒定增益”和“指数型淡入淡出”，如图 7-12 所示。

默认转场方式为“恒定功率”，它将两段素材的淡化线按照抛物线方式进行交叉，而“恒定增益”则将淡化线线性交叉。一般认为“恒定功率”转场更符合人耳的听觉规律，“恒定增益”则缺乏变化，显得机械。

图 7-12　音频转场

与添加视频转场的方法相同，将“音频过渡”效果文件夹内的转场效果拖到音频轨道素材上，即可添加该效果。

案例 17　独奏变合奏——音频特效的应用

案例描述

本案例通过为素材添加音频特效，把一段独奏乐曲变成了多音色的合奏乐曲，同时还增加了在演播厅内演奏的效果。

案例分析

① 把同一素材平行添加到两条音频轨道上，为其中的一条添加 EQ 特效，改变其音色。

② 在“调音台”上添加子混合音频轨道，同时为两条音频轨道添加 Reverb 特效，创建混响效果。

操作步骤

① 新建项目，命名为“合奏”。在“新建序列”对话框的“轨道”选项卡中设置主音

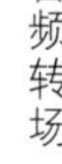

轨为立体声。导入素材“告诉罗娣阿姨.mp3”,并将其分别添加到“音频 1”和“音频 2”轨道上,且在时间线上的“入点”都位于 00:00:00:00 处。

② 打开“效果”面板,将“音频特效→立体声”下的 EQ 特效拖放到“音频 1”轨道的素材上。添加了特效的素材会出现一条淡紫色的线,如图 7-13 所示。

③ 选择“音频 1”轨道的素材,打开“特效控制台”面板。单击 EQ 旁的三角按钮展开参数项,设置 Mid1 与 Mid3 的参数如图 7-14 所示。

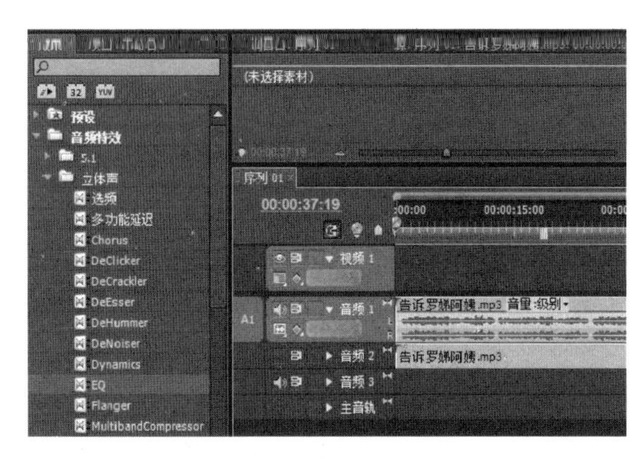

图 7-13　添加音频特效

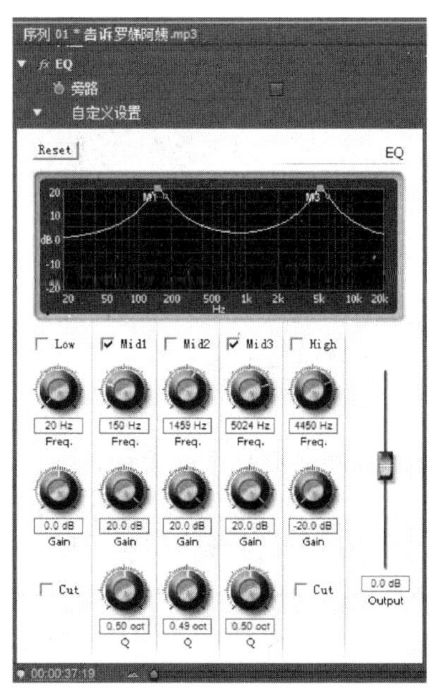

图 7-14　设置 EQ 参数

④ 打开“调音台”面板,单击面板左侧的“显示/隐藏效果与发送”按钮,展开“效果与发送”设置列表。单击“音频 1”下的“发送任务选择”按钮,在列表中选择“创建立体声子混合”,设置效果如图 7-15 所示,创建了子混合音轨后的“调音台”如图 7-16 所示。

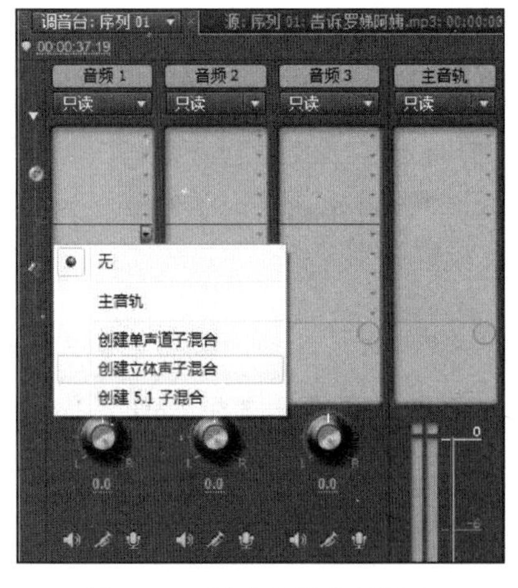

图 7-15　创建立体声子混合

图 7-16　创建子混合后的调音台面板

⑤ 将“音频 1”、“音频 2”的“音轨输出分配”都设置为“子混合 1”，如图 7-17 所示。

⑥ 单击“子混合 1”中的“效果选择”按钮，选择列表中的 Reverb，设置其参数，其中，Pre Delay 为 50.00 ms，Absorption 为 45.00%，Size 为 80.00%，Mix 为 66.00%，其余参数取默认值，效果如图 7-18 所示。

图 7-17　设置音轨输出分配

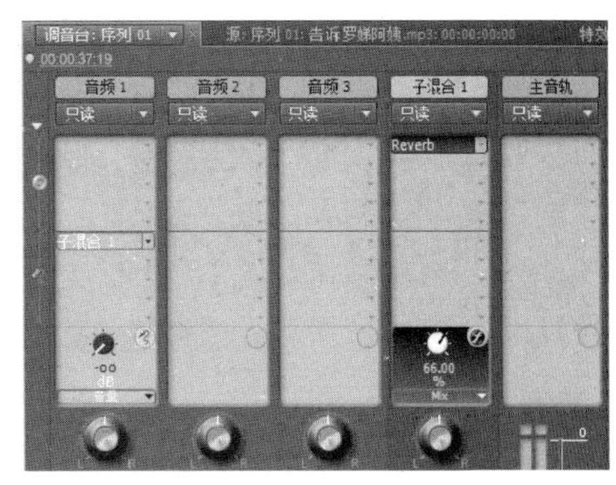

图 7-18　添加音频特效

⑦ 试听调整完毕后，保存项目。选择菜单“文件→导出→媒体”，导出格式设置为“.mp3”，导出作品。

7.5　使用音频特效

使用 Premiere 提供的音频特效，可以对音频素材的音质、声道、声调等多种属性进行调整，使声音更具表现力。Premiere 的音频特效放置在“效果”面板中，如图 7-19 所示。

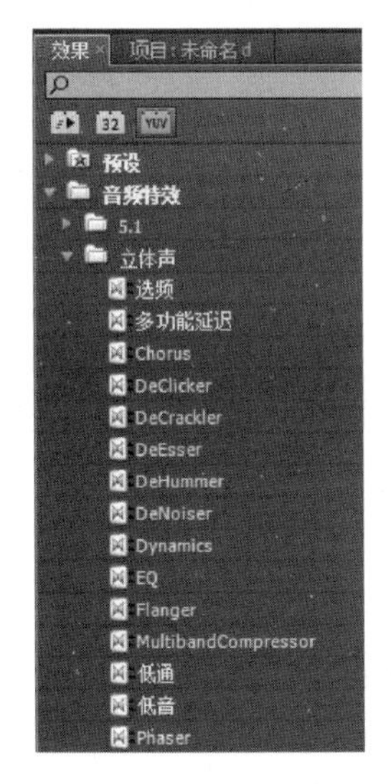

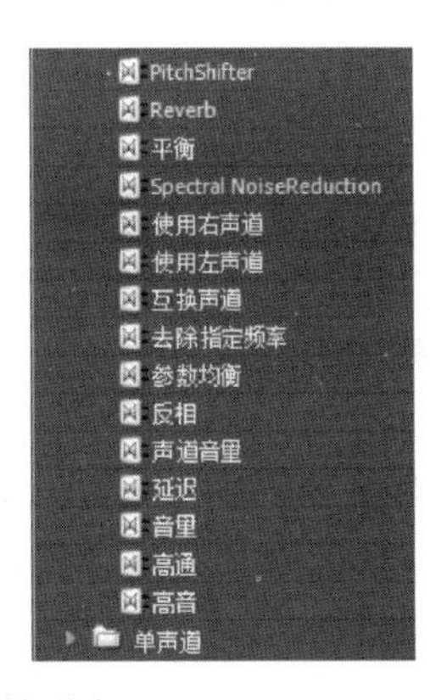

图 7-19　音频特效列表

像应用视频特效一样，只需把音频特效拖放到时间线的音频素材上，即可为素材应用特效。选择添加了特效的素材，打开“特效控制台”，可详细调整特效的各项参数。

也可以展开特效的“个别参数”列表，然后通过添加关键帧，在不同的时间点创建变化的特效效果，如图 7-20 所示。

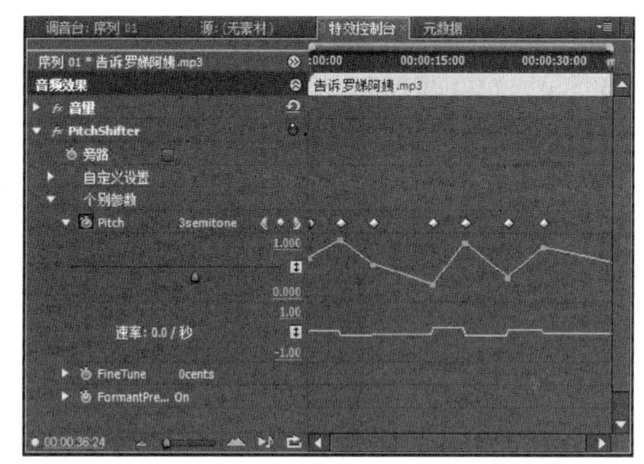

图 7-20　为特效设置关键帧

以下以常见的立体声为例，介绍部分常用音频特效的使用。

1. 声道控制类特效

主要对不同声道中的内容进行处理。

(1) Balance(平衡)：

用来控制左右声道的相对音量。调节“特效控制台”中的“平衡”滑块可改变左右声道的音量，正值可增加右声道的音量比例，负值可增加左声道的音量比例。

(2) Fill Right(使用左声道)、Fill Left(使用右声道)

“使用左声道”可以复制音频素材的左声道信息，并放置在右声道中，而丢弃原先的右声道信息；而“使用右声道”的效果刚好相反。

提示：*有的版本将 Fill Left 译为“填充左声道”，Fill Right 译为“填充右声道”。*

(3) Swap Channels(互换声道)

将立体声素材左右声道的声音交换，主要用于纠正录制时连线错误造成的声道反转。当视频画面采用了水平反转处理时，也可采用这一音频特效，以保证声源位置与画面主体位置一致。

(4) Invert(反相)

将所有声道的相位颠倒。

(5) Channel Volume(声道音量)

用来单独控制声音素材每一个声道的音量。

2. 音频调整类特效

(1) Bandpass(选频)

可以删除超出指定范围或波段的频率，其参数如下。

- Center(中置)：用来确定中心频率范围。
- Q：用来确定被保护的频率带宽。Q 值设置较低，则建立一个相对较宽的频率范围，Q 值设置较高，则建立一个较窄的频率范围。

(2) Low Pass(低通)

高于指定频率的声音会被过滤掉，可将声音中的高频部分滤除。调节“屏蔽度”参数可以设定一个频率值，高于此值的声音被滤除。

(3) High Pass(高通)

低于指定频率的声音会被过滤掉，可以将声音中的低频部分滤除，其参数设置与 Low Pass 音频特效一样。

High Pass 和 Low Pass 音频效果，可用于以下几种情况：

- 增强声音。
- 避免设备超出能够安全使用的频率范围。
- 创造特殊效果。
- 为具有特定频率要求的设备输入精确的特定频率。比如用 Low Pass 音频特效为超低音喇叭输入特定频率的声音。

(4) Notch(去除指定频率)

用于去除靠近指定中间频率的频率。

- Center(中心)：用于指定被删除的频率。
- Q：用于设置被影响的频率范围。值越低，范围越大；值越高，范围越小。

(5) Bass(低音)

增大或减小低音频率(200 Hz 或更低)的电平，但不会影响音频的其他部分。增加参数“放大”的值，低音音量就提高，反之则降低。

(6) Treble(高音)

增大或减小高音频率(4 000 Hz 或更高)的电平，但不会影响音频的其他部分。

(7) PitchShifter(变调)

用来调整输入信号的定调，可以实现变调效果，其参数面板如图 7-21 所示。

- Pitch(定调)：设定音调改变的半音程(-12 ~ +12 Semitones)。
- Fine Tune(微调)：在 Pitch 设定的范围内进行细微调整。
- Formant Preserve(保持共鸣峰)：控制变调时音频共鸣峰的变化。当对人声进行变调处理时，使用该效果，可防止出现类似卡通片人物的声音。

图 7-21　PitchShifter 参数面板

3. 降噪类特效

① DeEsser(降齿音)：可以去除齿擦音以及其他高频“sss”类型的声音。

- Gain(增益)：用于设置减少量。
- Gender(性别)：分为 Male(男)和 Female(女)，分别用于调整不同性别的音调或音质。

② DeClicker(降滴答声)：用于消除音频中的滴答声。

③ DeCrackler(降爆音)：用于消除音频恒定的背景爆裂声。

④ DeHummer(降嗡嗡声)：可以消除“嗡嗡声”。

- ReDuction：设置减小量。
- Frequency：设置嗡嗡声的中心频率，在欧洲和日本一般是 50 Hz，在美国和加拿大是 60 Hz。

- Filter:用于设置去除嗡嗡声的数量。

⑤ DeNoiser(降噪):可以自动探测磁带噪音并将其删除,可用来去除模拟记录中的噪音。

4. 声音延迟类特效

(1) Delay(延迟)

在指定的时间后重复播放声音,用于为声音添加回声效果。

- Delay(延迟)

设置回声播放前的时间(0~2 秒)。

- Feedback(反馈)

添加到音频的回声百分比,百分比越大,回声的音量越大。

- Mix(混音)

用来设置回声的相对强度,值越大,回声的强度越大。

(2) Multitap Delay(多功能延迟)

可对延时效果进行更高程度的控制,在电子舞蹈音乐中能产生同步、重复回声效果,可以对素材中的原始音频添加多达 4 次回声。

(3) Flanger(波浪)

这种音频效果与原始音频信号大致相同,使用它可以创建一种稍微带有延迟,而且相位稍有变化的音频效果。

(4) Reverb(混响)

可以模拟在房间内部播放声音的效果,能表现出宽阔、传声真实的效果。首先要设定房间大小,然后再调整其他参数,其参数面板如图 7-22 所示。

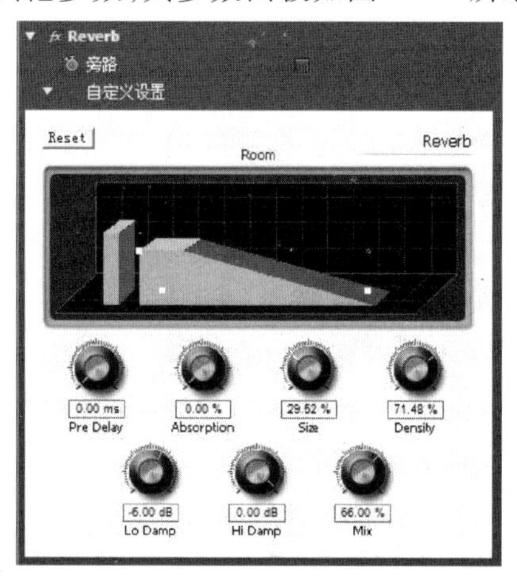

图 7-22 “混响”调整面板

- Pre Delay:声音传播到反射墙再传回来的时间。
- Absorption:声音吸收的程度。
- Size:房间的相对大小。
- Density:混响“尾部”的密度。Size 的值越大,Density 的范围就越大(0.00% ~ 100.00%)。
- Lo Damp:低频衰减部分,以阻止隆隆声或其他噪声产生混响。

- Hi Damp:高频衰减部分,较低的 Hi Damp 值可以使混响听起来更柔和。
- Mix:混响量。

(5) Chorus(和声)

可以创造“和声”效果。对于仅包含单一乐器或语音的音频信号来说,运用“和声”特效通常可以取得较好的效果。

5. 动态调整类特效

(1) Dynamics(动态范围)

动态范围是音响设备的最大声压级与可辨最小声压级之差。动态范围越大,强声音信号就越不会发生过载失真,保证强声音有足够的震撼力,与此同时,弱信号声音也不会被各种噪声淹没。动态范围有三个调整工具,如图 7-23 所示。

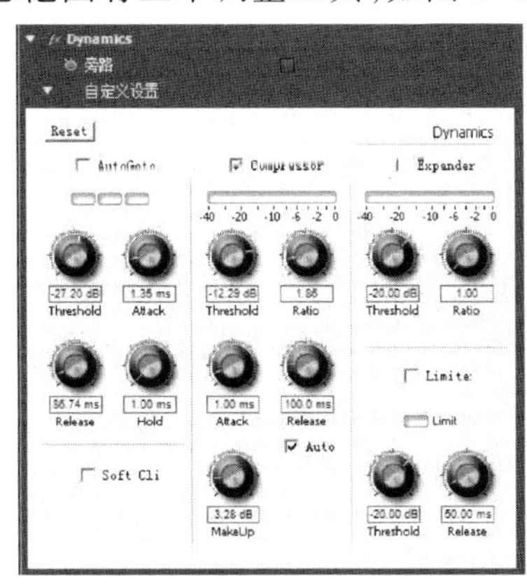

图 7-23 “动态”调整面板

1) AutoGate(自动滤波门)

输入信号只有高于“门”才可以通过。如果输入信号低于阈值,门关闭,输入信号静音,可以用它去除不想要的背景噪声。

- Threshold:设置阈值。
- Attack:设置信号超过阈值时,从没有到正常出现的时间。
- Release:设置信号低于阈值时,从正常到声音被静音的时间。
- Hold:输入信号低于阈值时,门保持开启的时间。

2) Compressor(压缩器)

压缩高电平信号,扩展低电平信号,提高平衡动态范围。

- Threshold:信号压缩阈值。高于阈值的信号被压缩,低于阈值的信号则不受影响。
- Ratio:设置输入电平与输出电平的压缩比。
- Attack:输入信号超过压缩阈值时压缩器的响应时间。
- Release:输入信号从高于阈值变为低于阈值时,返回原始值的时间。
- Auto:自动计算 Release 的时间。
- MakeUp:调整压缩器的输出电平,减少由于压缩产生的信号损失。

3) Expander(扩展器)

对于低于阈值的输入信号平滑提升。

- Threshold:指定某一电平值,低于此值,激活扩展器;高于阈值,信号不受影响。
- Ratio:设置扩展比例,用法与扩展器相似。

4) Limiter(限幅器)

将高于指定阈值的峰值电平降为 0 dB,而低于阈值的峰值电平不受影响。

- Threshold:设定信号最大电平值。
- Release:峰值电平高于阈值时,返回正常增益需要的时间。

(2) MultibandCompressor(多频段压缩器)

可实现分频段控制的压缩效果。当需要柔和的声音压缩器时,使用这个效果会更有效。“自定义设置”对话框中的“频率”选项组显示了高、中、低三个频段,通过调整增益和频率的手柄可以对其进行控制。

(3) Volume(音量)

使用“音量”特效,可以在其他效果之前先渲染音量。

6. 均衡调整类特效

(1) EQ(均衡)

通过调节各个频率段的电平,较精确地调整音频的声调。它的工作形式与许多民用音频设备上的图形均衡器相类似,通过在相应频率段按百分比调整原始声音来实现声调的变化,如图 7-14 所示。

(2) Parametric Equalization(参数均衡)

实现参数化均衡效果,可以更精确地调整声音的音调。可以增大或减小与指定中心频率接近的频率,它比 EQ 更为有效。

7.6 使用“调音台”

使用“调音台”面板,可以对音频素材的播放效果进行实时控制,在播放声音的同时就能调节音量大小和声音的左/右平衡。在“调音台”中所做的调节都是针对音频轨道进行的,所有在当前音频轨道上的素材都会受到影响。

选择“窗口→调音台”命令,在弹出的菜单中选择要调整的音频的序列编号,就可打开“调音台”面板,如图 7-24 所示。

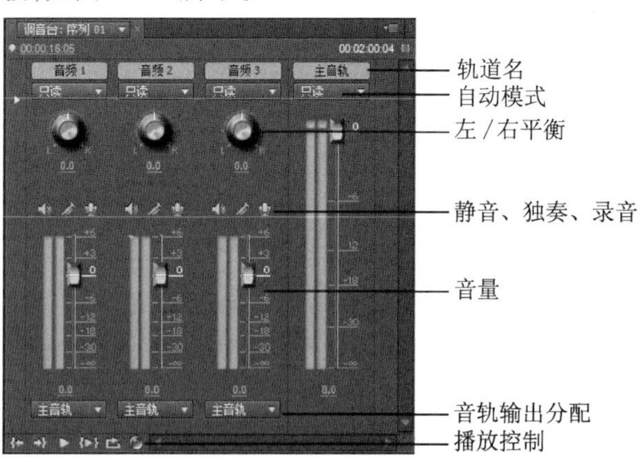

图 7-24　调音台面板

1. 音频轨道控制器

“调音台”窗口中的轨道控制器与“时间线”面板中的音频轨道是相对应的。“音频1”轨道控制器与“时间线”面板中的“音频 1”轨道相对应,以此类推。当向“时间线”面板中添加轨道时,“调音台”面板中会自动添加一个与之相对应的控制器。

① 轨道名:对应着“时间线”面板中的各个音频轨道,如果在“时间线”面板中增加了一条音频轨道,在“调音台”面板也会增加相应的轨道。

② 左/右平衡:向左转动旋钮,输出到左声道(L)的声音增大;向右转动旋钮,输出到右声道(R)的声音增大。也可以直接单击旋钮下的值,然后输入新数值(-100 ~ 100)。

③ 静音、独奏、录音:按下“静音”按钮,可以使其所在的轨道静音;按下“独奏”按钮,可以使其他轨道(主音轨除外)静音,仅播放其所在轨道的声音;“录音”按钮,用于轨道录音。

④ 音量:上下拖动滑块,可以调节音量的大小,旁边的刻度用来显示音量值,单位是 db。

⑤ 自动模式:在播放音频的同时可以实时记录所做的调整。

- 关(Off):系统会忽略当前音频轨道上的调节效果,而且允许实时地调节,但不会影响存储的自动化控制。
- 只读(Read):系统会读取当前音频轨道上的调节效果,但是不能记录音频调节过程。
- 锁存(Latch):它在移动音量滑块或平衡旋钮之前不应用修改,最初的属性设置来自先前的调整。停止调整后,会保持当前的调整值不变。
- 触动(Touch):类似于“锁存”,但当停止调整属性时,在当前修改被记录之前,其选项设置会回到它们先前的状态。
- 写入(Write):从开始播放即开始记录。

⑥ 音轨输出分配

设置音轨输出到哪个轨道,默认输出到“主音轨”。

2. 创建效果与发送

可以在“调音台”中添加音频特效,方法如下。

① 单击“调音台”面板左侧的“显示/隐藏效果与发送”按钮,展开“效果与发送”设置列表。

② 单击音频效果列表中的“效果选择”按钮,从弹出的列表中选择一种特效,然后设置参数即可。设置效果如图 7-18 所示。

3. 应用子混合轨道

可以把多个音频轨道集中到单个轨道——子混合轨道,这样就可以对一组轨道应用同样的特效,而不必逐个改变每个轨道,之后子混合轨道可以把处理过的信号送到主音轨,或者把信号送到另一个子混合轨道。应用子混合轨道可以减少操作,并保证应用特效、音量、平衡的一致性。具体用法见案例 17。

4. 录制音频素材

使用“调音台”提供的录音功能,可以直接把声音录制到音频轨道上,操作步骤如下:

① 连接好麦克风，单击欲放置声音的轨道上的“激活录制轨”按钮，然后单击“录制”按钮，再单击“播放/停止切换”按钮，即可开始录音。

② 再次单击“播放/停止切换”按钮或“录制”按钮，可以结束录制。

“项目”面板中会自动添加刚录制的声音文件，“时间线”面板中相应的音轨上也会自动放置刚录制的声音，如图 7-25 所示。

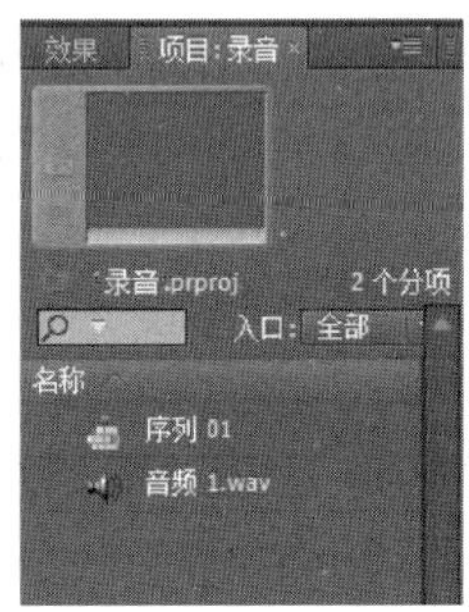

图 7-25　录制声音

5. 制作 5.1 声道音频

创建 5.1 声道音频，就是通过 5.1“声像控制器”把由单声道组成的音频剪辑配置到 5.1 声道协议允许的 6 个声道上。操作步骤如下：

① 新建序列，设置主音轨为 5.1，单声道或立体声（若素材为立体声）为 6。

② 导入素材，分别添加到 6 条音轨。打开“调音台”，拖动各音轨“声像控制器”上的黑色圆点，使各音轨声音的音源位置与相应的音箱输出位置对应，如图 7-26 所示。

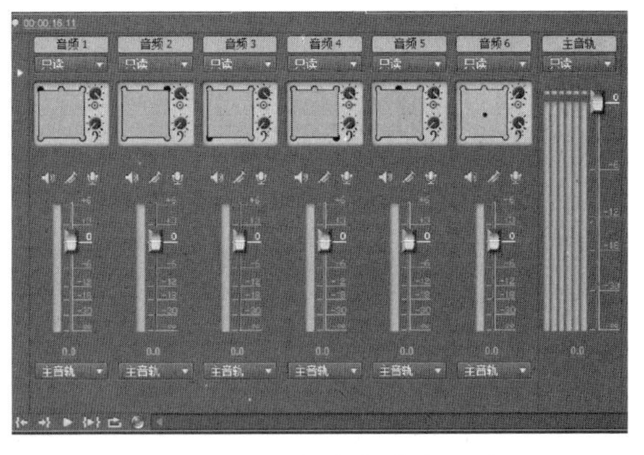

图 7-26　5.1 声道“调音台”面板

③ 添加效果，试听，符合要求后将其以 5.1 声道的 WAV 格式导出。

练习与实训

1. 填空

（1）________是默认的音频转场效果。

（2）平衡多段素材音量的最佳方案是：同时选中它们，然后调节________。

（3）在________面板中可以对音频进行实时编辑控制，在________、________、________三种自动模式下都可以自动保存所做的调整。

（4）要想为多条音轨添加相同的效果，最好通过“调音台”添加________来实现。

（5）________特效能够产生延迟，用在电子音乐中可以产生同步和重复的回声效果。

（6）使用________特效，可以模仿出在室内播放声音的效果。

（7）通过设置“首选项”对话框中的________，可以用较少的音箱播放5.1声道的音频。

（8）在“调音台”录制的声音会自动被添加到________和________。

（9）在“调音台”所做的调整是针对________，而不是针对素材的。

（10）使用________特效，可以有效去除背景中的噪音。

2. 上机实训

（1）把提供的素材编辑合成为一段音频文件（提示：样例文件仅供参考，下同）。

（2）使用PitchShifter特效为提供的素材制作卡通音效。

（3）使用Reverb（混响）特效为提供的素材制作混响效果。

（4）使用“调音台”的实时控制功能，动态调整素材的左/右平衡效果。

（5）使用提供的素材制作5.1声道音频。

第 8 章

导出作品

案例 18　创建 AVI 文件——导出作品演示

案例描述

本案例通过将项目导出为可独立播放的 AVI 文件，演示导出作品的基本步骤和技巧。

案例分析

① 使用“文件→导出→媒体”命令，打开“导出设置”对话框。

② 单击“输出名称”右侧的链接，设置导出的名称、路径。

③ 设置视频、音频选项卡，单击“导出”按钮，导出项目。

操作步骤

① 打开已编辑好的项目文件“mine. prproj”，激活“时间线”面板上要导出的序列，选择菜单“文件→导出→媒体”打开“导出设置”对话框，如图 8-1 所示。

图 8-1　“导出设置”对话框

② 设置“源范围”为“工作区域”,如图 8-2 所示。

图 8-2　设置导出范围

③ 单击“导出设置”选项组的“格式”下拉列表框,选择“Microsoft AVI”。单击“预设”下拉列表框,选择“DV PAL”。选中“导出视频”和“导出音频”复选框。单击“输出名称”右侧的链接,弹出“另存为”对话框,设置保存路径和名称,如图 8-3 所示。“导出设置”选项组的设置如图 8-4 所示。

图 8-3　“另存为”对话框

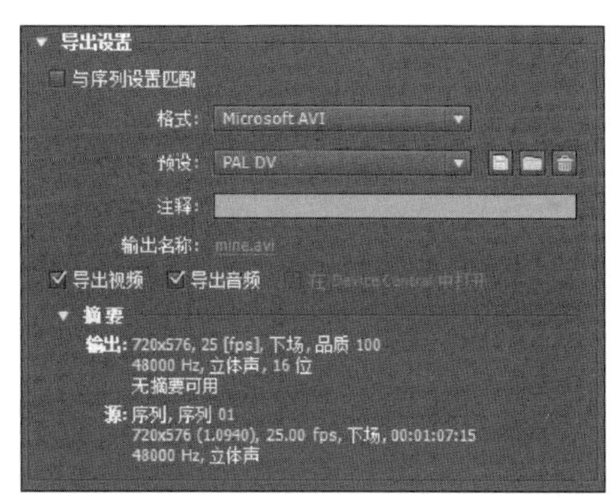

图 8-4　“导出设置”选项设置

④ 选择“视频”选项卡,各选项都采用默认设置。选择“音频”选项卡,设置“声道”为“立体声”,其余选项采用默认设置,如图 8-5 所示。

⑤ 选中“使用最高渲染品质”、“使用已生成的预览文件”、“使用帧混合”三个复选框。单击“导出”按钮,弹出“编码”对话框,如图 8-6 所示。编码结束时即完成导出。

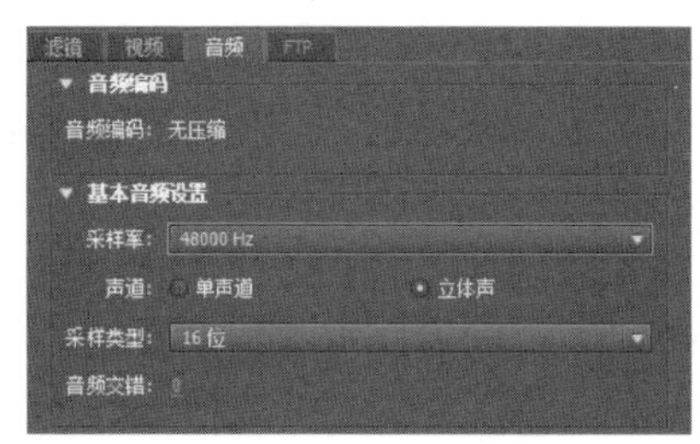

图 8-5　“音频”设置

图 8-6　“编码”对话框

8.1　导出选项概述

在 Premiere 中,完成视频编辑只是完成了素材的组织和剪辑。必须把项目渲染导出为特定的媒体文件之后,才能在其他媒体播放器上播放或者欣赏。Premiere 提供了多种导出方法,可以把项目录制到磁带上、转换为文件或是刻录到光盘上,以满足多方面的需要。

Premiere 提供了 7 个导出选项。选择菜单“文件→导出”,可以打开“导出”子菜单,如图 8-7 所示。

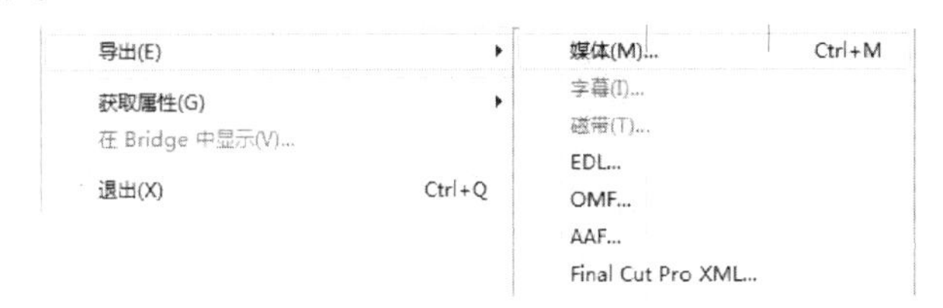

图 8-7 “导出”选项

- “媒体”:能够导出为所有流行的媒体格式。
- “字幕”:将字幕导出为独立的文件,可以在其他 Premiere 项目中使用。
- “磁带”:可以将项目内容传送到磁带上。
- EDL:可以创建编辑决策列表(EDL),以便将项目送到制作机房进一步编辑。
- OMF:可以将激活的音轨导出为开放媒体格式(Open Media Format,OMF)文件。
- AAF:可以导出为高级创作格式(Advanced Authoring Format,AAF)文件,以便在不同平台、系统和应用程序间交换数字媒体和元数据。
- Final Cut Pro XML:导出为 XML 格式文件,以便在 Apple Final Cut Pro 中进一步编辑。

8.2 导出媒体

通过“文件→导出→媒体”菜单命令,可以把项目导出为能在电视上直接播放的电视节目,也可以导出为专门在计算机上播放的文件格式、单帧、图片序列或者动画文件。设置导出参数前,必须明确影视作品的制作目的和面向的对象,然后根据作品的应用场合和质量要求选择合适的导出格式,并对影片的质量进行相关设置。

导出媒体的方法如下:

激活“时间线”面板上要导出的序列,选择“文件→导出→媒体”命令,弹出“导出设置”对话框。设置导出路径、格式等参数,单击“导出”或“队列”按钮,等待编码结束时即完成导出。“导出设置”对话框如图 8-1 所示。

“导出设置”对话框右下角的选项卡会随所选格式的不同而改变。大多数重要的选项都包含在“格式”、“视频”和“音频”选项卡中,这些选项也会随格式的不同而改变。以下以导出 Microsoft AVI 格式为例进行讲解。

提示:项目设置是针对序列进行的,而导出设置是针对最终导出的作品进行的。

1. 导出视频

(1) 设置“导出范围”

在“导出设置”对话框中,单击左下方的“源范围”下拉列表框,在弹出的菜单中可以选择导出的范围。若先定位播放指针,然后单击“设置入点”按钮和“设置出点”按钮,可以自定义要导出的范围,如图 8-8 所示。

(2)“导出设置”选项组

“导出设置”选项组如图 8-4 所示。

- “与序列设置匹配”:将采用针对序列的设置导出编辑的序列。

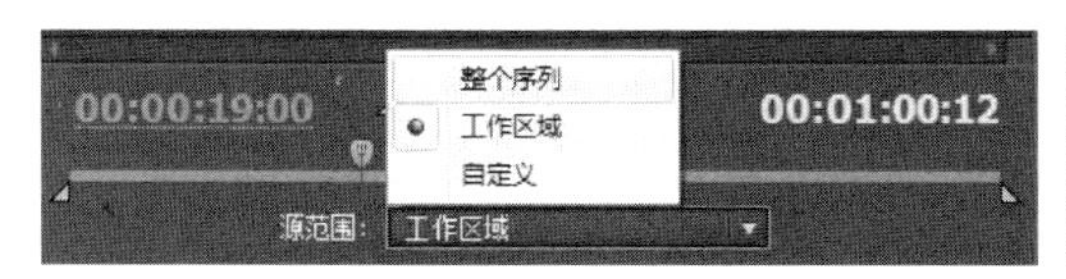

图 8-8 设置“导出范围”

- “格式”:可以选择不同的导出格式。
- “预设”:可选择适合不同播放设备的预设格式,如图 8-9 所示。
- “输出名称”:单击“输出名称”右侧的链接,弹出“另存为”对话框,可设置保存路径和名称,如图 8-3 所示。
- “导出视频”:选择此项将导出视频,不选此项将不导出视频。
- “导出音频”:选择此项将导出音频,不选此项将不导出音频。

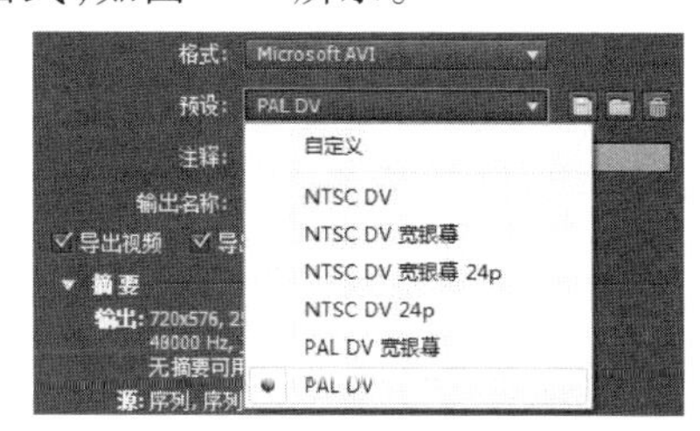

图 8-9 “预设”菜单

(3) 导出格式简介

Adobe Premiere Pro CS5 可以以多种格式导出项目。单击“格式”下拉列表框,弹出格式选项,如图 8-10 所示。

- 音频交换文件格式:Mac 系统中普遍使用的纯音频文件格式。
- Microsoft AVI:可采用多种编码方式保存文件,适合存储标清(SD)视频。
- Windows 位图:非压缩的静态图像格式,一般较少采用。
- DPX:是在数字媒体和特效处理中使用的一种高端静态图像格式。
- 动画 GIF、GIF:压缩的动画和静态图像格式,适合 Web 应用。
- JPEG:常用的压缩静态图像格式。
- MP3:常用的压缩音频格式。
- P2 影片:用于将序列导出到 P2 卡。
- PNG:无损且高质量的静态图像格式。
- QuickTime:可采用多种编码方式保存文件,在 Mac 系统上较常用。

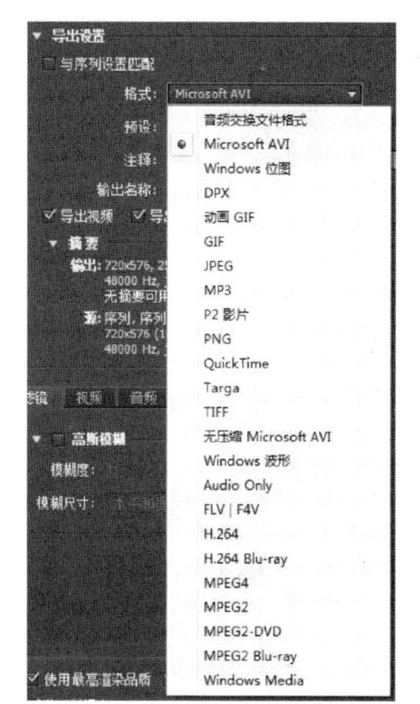

图 8-10 格式菜单

- Targa:非压缩的静态图像格式,已较少使用。
- TIFF:常用的高质量静态图像格式。
- 无压缩 Microsoft AVI:高位速率的媒体格式,生成的文件极大,很少被采用。
- Windows 波形:非压缩的音频文件格式,适用于 Windows 系统。
- Audio Only:可以使用 H.264 编码方式进行音频编码。
- FLV | F4V:可创建适合 Flash Player 播放的媒体文件。
- H.264:使用最广泛的格式,可针对多种设备导出媒体文件。

- H.264 Blu-ray:可创建用于蓝光光盘的文件。
- MPEG4:可创建低质量的 H.263 3GP 文件。
- MPEG2:可创建用于光盘和蓝光光盘的媒体文件。
- MPEG2-DVD、MPEG2 Blu-ray:创建的文件主要用于刻录到光盘。
- Windows Media:创建适合在 Windows Media Player 上播放的媒体文件。

(4)“滤镜”选项卡

可以启用“高斯模糊”滤镜来降低视频杂色,但设置数值太大时会使视频变模糊,如图 8-11 所示。

(5)“视频”选项卡

可以对导出视频的压缩方式、品质、大小、颜色深度等属性进行设置,如图 8-12 所示。

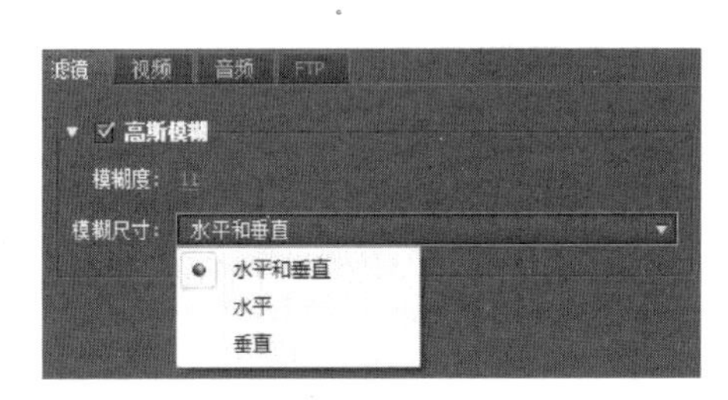

图 8-11 “滤镜”选项卡

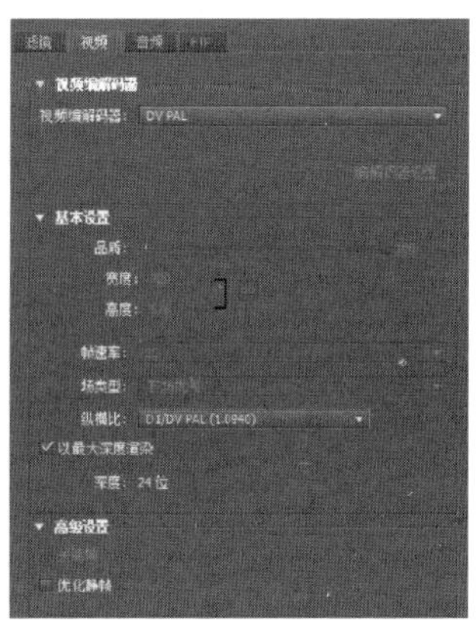

图 8-12 “视频”选项卡

- “视频编解码器”:用于选择视频压缩的编解码器,选用的导出格式不同,对应的编解码器也不同。
- “品质”:用于设置导出视频的质量。
- “宽度”、“高度”:用于设置导出视频的大小。
- “帧速率”:用于设置每秒播放的帧数。
- “场类型”:可以选择一种扫描方式,如“逐行”、“上场”、“下场优先”等。
- “纵横比”:用于设置导出视频的宽高比。
- “以最大深度渲染”:用于选择以 8 位还是以 24 位渲染导出。
- “优化静帧”:启用该项,可以优化长度超过一帧的静止图像。

(6)“音频”选项卡

可以调整音频的位速率,对于某些格式,可以调整编解码器。它们的默认值基于所选择的预设,如图 8-13 所示。

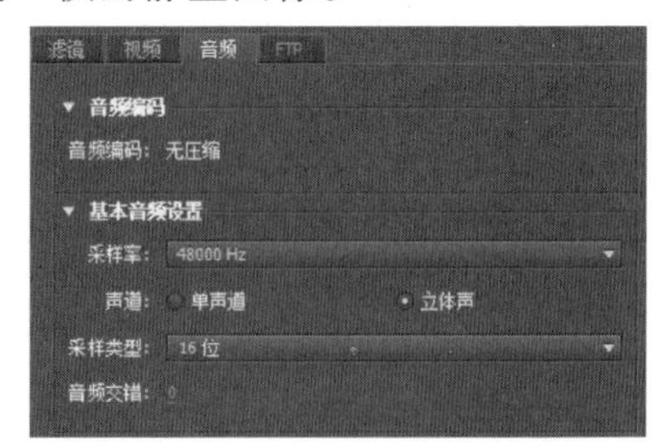

图 8-13 “音频”选项卡

- “采样率”:决定导出音频的采样速率。采样率越高,播放质量越好。
- “声道”:选择导出的音频为立体声还是单声道。

- “采样类型”:用于选择声音的采样类型。位数越高,音频质量越好。
- “音频交错”:指定音频数据如何插入视频中间,增加该值会使程序存储更长的声音片段,同时需要更大的内存容量。

提示:大多数的“预设”都是很稳妥的,使用默认参数就能获得很高的编码质量。除非对编码非常了解,否则,尽量不要修改这些参数。特别是针对设备或光盘进行编码时,细微的修改也可能使导出的文件无法播放。

(7) 其他选项

- “FTP”选项卡:用于设置 FTP 服务器,以便在完成编码后上传导出的视频。
- “使用最高渲染品质”选项:可提供更高品质的缩放,但会延长编码时间。
- “使用已生成的预览文件”选项:仅适用于从 Premiere 导出序列。如果 Premiere 中已生成预览文件,选择此选项的结果是使用这些预览文件并加快渲染。
- “使用帧混合”选项:当输入帧速率与输出帧速率不匹配时,可混合相邻的帧以产生平滑的运动效果。
- “队列”按钮:将当前任务添加到 Adobe Media Encoder 队列中导出。
- “导出”按钮:立即使用当前设置进行编码,但在编码完成之前无法在 Premiere 中编辑。

2. 导出独立音频文件

Premiere 可以将序列中的音频部分导出为独立的音频文件,步骤如下:

① 在“导出设置”对话框的“格式”菜单中选择一种音频格式(如 Windows 波形)。

② 单击“输出名称”右侧的链接,在弹出的“另存为”对话框中设置保存路径和名称。

③ 设置“预设”和“音频”选项卡,如图 8-14 所示。

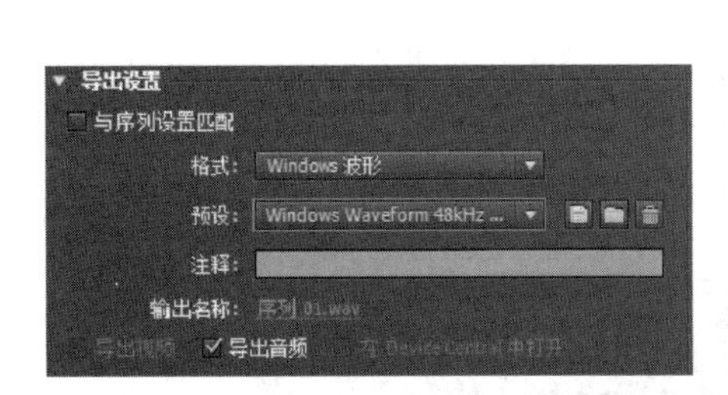

图 8-14 “导出音频”设置

④ 单击“导出”或“队列”按钮,等待编码结束后即完成导出。

3. 导出单帧或序列图像

有时需要从视频项目中导出单帧图像或序列图像。导出序列图像后,可以使用胶片记录器将帧转换为电影,也可以在 Photoshop 或其他图像软件中处理,然后再导入到 Premiere 中编辑。Adobe Premiere Pro CS5 为导出静态图像提供了简化的方法。

(1) 使用“导出单帧”按钮

定位播放指针到要导出的帧,单击“源”面板或“节目”面板右下角的“导出单帧”按钮,如图 8-15 所示。

图 8-15　导出单帧

在弹出的“导出单帧”对话框中设置名称、格式和路径，然后单击“确定”按钮即可导出，如图 8-16 所示。

提示：使用“源”面板的“导出单帧”功能，将创建一个与源视频文件分辨率、内容相匹配的静态图像；使用“节目”面板的“导出单帧”功能，将创建一个与所选视频序列分辨率、内容相匹配的静态图像。如图 8-15 所示，右图为通过“节目”面板导出的图像，比左图增加了字幕内容。

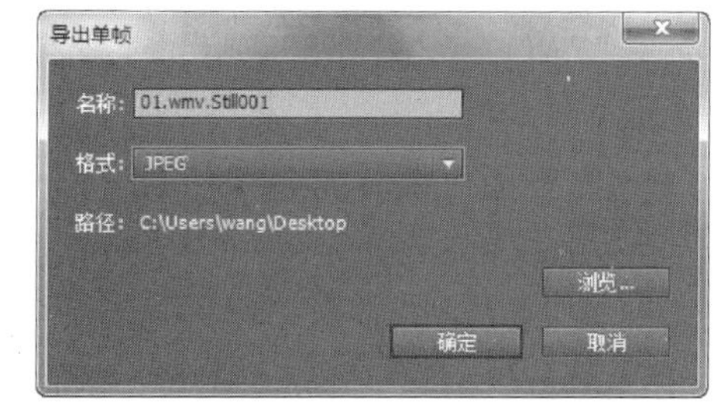

图 8-16　“导出单帧”对话框

(2) 通过“导出”菜单

在时间线上将时间指针定位到要导出的帧，选择“文件→导出→媒体”命令，在“导出设置”对话框的“格式”下拉列表框中选择一种图像格式；设置导出的名称、路径；在“视频”选项卡设置品质、宽高等参数，然后单击“导出”按钮直接导出，或单击“队列”将任务添加到 Adobe Media Encoder 队列中导出。

如果选择了“视频”选项卡的“导出为序列”，则会导出为序列静态图像，设置如图 8-17 所示。

图 8-17　“导出图像”设置

8.3 使用 Adobe Media Encoder 导出

Adobe Media Encoder 是一款独立的视频和音频编码应用程序，可以批处理队列中的多个视频或音频文件。在它处理编码队列期间，可以同时编辑其他的 Premiere 项目。它可以独立运行，也可以通过 Premiere 启动。

使用 Adobe Media Encoder 导出媒体的步骤：在 Premiere 的“导出设置”对话框中设置好参数，单击“队列”按钮，会自动启动 Adobe Media Encoder 软件并将当前任务添加到其队列中，单击“开始队列”按钮，即可开始对队列中的序列编码输出，如图 8-18 所示。

图 8-18　Adobe Media Encoder CS5 界面

- 分别单击“格式”、“预设”下的三角按钮，可以修改序列的输出格式与预设。
- 单击“输出文件”下的链接，可以修改输出路径与文件名称。
- 单击“添加”按钮，在弹出的“打开”对话框中选择，可以把文件添加到编码队列。

练习与实训

1. 填空

(1) 在“导出设置”中，通常将“源范围”设置为________。

(2) 使用“源”或“节目”面板的________按钮，可以方便地导出单帧图像。

(3) “场类型”包括________、________、________三种。

(4) ________格式是当前应用最广泛的媒体格式。

(5) 将序列以________格式导出，可以方便地在 Photoshop 等图像处理软件中编辑，然后再导入到 Premiere 中。

(6) 当输入帧速率与输出帧速率不匹配时，选择________选项，可以混合相邻的帧以产生平滑的运动效果。

(7) 选择“导出设置”对话框中的“以最大深度渲染”选项，则以________位渲染导出，否则会以________位导出。

(8) 在“滤镜”选项卡中设置合适的模糊值,可以降低视频中的________。

(9) 启用________选项,可以优化长度超过一帧的静止图像。

(10) 单击“导出设置”对话框中的“队列”按钮,可将当前任务添加到________中进行编码。

2. 上机实训

(1) 将案例 18 的项目 mine.prproj 导出为适合在 3GPP 手机上播放的格式(提示:选择 H.264 或 MPEG4 格式,然后选择相应的预设)。

(2) 将“素材 1.wmv”导出为 MPEG2 格式。

(3) 将“素材 2.wmv”中的声音导出为单独的音频文件。

(4) 将“素材 2.wmv”以静态图像和序列图像的格式导出。

(5) 将以上各题的导出任务添加到 Adobe Media Encoder 队列中,进行批处理导出。

综合应用

案例 19　新闻快报——制作电视栏目片头

案例描述

本案例综合运用多种剪辑技巧，灵活处理与使用素材，制作一段新闻节目的片头视频，播放效果如图 9-1 所示。

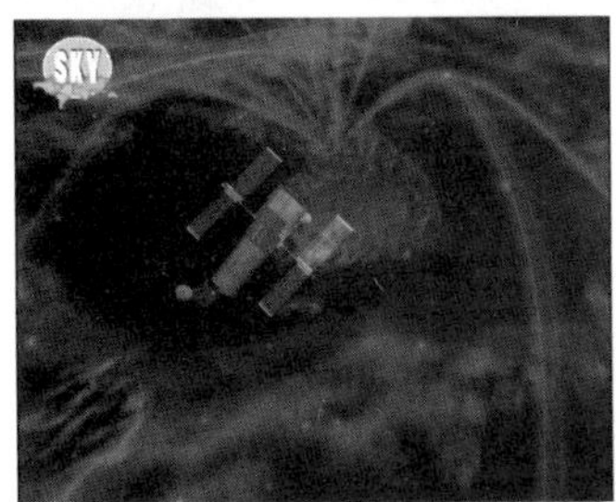

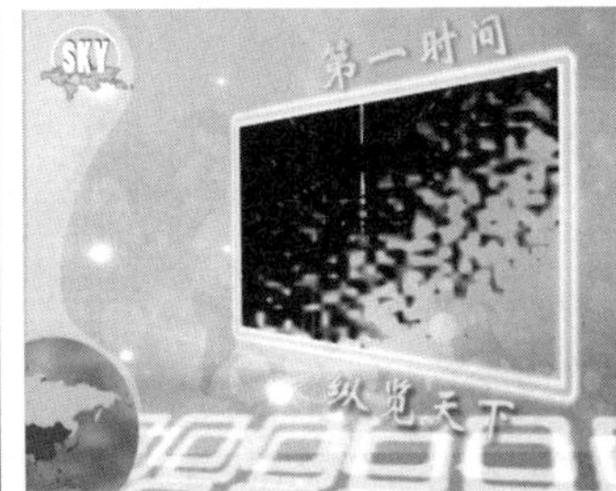

图 9-1　新闻节目片头效果

案例分析

① 通过调整素材的“速度/持续时间”、设置“倒放速度”，灵活使用视频素材。

② 创意运用“图形字幕”和“文字字幕”来创建“Logo”、“遮罩”、“立体文字”等效果。

③ 综合运用“透明度”、“色彩调整”、“键控”、“混合模式”创建视频合成效果。

④ 分别编辑序列“片头”、“分镜头 1”、“分镜头 2”、“片尾”，然后嵌套到“主序列”

形成完整的作品。

操作步骤

① 新建项目,命名为“新闻片头”,选择“DV-PAL→标准 48 kHz”模式。在“项目”面板中新建文件夹,命名为“素材加工”。

② 创建字幕“Logo”。在“素材加工”文件夹中新建字幕,命名为“Logo”。在“字幕”面板绘制椭圆。在“字幕属性”面板上,在“填充”选项组中,设置“填充类型”为“实色”,“颜色”为#C1F410;在“描边”选项组中,选择“外侧边”,设置“类型”为“凸出”,“大小”为 2.0,“填充类型”为“实色”,“颜色”为#FFFFFF,“透明度”为 100%。单击“字幕→标记→插入标记”菜单命令,在“导入图像为标记”对话框中选择“地图3.png”,按住 Shift 键按比例缩小后叠放在椭圆的下部,在“字幕面板”的“描边”选项组中,选择“外侧边”,设置“类型”为“凸出”,“大小”为 1.0,“填充类型”为“实色”,“颜色”为#1072EC,“透明度”为 100%。输入文字“SKY”,设置“字体”为 Poplar Std,“样式”为 Black,“大小”为 50.5,“纵横比”为 75.8;在文字的“填充”选项组中,设置“填充类型”为“实色”,“颜色”为#FFFFFF;在“描边”选项组中,选择“外侧边”,设置“类型”为“深度”,“大小”为 14.0,“角度”为 317.0°,“填充类型”为“实色”,“颜色”为#000000,“透明度”为 100%。效果如图 9-2 所示。

图 9-2　Logo 素材及最终效果

③ 制作“旋转地球”步骤(③～⑤)。在“素材加工”文件夹中新建序列,命名为“地图”。导入素材“地图 1.png”,拖放到“地图”序列的视频轨道上,在“特效控制台”创建关键帧动画,实现地图由右向左运动的效果。设置参数及效果如图 9-3 所示。

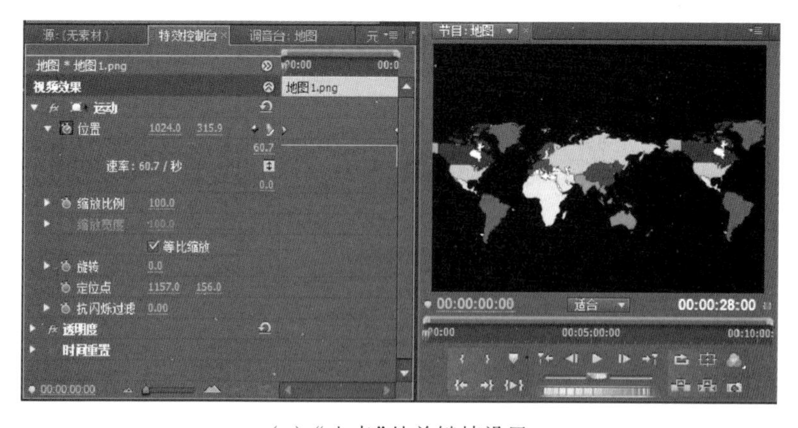

(a)“入点”处关键帧设置

(b)"出点"处关键帧设置

图 9-3　添加关键帧动画

④ 新建序列,命名为"旋转地球"。新建字幕,命名为"材质"。在"字幕"面板上绘制一个与屏幕区域相等的矩形,在"填充"选项组中选择"材质"。单击"材质"右侧的缩略图,导入素材中的"材质.jpg",填充矩形。关闭"字幕"面板。将字幕"材质"拖放到"旋转地球"序列的"视频 1"轨道上。将"项目"面板中的序列"地图"拖放到"视频 2"轨道上,解除音视频链接,清除音频部分。新建字幕,命名为"球"。在"字幕"面板绘制一个直径略大于"地图"高度的正圆形,设置"填充类型"为"实色","颜色"为 #FFFFFF。关闭"字幕"面板。将字幕"球"拖放到"视频 3"轨道上。

⑤ 为轨道上的"地图"添加"球面化"视频特效。在"特效控制台"面板设置"球面化"的参数,其中"半径"为 180.0,"球面中心"为"300.0,250.0",如图 9-4 所示。调整"视频 3"轨道上"球"的位置,使之与"地图"的"球面化"范围重合。为"地图"和"球"分别添加"轨道遮罩键"特效,设置"遮罩"为"视频 3"。最终效果如图 9-5 所示。

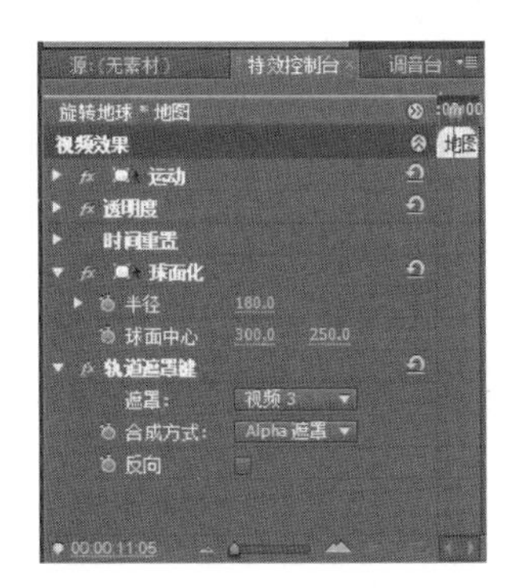

图 9-4　"地图"特效面板

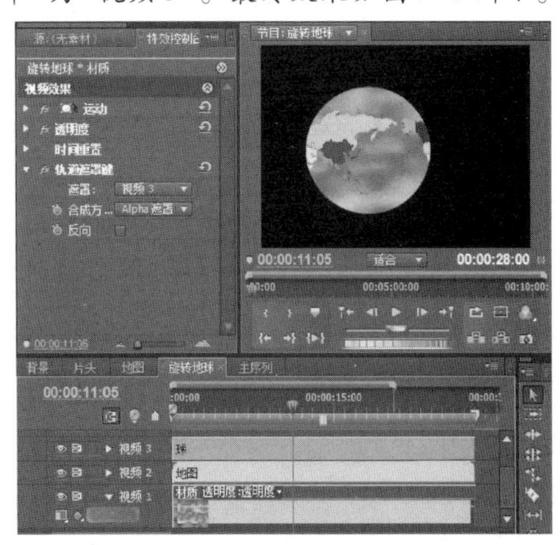

图 9-5　"旋转地球"效果

⑥ 制作背景。在"素材加工"文件夹中新建一个序列,并命名为"背景"。导入素材"地图 2.jpg"、"动态背景 1.wmv"、"Lights.jpg"。将"动态背景 1.wmv"拖放到"视频 1"轨道上,右键单击该素材,选择"速度/持续时间",在弹出的对话框中选择"倒放速

度”；在“特效控制台”面板上设置其“属性”，“位置”为“405.0,430.0”，“缩放高度”为155.5，“缩放宽度”为119.5，“旋转”为90°。将“Lights.jpg”拖放到“视频2”轨道上，设置其“混合模式”为“滤色”，在00:00:00:17处添加关键帧，设置“透明度”为61.7%；在00:00:03:00处添加关键帧，设置“透明度”为100.0%。将“地图2.jpg”拖放到“视频3”轨道上，设置其“透明度”为20.0%，“混合模式”为“深色”。将时间指针定位在00:00:10:12处，用“剃刀工具”在“视频1”轨道的时间指针处裁切，清除后边的部分。将“Lights.jpg”与“地图2.jpg”的持续时间都设置为00:00:10:12，最终效果如图9-6所示。

图9-6 “动态背景”效果

⑦ 制作“片头”。在“项目”面板中新建“片头”文件夹，在其中新建一个序列，并命名为“片头”。导入“素材1.wmv”，然后拖放到“视频1”轨道上。右键单击轨道上的素材，选择“速度/持续时间”，在弹出的对话框中，保持“速度”与“持续时间”之间的链接状态，然后设置“持续时间”为00:00:03:00。为素材添加“RGB曲线”视频特效，在“特效控制台”修改参数，如图9-7所示。

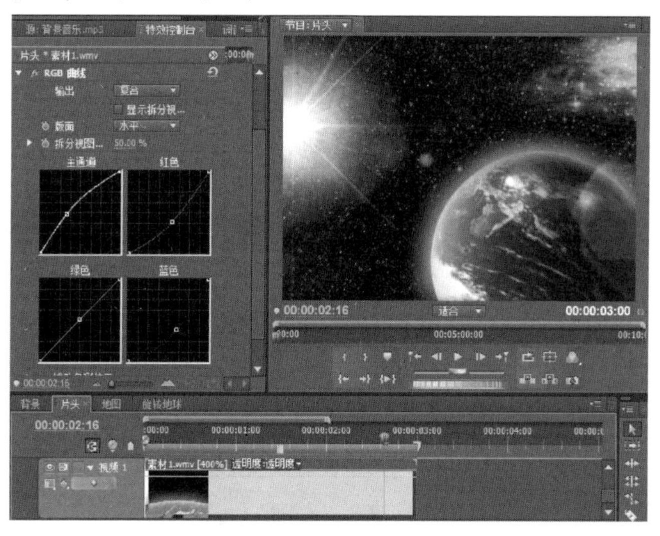

图9-7 “片头”编辑效果

⑧ 制作“分镜头1”（步骤⑧～⑰）。在“项目”面板中新建“分镜头1”文件夹，导入素材“地图3.png”、“素材4.wmv”、“素材5.wmv”、“素材7.wmv”、“波纹.wmv”。

⑨ 新建一个序列，并命名为“环境”，将“素材4.wmv”拖放到“视频1”轨道上，将时间指针定位在00:00:03:00处，用“剃刀工具”裁切，清除右边的部分。新建字幕，命名为“圆形遮罩”，在“字幕”面板绘制一个正圆，设置“填充类型”为“实色”，“颜色”为#FFFFFF。调整圆的大小与位置，使它刚好可以覆盖“视频1”轨道上的动物图像，如图9-8所示。关闭“字幕”面板，将“圆形遮罩”字幕拖放到“视频2”轨道上，打开“特效控制台”面板，单击“缩放比例”左边的“切换动画”按钮，设置“入点”处的比例值为30.0，

00:00:01:00 处的比例值为 100.0。为“素材 4. wmv”添加“轨道遮罩键”特效，在“特效控制台”面板上设置遮罩为“视频 2”。序列“环境”的最终效果如图 9-9 所示。

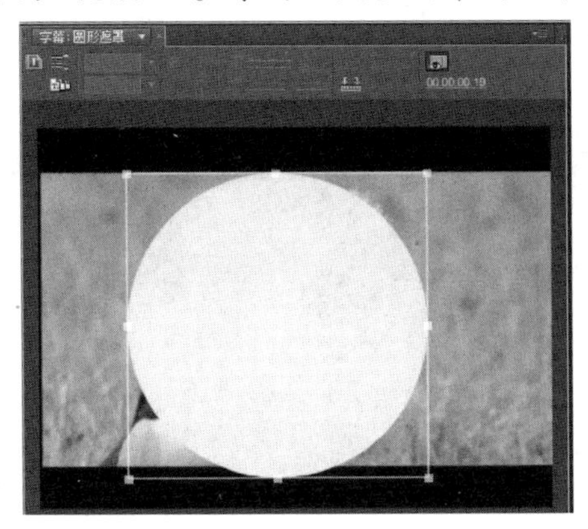

图 9-8　字幕“圆形遮罩”

图 9-9　序列“环境”的最终效果

⑩ 新建序列“时事”，采用与步骤⑨相同的方法，使用“圆形遮罩”和“素材 5. wmv”创建圆形遮罩效果，“持续时间”为 00:00:03:00。新建序列“时尚”，使用“圆形遮罩”和“素材 7. wmv”创建圆形遮罩效果，“持续时间”为 00:00:03:00。为“时尚”序列的“素材 7. wmv”添加“色阶”视频特效，设置参数“(RGB)输入黑色阶”为 26.0，“(RGB)输入白色阶”为 210.0，其余采用默认值。

⑪ 新建序列“分镜头 1”。将“项目”面板中的序列“背景”拖放到“视频 1”轨道上，解除音视频链接，然后清除音频部分。将素材“地图 3. png”拖放到“视频 2”轨道上，修改其“持续时间”为 00:00:03:12。为素材“地图 3. png”添加视频特效“查找边缘”、“彩色浮雕”、“RGB 曲线”。打开“特效控制台”面板，设置“缩放比例”为 146.0，勾选“查找边缘”的“反相”，设置“彩色浮雕”的“方向”为 50.0，“凸起”为 1.5，其余参数采用默认值。设置“RGB 曲线”，调整“地图 3. png”的位置，效果如图 9-10 所示。

⑫ 复制“视频 2”轨道上的素材“地图 3. png”，在其右侧连续粘贴两次，然后分别调整新粘贴的“地图”在屏幕上的位置，效果如图 9-11 所示。

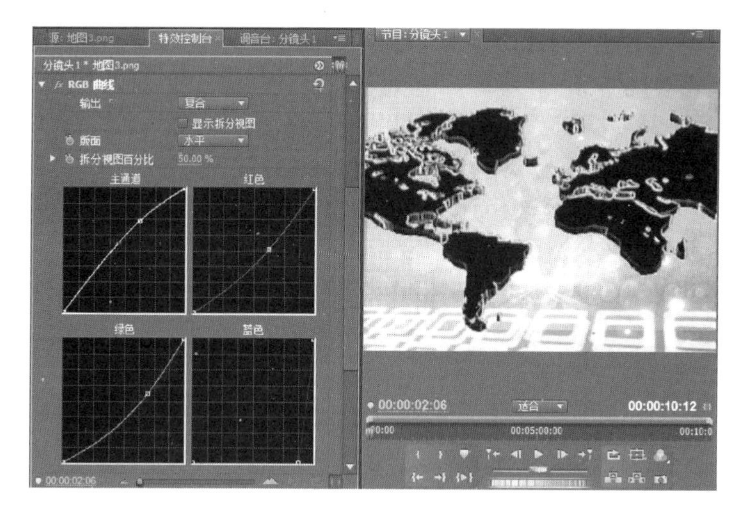

图 9-10　“RGB 曲线”与“地图 3”调整效果

图 9-11　调整后的“地图”的位置

⑬ 将“波纹.wmv”3 次拖放到“视频 3”轨道上，设置它们在轨道上的“入点”分别为 00:00:00:12、00:00:04:00、00:00:07:12。为 3 段素材添加“亮度键”视频特效，设置特效的“阈值”为 100.0，“屏蔽度”为 0.0。分别调整 3 段素材在屏幕上的位置，效果如图 9-12 所示。

图 9-12　添加“波纹”效果

⑭ 将序列“环境”、“时尚”、“时事”依次拖放到“视频 4”轨道上，设置它们在轨道上的“入点”分别为 00:00:00:12、00:00:04:00、00:00:07:12。解除它们的音视频链接，然后清除音频部分。分别为 3 段素材添加“Alpha 辉光”视频特效，设置特效的“发光”为 25.0，“起始颜色”为#FFFFFF。调整 3 段素材圆形的中心与对应的“波纹”的中心重合。效果如图 9-13 所示。

图 9-13　“环境”、“时尚”、“时事”合成效果

⑮ 新建字幕,命名为“环境”。在“字幕”面板上输入文字“环境”,选择“字幕样式”列表中的“CaslonPro Gold Stroke 95”为文字应用样式,然后修改“字体”为 FZShuTi(方正舒体),“字体大小”为 72.0。单击“滚动/游动选项”按钮,在“滚动/游动选项”对话框中进行相应的设置。效果如图 9-14 所示。

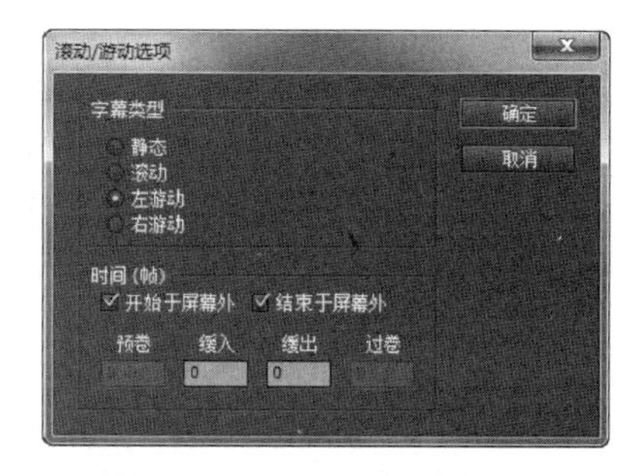

图 9-14　字幕“环境”编辑效果

⑯ 单击“环境”字幕窗口左上角的“基于当前字幕新建”按钮,在弹出对话框中命名新建字幕为“时事”,将字幕内容修改为“时事”。用同样的方法新建“时尚”字幕,修改字幕内容为“时尚”,在“滚动/游动选项”对话框中的“字幕类型”选项组中选择“右游动”。关闭“字幕”面板,将字幕“环境”、“时尚”、“时事”依次拖放到“视频 5”轨道上,设置它们在轨道上的“入点”分别为 00:00:00:12、00:00:04:00、00:00:07:12,“持续时间”都修改为 00:00:03:00。

⑰ 在“视频 2”轨道上的 3 段素材之间分别添加“交叉缩放”视频切换特效。“分镜头 1”在“时间线”面板上的最终效果如图 9-15 所示。

⑱ 制作“分镜头 2”(步骤⑱~⑳)。在“项目”面板中新建“分镜头 2”文件夹,导入素材“素材 2. wmv”、“素材 3. wmv”。双击“项目”面板中的“素材 3. wmv”,在“源”面板中打开它,设置“入点”为 00:00:02:00,“出点”为 00:00:06:01。单击“覆盖”按钮,将素材添加到“视频 1”轨道上。右键单击轨道上的素材,选择“速度/持续时间”,在弹出的对话框中,保持“速度”与“持续时间”之间的链接状态,然后设置“持续时间”为 00:00:01:00,同时选择“倒放速度”选项。

⑲ 双击“项目”面板中的“素材 2. wmv”,在“源”面板中打开它,设置“入点”为 00:

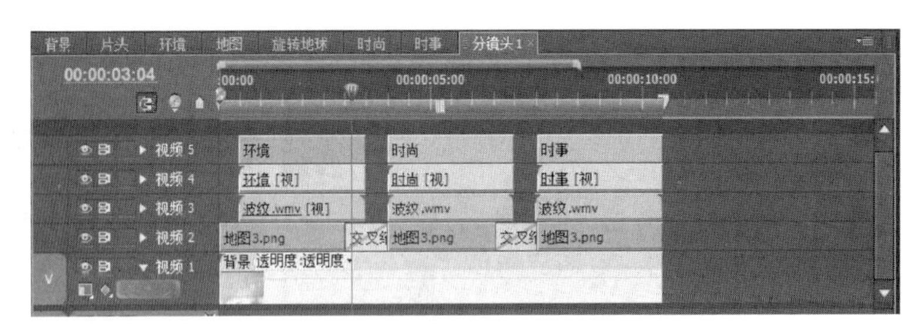

图 9-15 “分镜头 1”的“时间线”面板效果

00:00:00,“出点”为 00:00:07:01。将截取的素材拖放到“视频 2”轨道上,右键单击轨道上的素材,选择“速度/持续时间”,在弹出的对话框中,保持“速度”与“持续时间”之间的链接状态,然后设置“持续时间”为 00:00:01:00。

⑳ 切换到“片头”序列,打开“特效控制台”面板,复制其中的“RGB 曲线”特效。切换到“分镜头 2”序列,分别在“素材 3. wmv”和“素材 2. wmv”的“特效控制台”面板中粘贴“RGB 曲线”特效。设置“素材 3. wmv”的“透明度”为 90.0%。为“素材 2. wmv”的“透明度”制作关键帧动画,设置第 0、4、6、14、24 帧处的“透明度”分别为 67.0%、36.0%、29.0%、0.0%、60.0%。“分镜头 2”的最终编辑效果如图 9-16 所示。

图 9-16 “分镜头 2”最终效果

㉑ 制作“片尾”(㉑ ~ ㉚)。在项目面板中新建“片尾”文件夹,导入素材“边框. png”、“素材 6. wmv”、“素材 8. wmv”、“素材 9. wmv”。将项目面板中的序列“背景”拖放到“视频 1”轨道,解除它的音视频链接,然后清除音频部分。使用“剃刀工具”裁切,清除 00:00:08:00 以后的部分。

㉒ 将“项目”面板中的序列“地球旋转”拖放到“视频 3”轨道上,解除它的音视频链接,然后清除音频部分。使用“剃刀工具”裁切,清除 00:00:08:00 以后的部分。在“特效控制台”面板中创建运动动画,在 00:00:00:00 处的“位置”设置为“447.0,290.0”,“缩放比例”为 162.0。在 00:00:01:00 处的“位置”设置为“82.0,494.0”,“缩放比例”为 62.0。

㉓ 将素材“边框. png”拖放到“视频 4”轨道上,添加“基本 3D”视频特效。打开“特效控制台”面板,其“位置”参数设置为“413.8,257.9”,“缩放高度”为 89.1,“缩放宽度”为 70.1。制作“透明度”和“基本 3D”关键帧动画,在 00:00:00:00 处设置“透明度”为 0.0%,基本 3D 的“旋转”为 0.0°。在 00:00:01:00 处设置“透明度”为100.0%;基本 3D 的“旋转”为 29.0°。效果如图 9-17 所示。

图 9-17 “边框”编辑效果

㉔ 新建字幕,命名为“图形字幕”,使用“钢笔工具”绘制如图 9-18 所示的图形,设置“填充类型”为“实色”,“颜色”#FFFFFF。关闭“字幕”面板,将“图形字幕”拖放到“视频 2”轨道上,设置“持续时间”为 00:00:08:00,设置“透明度”为 52.0%。

图 9-18 绘制“图形字幕”

㉕ 将“素材 8.wmv”拖放到“视频 5”轨道上,设置其在时间线上的“入点”为 00:00:01:00,依次将“素材 9.wmv”、“素材 6.wmv”拖放到“素材 8.wmv”的右侧。设置“素材 6.wmv”在时间线上的“出点”为 00:00:08:00,为“视频 5”轨道上的 3 段素材分别添加“边角固定”视频特效,设置参数及效果如图 9-19 所示。

图 9-19 “边角固定”特效设置

㉖ 新建字幕,命名为“时间”。在“字幕”面板上输入文字“第一时间”,选择“字幕样式”列表中的“Myriad Pro Lime 72”为文字应用样式,然后修改“字体”为 STXinwei,“字体大小”为 61.0。适当旋转字幕角度,效果如图 9-20 所示。

㉗ 单击“字幕”面板左上角的“基于当前字幕新建”按钮,在弹出对话框中命名新

建字幕为“纵览”,将字幕内容修改为“纵览天下”。旋转文字角度,使其与“边框”的下边平行。关闭“字幕”面板。将“时间”与“纵览”分别拖放到“视频 6”、“视频 7”轨道上,在时间线上的“入点”都设置为 00:00:01:00。把两个字幕的持续时间都修改为 3 秒。打开“特效控制台”面板,为“时间”和“纵览”两字幕创建“位置”动画,在 00:00:01:00 处的“位置”值都设为“360.0,288.0”,在 00:00:03:23 处的“位置”值分别设为“119.0,330.0”,“122.0,238.0”。在两个字幕的 00:00:03:16 处都添加关键帧,“透明度”设置为 100.0%;在 00:00:04:00 处关键帧,“透明度”设置为 0.0%。

㉘ 新建字幕,命名为“新闻快报”。在“字幕”面板上输入文字“新闻快报”,设置“字体”为“微软雅黑”,“文字大小”为 100.0;“填充类型”为“实色”,“颜色”为 #FFFFFF;添加“描边”:选择“外侧边”,设置“类型”为“凸出”,“大小”为 6.0,“填充类型”为“实色”,“颜色”为#000000;再次添加“描边”:选择“外侧边”,设置“类型”为“深度”,“大小”为 47.0,“填充类型”为“实色”,“颜色”#C2EA07;添加“投影”:设置“颜色”为#000000,“透明度”为 50.0%,“扩散”为 30.0。关闭“字幕”面板。将“新闻快报”拖放到“视频 8”轨道上,设置其在时间线的“入点”为 00:00:03:00,“出点”为 00:00:07:24,在其“入点”处添加“伸展进入”切换特效;为“新闻快报”添加“基本 3D”视频特效,在“特效控制台”面板上设置“基本 3D”的“旋转”角度为-28.0°。效果如图 9-21所示。

图 9-20 “时间”字幕效果

图 9-21 “新闻快报”字幕

㉙ 新建字幕,命名为“网址”。在字幕窗口输入文字“www.skynews.com”,设置“字体”为 Arial,“文字大小”为 42.0;“填充类型”为“实色”,“颜色”为#FFFFFF;添加“描边”:选择“外侧边”,设置“类型”为“凸出”,“大小”为 10.0,“填充类型”为“实色”,“颜色”为#1630F2;添加“投影”:“颜色”为#000000,“透明度”为 50.0%,“角度”为135.0°,“距离”为 10.0,“扩散”为 30.0。关闭“字幕”面板。将“网址”拖放到“视频 9”轨道上,设置其在时间线上的“入点”为 00:00:04:00,“出点”为 00:00:07:24。为字幕添加“快速模糊”特效,打开“特效控制台”面板,设置“模糊方向”为“水平”。在 00:00:04:00 处添加关键帧,设置“模糊量”为 484.0;在 00:00:05:00 处设置“模糊量”为 0.0。

㉚ 在“视频 5”轨道上“素材 8.wmv”的“入点”处添加“渐变擦除”切换特效,在“素材 8.wmv”、“素材 9.wmv”、“素材 6.wmv”之间分别添加“交叉叠化”切换特效。“片尾”最终的效果如图 9-22 所示。

㉛ 制作“主序列”(步骤㉛~㉜)。在“项目”面板中新建“主序列”文件夹,导入素材“背景音乐.mp3”,将“项目”面板中的序列“片头”、“分镜头 1”、“分镜头 2”、“片尾”

图 9-22 “片尾”编辑效果

依次拖放到“视频 1”轨道上，解除它们的音视频链接，然后清除音频部分。在“片头”和“分镜头 1”之间添加“交叉缩放”切换特效，在“片头”的入点处和其他素材之间都添加“交叉叠化”切换特效。将“项目”面板中的字幕“Logo”拖放到“视频 2”轨道上，放置在屏幕左上角位置，设置持续时间与“视频 1”相等。在“Logo”的“入点”处添加“交叉叠化”切换特效。

㉜ 将时间指针置于 00:00:00:00 处，双击“项目”面板中的“背景音乐.mp3”，然后单击“源”面板上的“覆盖”按钮，将音乐添加到“音频 1”轨道上。在“源”面板上，设置“入点”为 00:00:12:06，“出点”为 00:00:16:19，再次单击“覆盖”按钮，将选定的音乐片段添加到“音频 1”轨道已添加音乐的右侧。在两段音乐间添加“恒定功率”过渡特效。“主序列”在“时间线”面板的最终效果如图 9-23 所示。

图 9-23 “主序列”的“时间线”面板效果

㉝ 保存文件。单击“文件→导出→媒体”命令，打开“导出设置”对话框，根据需要导出为适合的格式。“项目”面板中素材的组织结构如图 9-24 所示。

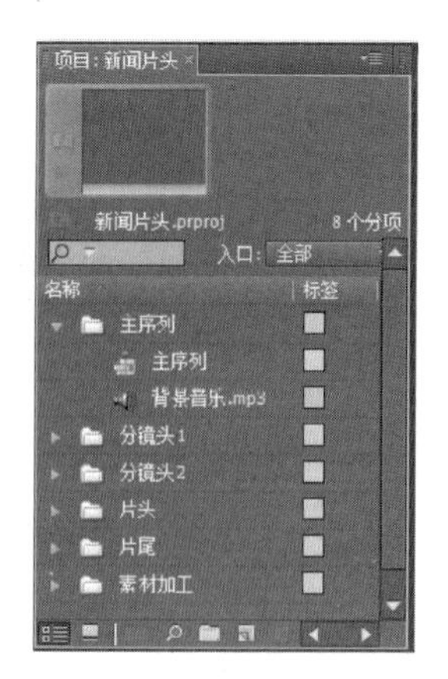

图 9-24　素材组织结构

案例 20　快乐宝贝——电子相册的设计与制作

案例描述

电子相册就是利用照片、文字、声音和视频等素材编辑制作成富有动感与活力的视频。本案例通过综合使用 Premiere 的各种特效，利用高山、大海、雪夜、星空等一系列卡通场景编织一段可爱宝宝的快乐旅程，充分诠释出宝宝的活泼逗趣和父母对宝宝的无限呵护之情。效果截图如图 9-25 所示。

图 9-25　电子相册效果截图

案例分析

① 综合使用“轨道遮罩键”视频特效、“叠化”视频转场、字幕等效果，通过设置位置关键帧、缩放关键帧动画，制作相册片头。

② 通过设置关键帧制作运动效果。综合应用“翻转”、“轨道遮罩键”、“4 点无用信号遮罩”等视频特效以及“抖动叠化”、“交叉缩放”、“摆入”、“擦除”等视频转场制作各分镜头。

③ 通过“基于当前字幕新建”功能制作歌词字幕。

④ 根据背景音乐的节奏设置各镜头的时间及运动节奏，根据背景歌词配置字幕。

操作步骤

① 新建名为“快乐宝贝”的项目，选择“DV-PAL→标准 48 kHz”模式。

② 导入素材。双击“项目”面板空白处，依次选择“照片”、“图片素材”、“视频素材”、“蒙版素材”、“音乐”素材文件夹，单击“导入文件夹”，在“导入分层文件”对话框中均选择“合并所有图层”，如图 9-26 所示，然后将“tga 序列素材”文件夹中的序列文件逐个导入“项目”面板中。

提示：序列文件的导入方法：先选中第一个文件，勾选“序列图像”复选框（这样序列中的其他文件将按序号自动导入），单击“打开”按钮，即可导入. tga 格式的序列文件。

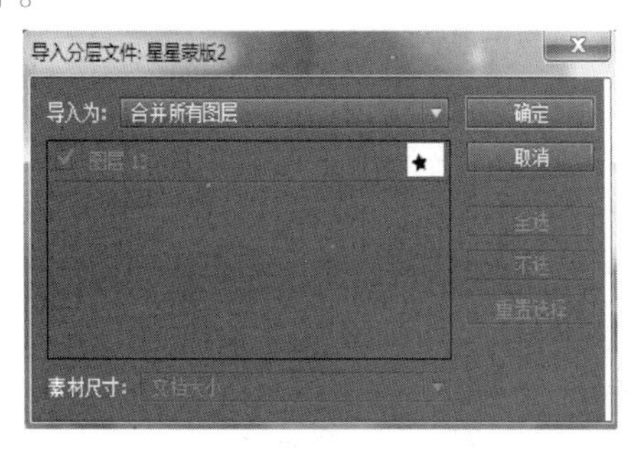

图 9-26 “导入分层文件”窗口

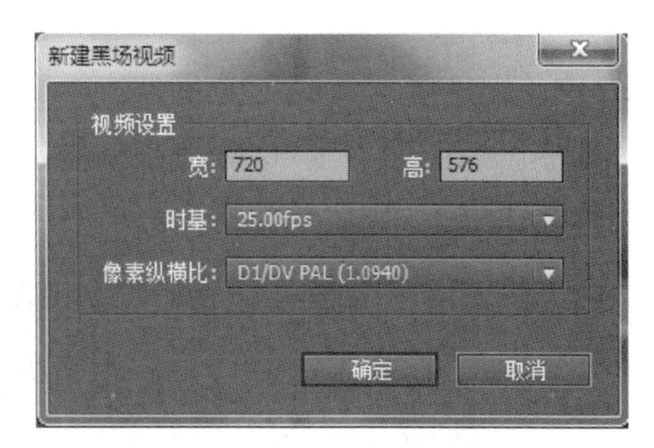

图 9-27 “新建黑场视频”参数设置

③ 选择菜单“文件→新建→序列”命令，新建序列“序列 1”。选择“文件→新建→黑场”命令，新建一个黑场素材，参数设置如图 9-27 所示。将新建的黑场素材拖放到“序列 1”的“视频 1”轨道上，将“蒙版素材”文件夹中的“边框 3 蒙版. tga”拖放到“序列 1”的“视频 2”轨道上，时间长度均设置为 10 秒。

④ 新建序列“序列 2”，将“图片素材”文件夹中的“边框 3. psd”拖放到“视频 1”轨道上。将“蒙版素材”文件夹中的“边框 3 蒙版. tga”拖放到“序列 2”的“视频 2”轨道上，设置“边框 3 蒙版. tga”缩放比例为 60.0，“位置”参数为“332.0，296.0”；两素材时间长度均设置为 10 秒。选择“视频特效”下的“键控”选项中的“轨道遮罩键”特效，拖放到“视频 1”轨道的素材“边框 3. psd”上，参数设置如图 9-28 所示。

⑤ 新建序列“序列 3”，将“照片”文件夹中的“竖 photo-01. psd”、“竖 photo-02. psd”、“竖 photo-03. psd”拖放到“视频 1”轨道上；调整每张照片的长度，使总长度为 10 秒。选择“视频切换”下的“叠化”类中的“交叉叠化”转场，拖放到“竖 photo-01. psd”和“竖 photo-02. psd”、“竖 photo-02. psd”和“竖 photo-03. psd”之间，时间线如图 9-29 所示。

⑥ 新建序列“序列 4”，长度设置为 10 秒。将“序列 3”拖放到“序列 4”的“视频 1”轨道上；将“序列 1”拖放到“视频 2”轨道上；将“序列 2”拖放到“视频 3”轨道上。选择

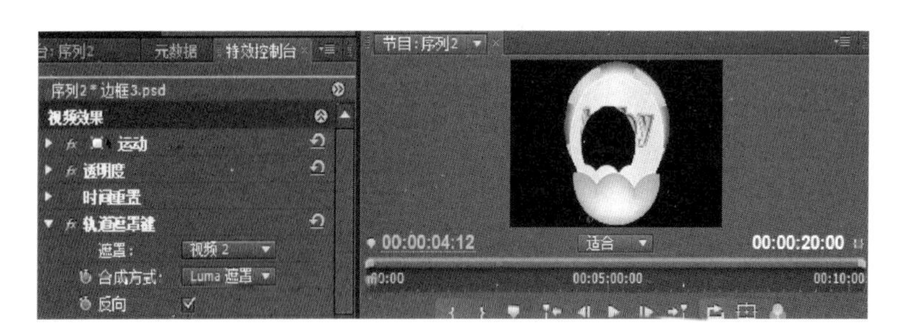

图 9-28 “轨道遮罩键”参数设置及节目预览效果

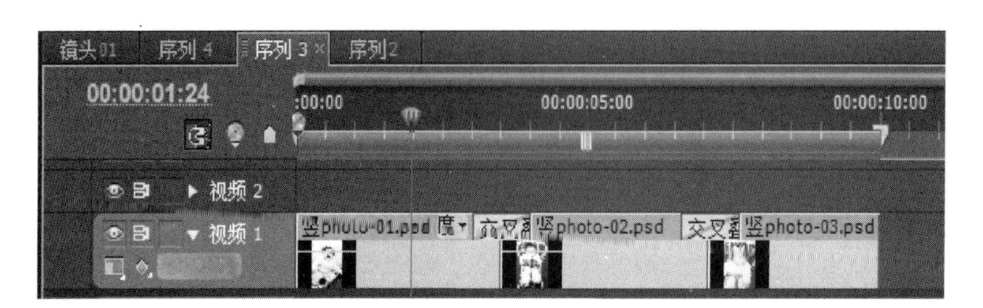

图 9-29 序列 3 的添加素材及转场后的时间线效果

“视频特效”下的“键控”选项中的“轨道遮罩键”特效,拖放到“视频 1”轨道的素材上,其位置、缩放比例、轨道遮罩键参数设置如图 9-30 所示。

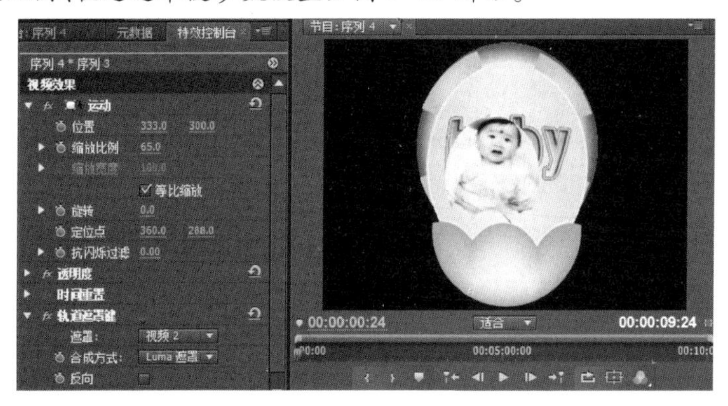

图 9-30 视频 1 轨道素材的参数设置及节目预览效果

⑦ 新建序列“片头”,长度设置为 15 秒。将“图片素材”文件夹中的“1.jpg”拖放到“视频 1”轨道上,时间长度为 15 秒;在素材开始处添加“抖动溶解”转场效果,使其产生淡入效果;在第 0 帧处单击“缩放比例”前的“切换动画”按钮添加关键帧,“缩放比例”设置为 400.0,移动时间指针到第 5 秒处,“缩放比例”设置为 100.0。将“图片素材”文件夹中的“边框 3.psd”拖放到“视频 2”轨道的第 3 秒处,“位置”设置为“225.0,288.0”;在第 3 秒处单击“缩放比例”前的“切换动画”按钮添加关键帧,“缩放比例”设置为 160.0,移动时间指针到第 6 秒 10 帧处,“缩放比例”参数设置为 100.0;将“交叉叠化”视频转场拖放到该素材的开头处。将“序列 4”拖放到“视频 3”轨道的第 5 秒处,“位置”设置为“225.0,288.0”;将“交叉叠化”视频转场拖放到该素材的开头处。新建字幕“亲”,输入汉字“亲”,“字体”设置为“方正卡通”,“字体大小”为 100.0,颜色为粉

红色;新建字幕“我的宝贝”,输入竖排汉字“我的宝贝”,“字体”设置为“方正大黑”,“字体大小”为60.0,“颜色”为粉红色。新建3条视频轨道,将字幕“亲”拖放到“视频6”轨道的第4秒10帧处,“位置”设置为“608.0,278.0”;再次拖放字幕“亲”到“视频5”轨道的第4秒20帧处,“位置”设置为“693.0,372.0”;拖放字幕“我的宝贝”到“视频4”轨道的第5秒处,“位置”设置为“586.0,290.0”,“透明度”为70.0%。字幕的长度均延长到15秒。至此,“片头”序列制作完成,“时间线”面板如图9-31所示,“节目”预览面板如图9-32所示。

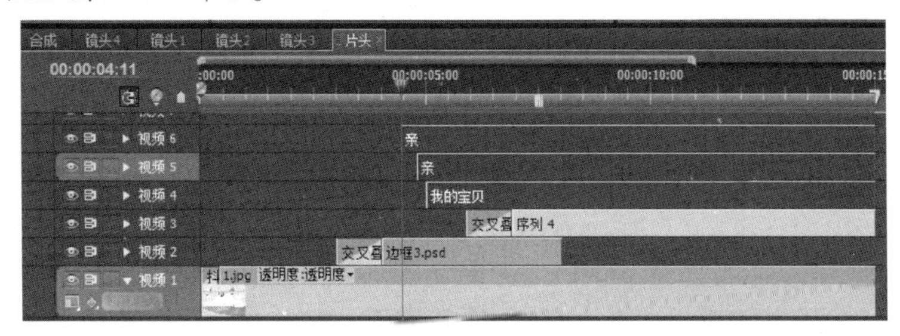

图9-31　完成后的“片头”时间线效果

图9-32　不同时间位置的“片头”节目预览效果

⑧ 新建序列“序列5”,长度设置为10秒。将“图片素材”文件夹中的“边框3.psd”拖放到“视频1”轨道上,将“照片”文件夹中的“竖photo-04.psd”和“竖photo-02.psd”拖放到“视频2”轨道上,在两个照片素材之间添加“划像”选项中的“星形划像”视频转场,参数设置如图9-33所示。将“蒙版素材”文件夹中的“边框1蒙版.tga”拖放到“视频3”轨道上,“缩放比例”设置为170.0。为“视频2”轨道中的两个素材添加“键控”选项中的“轨道遮罩键”视频特效,参数设置如图9-34所示。

⑨ 新建序列“镜头1”,长度设置为11秒。将“图片素材”文件夹中的“2.jpg”拖放到“视频1”轨道中,在第0帧处单击“缩放比例”前的“切换动画”按钮添加关键帧,“缩放比例”设置为400.0;在第10秒20帧处,“缩入比例”设置为100。将“序列5”拖放到“视频2”轨道中,在第0帧和第4秒处分别添加“位置”和“缩放比例”关键帧,参数设置如图9-35、图9-36所示;在第3秒、第6秒和第9秒处添加“旋转”关键帧,参数分别为0.0°、-18.0°和0.0°。将“SUN0000.TGA”素材拖放到“视频3”轨道的第8秒17帧处,调整“位置”、“定位点”和“缩放比例”参数,并添加“变换”选项中的“水平翻转”视频特效,其参数设置和“节目”面板如图9-37所示;复制“视频3”轨道上的素材“SUN0000.TGA”粘贴到“视频3”轨道的第9秒21帧处,至此完成“镜头1”的制作。

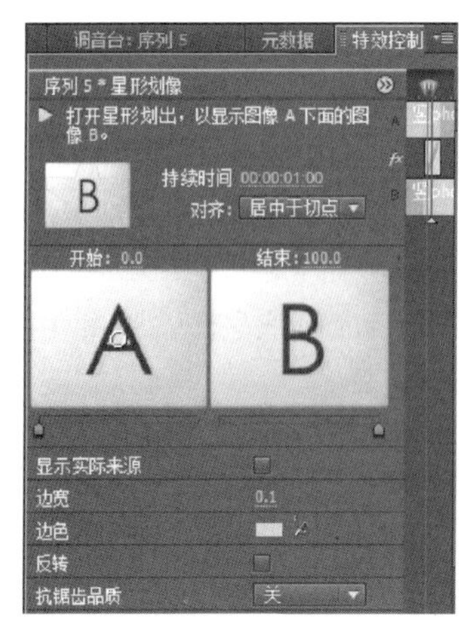

图 9-33 “星形划像”参数设置

图 9-34 “轨道遮罩键”参数设置

图 9-35 第 0 帧处“位置”和“缩放比例”参数

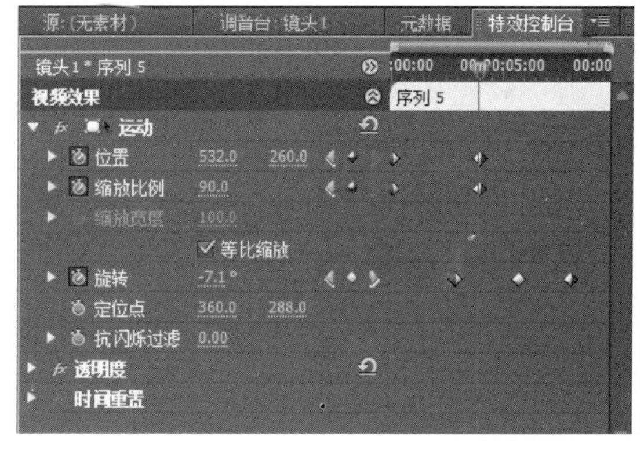

图 9-36 第 4 秒处“位置”和“缩放比例”参数

图 9-37 “SUN0000. TGA”素材位置、缩放、定位点参数设置及节目预览效果

⑩ 新建序列“镜头 2”，长度设置为 5 秒。将“图片素材”文件夹中的“5. jpg”拖放到“视频 1”轨道上，将“照片”文件夹中的“竖 photo-03. psd”拖放到“视频 2”轨道上，添加“3D 运动”选项中的“摆入”视频转场效果到该素材的开头处。将素材“月亮 0000. TGA”拖放到“视频 3”轨道上，调整“速度”参数如图 9-38 所示，使素材的播放长度延

长为 5 秒；调整“缩放比例”为 220.0。根据“视频 3”素材的运动位置，调整“视频 2”素材的位置关键帧，第 1 秒处参数为“235.8,288.0”，第 2 秒 10 帧处参数为“519.7,288.0”，第 3 秒 20 帧处参数为“790.0,288.0”，第 5 秒处参数为“900.0,288.0”；至此完成“镜头 2”的制作，效果如图 9-39 所示。

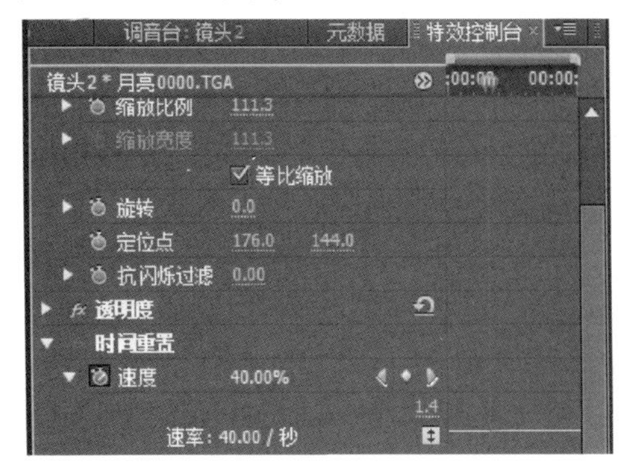

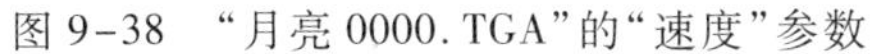

图 9-38 “月亮 0000.TGA”的“速度”参数

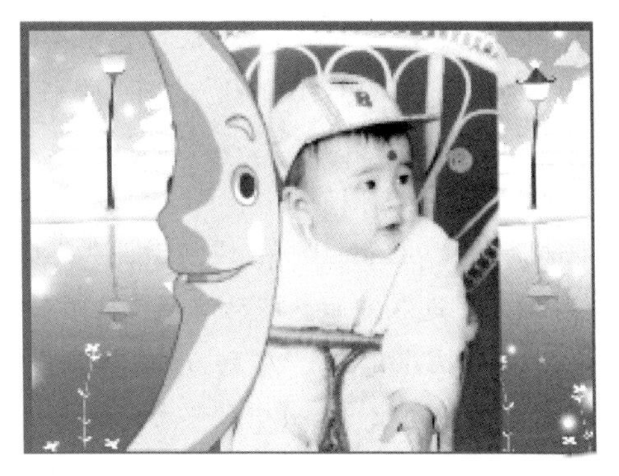

图 9-39 “镜头 2”效果预览

⑪ 新建序列“镜头 3”，长度设置为 16 秒。将“图片素材”文件夹中的“5.jpg”拖放到“视频 1”轨道上，长度设置为 2 秒；将“照片”文件夹中的“横 photo-01.psd”、“横 photo-02.psd”、“横 photo-03.psd”拖放到“视频 1”轨道上第 2 秒处；添加“叠化”选项中的“抖动溶解”视频转场效果到各素材交接处。将“图片素材”文件夹中的“军船.psd”拖放到“视频 2”轨道上，长度设置为 16 秒，调整“缩放比例”关键帧，第 0 帧处“缩放比例”设置为 400.0，第 2 秒处设置为 205.0。将素材“鱼.tga”拖放到“视频 3”轨道上第 5 秒处，调整“缩放比例”为 200.0；添加“位置”关键帧，第 5 秒处“位置”设置为“895.0,400.0”，第 9 秒 20 帧处“位置”设置为“-180.0,400.0”。添加一条新的视频轨道，将“图片素材”文件夹中的“彩虹.psd”拖放到“视频 4”轨道上第 10 秒处，为“彩虹.psd”添加“键控”选项中的“4 点无用信号遮罩”视频特效，在第 10 秒和第 11 秒处添加“上右”和“下右”关键帧，参数设置如图 9-40 和图 9-41 所示。将“图片素材”文件

4 点无用信号遮罩		
上左	0.0	0.0
上右	14.3	87.1
下右	37.7	199.3
下左	-2.5	199.3

图 9-40 第 10 秒处关键帧参数设置

4 点无用信号遮罩		
上左	0.0	0.0
上右	352.0	0.0
下右	361.2	202.6
下左	-2.5	199.3

图 9-41 第 14 秒处关键帧参数设置

夹中的“星星.psd”拖放到“视频3”轨道上的第14秒处，长度设置为2秒，添加“缩放比例”关键帧，在第14秒处“缩放比例”设置为50.0，在第15秒20帧处“缩放比例”设置为150.0，至此完成“镜头3”的制作。

⑫ 新建序列“序列6”，长度设置为10秒。将“图片素材”文件夹中的“月亮.psd”拖放到“视频1”轨道上，“缩放比例”调整为160.0，“位置”设置为“379.0，196.0”，“定位点”设置为“176.0，144.0”。将“蒙版素材”文件夹中的“月亮蒙版.psd”拖放到“视频2”轨道上；将“键控”选项中的“轨道遮罩键”视频特效添加到“视频1”轨道的素材上，参数设置如图9-42所示。新建序列“序列7”，将“照片”文件夹中的“横photo-02.psd”、“横photo-03.psd”拖放到“视频1”轨道上，总长度为10秒，在两段素材中间添加“叠化”选项中的“抖动溶解”视频转场效果。新建序列“序列8”，将“序列7”拖放到“视频1”轨道上，将“序列6”拖放到“视频2”和“视频3”轨道上；为“视频1”轨道中的素材添加“键控”选项中的“轨道遮罩键”视频特效，参数设置如图9-43所示；为“视频3”轨道的素材设置“透明度”关键帧，第4秒处“透明度”设置为10.0%，第5秒处“透明度”设置为100.0%，第7秒处“透明度”设置为100.0%，第8秒处“透明度”设置为0.0%。

图9-42 “月亮.psd”的“轨道遮罩键”参数设置及预览效果

⑬ 新建序列“序列9”，长度设置为5秒。将“图片素材”文件夹中的“车上小屋.psd”拖放到“视频1”轨道上。将“蒙版素材”文件夹中的“车上小屋遮罩蒙版.psd”拖放到“视频2”轨道上。添加“键控”选项中的“轨道遮罩键”视频特效到“视频1”轨道的素材上，参数设置如图9-44所示。新建序列“序列10”，将“照片”文件夹中的“横photo-01.psd”拖放到“视频1”轨道上；将“车上小屋遮罩蒙版.psd”拖放到“视频2”轨道上；将“序列9”拖放到“视频3”轨道上。设置“视频2”、“视频3”轨道素材的“缩放比例”均为200.0。添加“键控”选项中的“轨道遮罩键”视频转场效果到“视频1”轨道的素材上，参数设置及效果如图9-45所示。

⑭ 新建序列“序列11”；打开“序列10”，选择所有轨道上的素材，按Ctrl+C快捷键复制；打开“序列11”，把时间指针移动到第0帧处，按Ctrl+V快捷键粘贴，然后按住Alt键拖动素材“横photo-02.psd”到“视频1”轨道中的“横photo-01.psd”上，将“视频1”轨道中的“横photo-01.psd”替换为“横photo-02.psd”，节目预览效果如图9-46所示。同法，新建序列“序列12”，用素材“横photo-03.psd”替换“横photo-01.psd”。

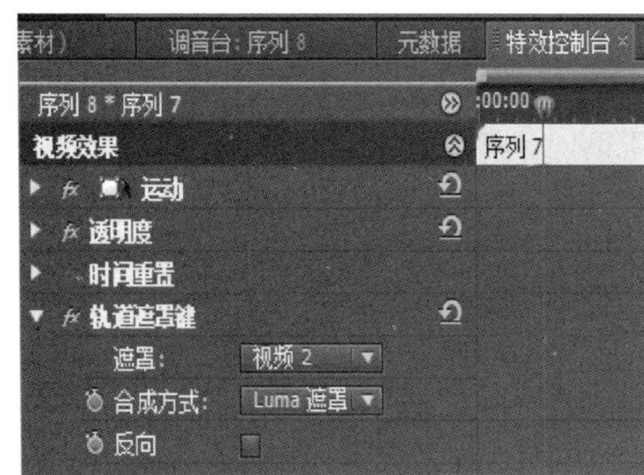

图 9-43 “序列 7”的“轨道遮罩键”参数设置

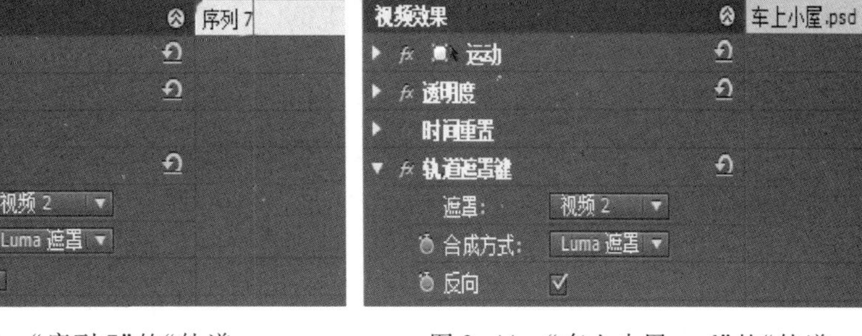

图 9-44 “车上小屋.psd”的“轨道遮罩键”参数设置

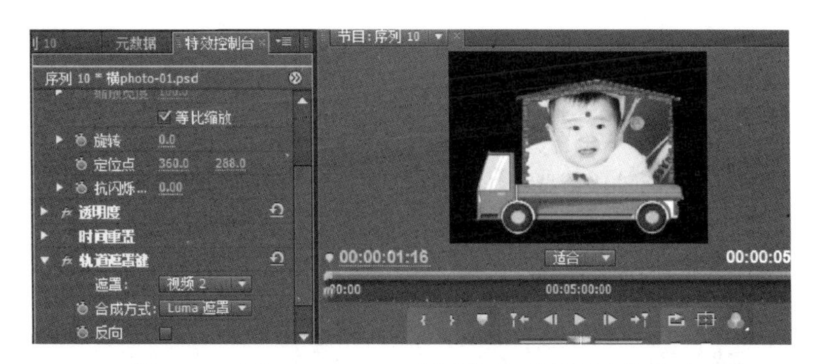

图 9-45 “横 photo-01.psd”的“轨道遮罩键”参数设置

图 9-46 “序列 11”节目预览效果

图 9-47 “快门蒙版.tga”参数设置

提示：替换素材的方法：按住 Alt 键，拖动新素材到原素材上即可把原素材替换，原素材的属性仍然保留。使用这种方法可大大提高工作效率。

⑮ 新建序列“序列 13”，长度设置为 6 秒。将“照片”文件夹中的“竖 photo-01.psd”、“竖 photo-02.psd”、“竖 photo-04.psd”拖放到“视频 1”轨道上；在“竖 photo-01.psd”和“竖 photo-02.psd”之间以及“竖 photo-02.psd”和“竖 photo-04.psd”之间添加“叠化”选项中的“抖动叠化”视频转场效果。将“蒙版素材”文件夹中的“快门蒙版.tga”拖放到“视频 2”轨道上，调整“位置”和“缩放比例”参数如图 9-47 所示。添加

“键控”选项中的“轨道遮罩键”视频特效到“视频 1”轨道的素材“竖 photo-01. psd”上，参数设置如图 9-48 所示；复制“轨道遮罩键”视频特效到素材“竖 photo-02. psd”和“竖 photo-04. psd”上。将素材文件夹中的“快门 0001. tga”施放到“视频 3”轨道中，调整“位置”和“缩放比例”参数如图 9-49 所示；将“快门 0001. tga”复制，分别粘贴到“视频 3”轨道的第 2 秒和第 4 秒处。“序列 13”完成后的“时间线”面板如图 9-50 所示。

图 9-48 “竖 photo-01. psd”轨道遮罩键参数设置

图 9-49 “快门 0001. tga”参数设置

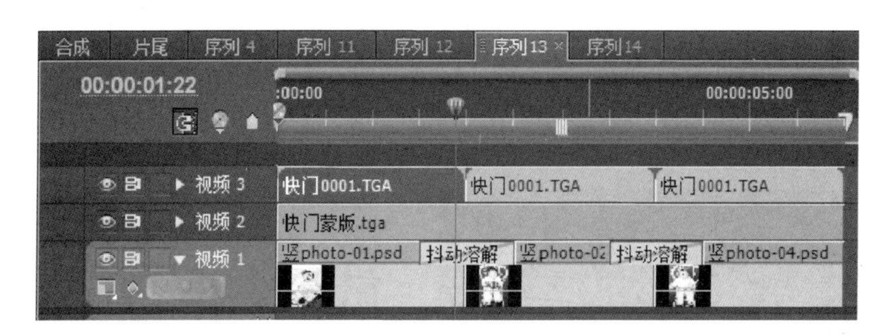

图 9-50 “序列 13”完成后时间线效果图

⑯ 新建序列“序列 14”；打开“序列 13”，选择所有轨道上的素材，按 Ctrl+C 快捷键复制；打开“序列 14”，把时间指针移动到第 0 帧处，按 Ctrl+V 快捷键粘贴，然后按住 Alt 键拖动素材进行替换调整，“时间线”面板如图 9-51 所示。

图 9-51 “序列 14”完成后时间线效果

⑰ 新建序列“镜头 4”，长度设置为 46 秒。将“视频素材”文件夹中的“月色星空.avi”拖放到“视频 1”轨道上。将“图片素材”文件夹中的“小气球.tga”拖放到“视频 2”轨道的开始处，添加“位置”关键帧，第 0 帧处“位置”设置为“150.0,728.0”，第 1 秒处“位置”设置为“156.0,157.0”，第 4 秒第 10 帧处“位置”设置为“700.0,-140.0”。复制“视频 2”轨道上的素材“小气球.tga”，分别粘贴到“视频 2”轨道的第 5 秒处、第 10 秒处，展开其“运动”属性，将“位置”关键帧的第 1 个和第 3 个关键帧互换，实现后面两个气球的反向运动效果。将“序列 8”拖放到“视频 3”轨道上，调整“位置”关键帧，第 5 秒处“位置”设置为“220.0,430.0”，第 8 秒处“位置”设置为“360.0,288.0”，第 12 秒处“位置”设置为“490.0,275.0”。将“序列 10”拖放到“视频 3”轨道上第 13 秒处，添加“位置”关键帧，第 13 秒“位置”设置为“1000.0,288.0”，第 17 秒第 20 帧“位置”设置为“-286.0,288.0”。复制“视频 3”轨道上的素材“序列 10”，分别粘贴到“视频 3”轨道上的第 18 秒和第 23 秒处；按住 Alt 键，拖动“序列 11”替换第 8 秒处的“序列 10”，拖动“序列 12”替换第 13 秒处的“序列 10”。此时“时间线”面板如图 9-52 所示。

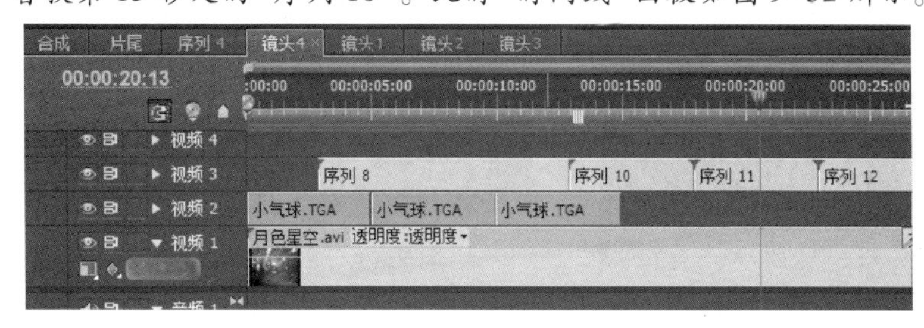

图 9-52 “镜头 4”前 25 秒的时间线设置

将“照片”文件夹中的素材“横 photo-05.psd”拖放到“视频 1”轨道中第 26 秒 15 帧处，长度拖长到第 34 秒 10 帧，“缩放比例”参数设置为 90.0，添加“旋转”关键帧，第 28 秒、29 秒、30 秒、31 秒、32 秒处的“旋转”参数分别设置为 0.0、13.0、0.0、13.0、0.0；添加“缩放”选项中的“交叉缩放”视频转场到该素材与“月色星空.avi”交接处。将“图像素材”文件夹中的“树草地.psd”拖放到“视频 2”轨道中第 26 秒 15 帧处，长度拖长到第 34 秒 10 帧，添加“位置”和“缩放比例”关键帧，第 26 秒 15 帧参数设置如图 9-53 所示，第 27 秒 10 帧参数设置如图 9-54 所示。

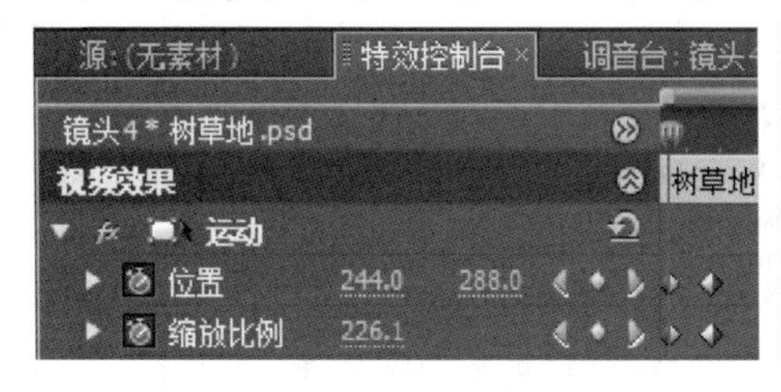

图 9-53 第 26 秒第 25 帧参数设置

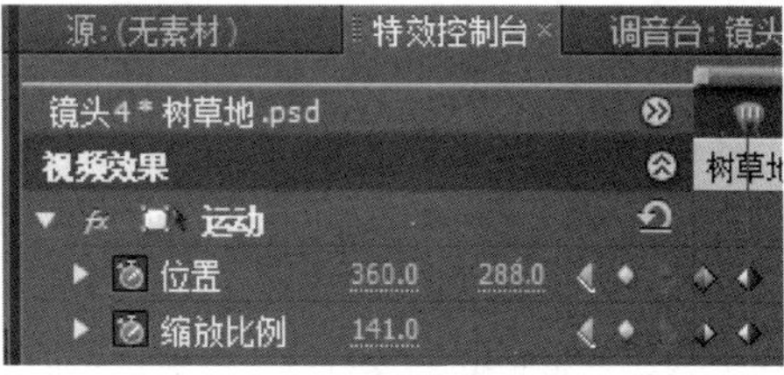

图 9-54 第 27 秒第 10 帧参数设置

将“图片素材”文件夹中的“4.jpg”拖放到“视频 1”轨道的第 34 秒 10 帧处，添加“缩放比例”关键帧，第 34 秒第 11 帧参数设置为 180.0，第 40 秒参数设置为 100.0；在素材“横 photo-05.psd”和“4.jpg”之间添加“缩放”选项中的“交叉缩放”视频转场效果。将“视频素材”文件夹中的“飞雪.avi”拖放到“视频 2”轨道上的第 34 秒 10 帧处，

“缩放比例”和“混合模式”参数设置如图 9-55 所示；复制该素材，分别粘贴到“视频 2”轨道上的第 39 秒第 6 帧处和第 44 秒处。将“序列 13”拖放到“视频 3”轨道上的第 35 秒处，添加“位置”关键帧，第 35 秒“位置”设置为“-128.0,788.0”，第 38 秒“位置”设置为“348.0,332.0”，第 40 秒“位置”设置为“860.0,652.0”；节目预览效果如图 9-56 所示。复制“视频 3”轨道上的“序列 13”，粘贴到“视频 4”轨道的第 38 秒处和“视频 5”轨道的第 40 秒处。按住 Alt 键，拖动“序列 14”到“视频 4”轨道上，将“序列 13”替换。将“视频 1”和“视频 2”的素材截取到第 46 秒，至此完成“镜头 4”的制作，时间线效果如图 9-57 所示。

图 9-55 “飞雪.avi”参数设置

图 9-56 第 37 秒处节目预览效果

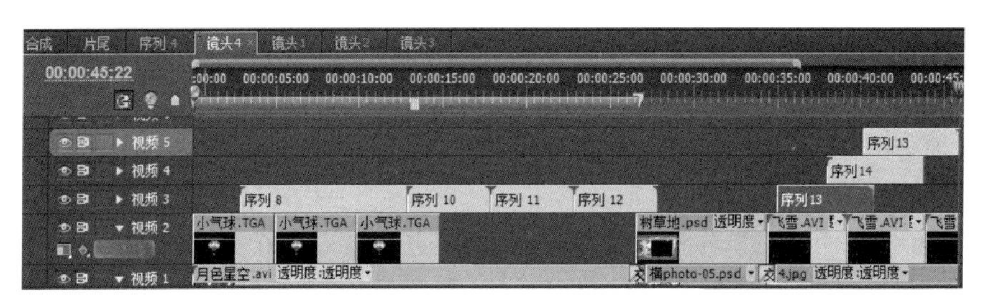

图 9-57 “镜头 4”的时间线序列窗口

⑱ 新建序列“片尾”，长度设置为 7 秒。将“图像素材”文件夹中的“8.jpg”拖放到“视频 1”轨道中，添加“位置”和“缩放比例”关键帧，第 0 帧参数设置如图 9-58 所示，第 4 秒参数设置如图 9-59 所示。将“序列 4”拖放到“视频 2”轨道的开始处，添加“位置”关键帧，第 0 帧处“位置”设置为“-108.0,-119.0”，第 4 秒 12 帧处“位置”设置为“555.0,32.0”。将字幕“亲”拖放到“视频 3”轨道第 3 秒处，“位置”设置为“415.0,301.0”。将字幕“亲”拖放到“视频 4”轨道第 3 秒 15 帧处，“位置”设置为“327.0,387.0”。将字幕“我的宝贝”拖放到“视频 4”轨道第 4 秒 10 帧处，“位置”设置为“438.0,322.0”。

⑲ 新建序列“合成”，长度设置为 1 分 40 秒。将序列“片头”、“镜头 1”、“镜头 2”、“镜头 3”、“镜头 4”、“片尾”依次拖放到“视频 1”轨道上并顺序相接，在“片头”和“镜头 1”之间、“镜头 4”和“片尾”之间添加“叠化”选项中的“交叉叠化”视频转场。按住 Alt 键选择“音频 1”轨道上的所有音频，按 Delete 键删除。将“音乐”文件夹中的“亲亲

我的宝贝.mp3”拖放到“音频 1”轨道上;为声音素材的结尾添加“级别”关键帧,设置淡出效果,第 1 分 33 秒处参数为 0 dB,第 1 分 40 秒参数为-23 dB。“时间线”面板如图 9-60所示。

图 9-58 “8.jpg”第 0 帧处位置和缩放比例参数

图 9-59 “8.jpg”第 4 秒处位置和缩放比例参数

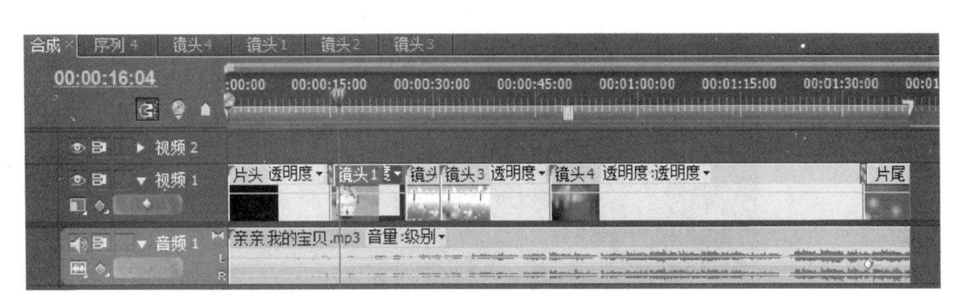

图 9-60 序列“合成”导入素材后的时间线效果

提示:解除视音频链接的方法:按住 Alt 键单击,即可单独选择视频或音频。

⑳ 新建歌词字幕。选择菜单“字幕→新建字幕→默认静态字幕”命令,新建“亲亲我的宝贝”字幕。在“字幕”面板中,输入“亲亲我的宝贝”,字体选择 FZDaHei-B02S,字体大小为 48.0,颜色为白色,其“字幕属性”面板如图 9-61 所示。使用“基于当前字幕新建”按钮,分别建立“我要越过高山”、“寻找那已失踪的太阳”、“寻找那已失踪的月亮”等歌词字幕。

提示:制作其他字幕时不要改变位置及属性,用新文字覆盖原来的文字即可,方便下面的操作。

㉑ 字幕与视频、声音的合成。播放声音,对照播放的歌词位置,将歌词字幕依次拖放到“视频 2”轨道对应的时间位置。在每句歌词字幕之间添加“擦除”选项中的“擦除”视频转场效果,“对齐方式”均设置为“开始于切点”,如图 9-62 所示。添加字幕及转场后的“时间线”面板如图 9-63 所示。

㉒ 保存项目,导出媒体。完成后的播放效果如图 9-25 所示。

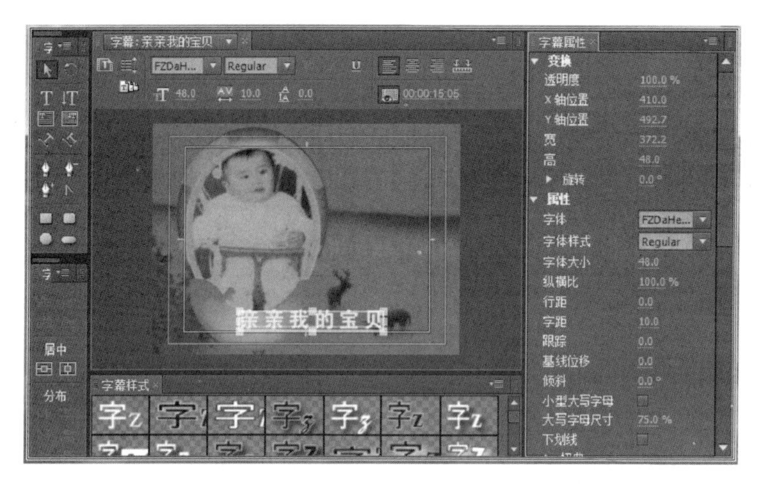

图 9-61 “亲亲我的宝贝”字幕窗口

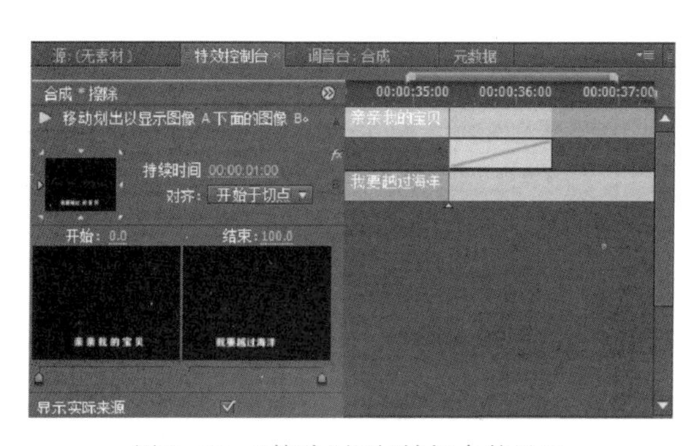

图 9-62 “擦除”视频转场参数设置

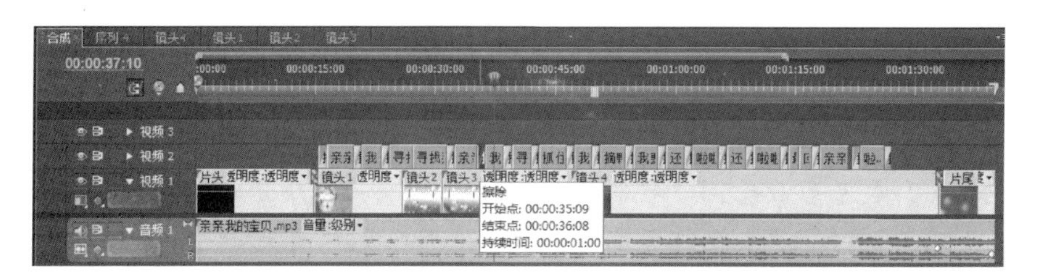

图 9-63 序列“合成”添加字幕后的时间线效果

案例 21 “关爱地球”——公益广告制作

案例描述

本案例通过综合应用运动效果、视频转场、视频特效、字幕和音频处理等功能，设计制作“关爱地球”公益广告，最终效果如图 9-64 所示。

图 9-64 “关爱地球”片头效果图

案例分析

① 本案例首先设置相关参数，导入相关素材，创建字幕素材。

② 通过设置关键帧、运动效果，使用“交叉叠化”和“擦除”视频转场，以及“黑白”、“色彩平衡(RGB)”、“色彩平衡(HLS)”、“色彩均化”、“亮度与对比度”、“分色”、“亮度校正”、“亮度曲线”、“灰度系数(Gamma)校正”和“亮度键”等视频特效制作各分镜头。

③ 最后组合各分镜头、添加处理背景音乐，添加设置字幕，从而完成本案例的制作。

操作步骤

① 新建名称为“关爱地球”的项目，选择“DV-PAL→标准 48 kHz”模式，同时创建名称为“合成”的序列。

② 选择“编辑→首选项→常规”菜单命令，在弹出的“首选项”对话框中设置“静帧图像默认持续时间”为100 帧(4 s)，然后单击“确定”按钮。

③ 双击“项目”面板，打开“导入”对话框，分别将“视频”、“音频”和“图片”文件夹导入到“项目”面板中，导入素材后的“项目”面板如图 9-65 所示。

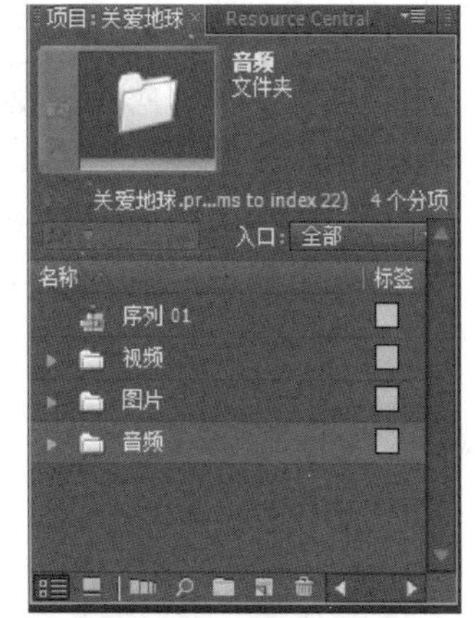

图 9-65 导入素材后的“项目”面板

④ 单击“项目”面板底部的“新建文件夹”按钮，新建名为“字幕”的文件夹。单击“字幕”的文件夹前的小三角，将其展开，然后单击“项目”面板底部的“新建分项”按钮，选择“字幕”命令，新建名为“我们的家园是这样的……”字幕，在“字幕属性”面板中设置“字体”为 Adobe Kaiti Std，“字体大小”为 40.0，并设置其“垂直

居中”和“水平居中”，如图 9-66 所示。

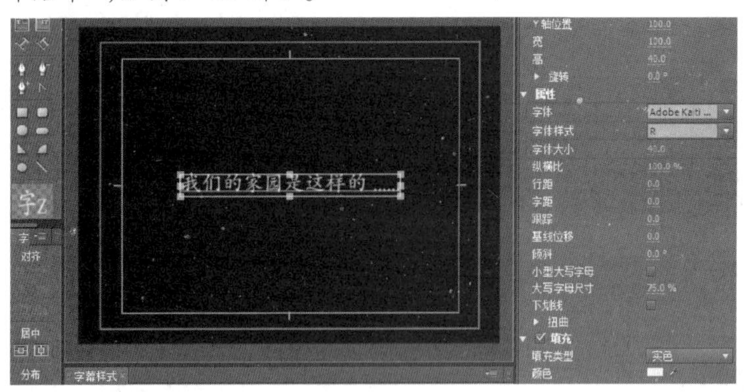

图 9-66 “我们的家园是这样的……”字幕设置及效果

⑤ 使用“基于当前字幕新建”按钮，再新建“然而……”、“所以，我们正承受着……”、“希望每个人都能……”、“地震”、“洪水”、“沙尘”、“雪灾”、“干旱”和“气候变暖”字幕，设置所有字幕“垂直居中”和“水平居中”，新建字幕后的“项目”面板如图 9-67 所示。

⑥ 单击“项目”面板底部的“新建分项”按钮，在出现的快捷菜单中选择“序列”，在弹出的对话框中的“序列名称”文本框中输入“镜头一”。将“项目”面板上的“我们的家园是这样的……”字幕拖放到“视频 1”轨道上。设置其在入点处的“缩放比例”为 100.0，“透明度”为 0.0%；在 00:00:00:24 处，“透明度”设置为 100.0%；在 00:00:02:24 处“缩放比例”设置为 140.0，“透明度”设置为 100.0%；在 00:00:03:24 处，“透明度”设置为 0.0%，如图 9-68 所示。

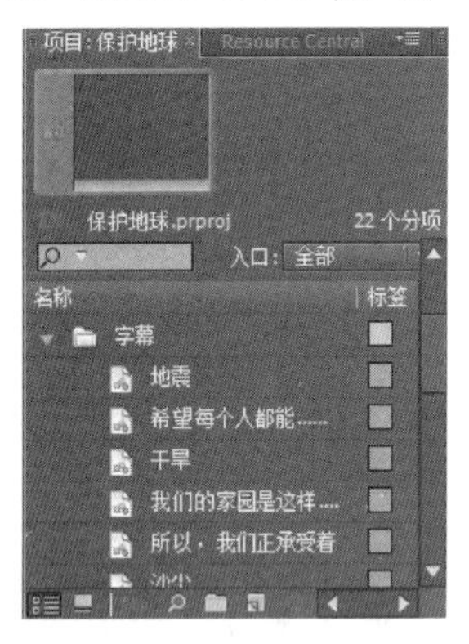

图 9-67 新建字幕后的“项目”面板

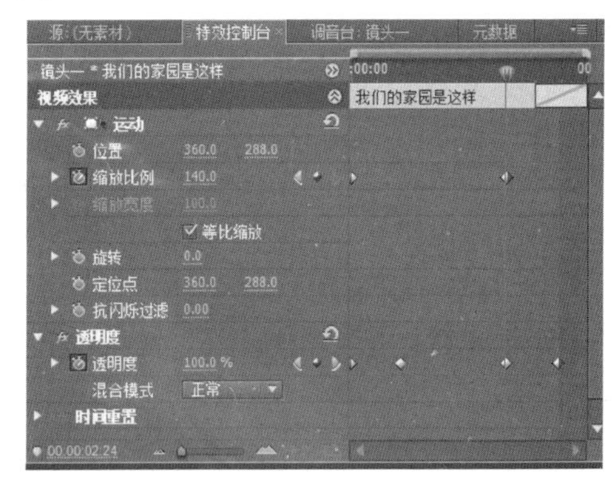

图 9-68 “我们的家园是这样的……”字幕的设置

⑦ 在“项目”面板上选中“图片”文件夹中的“t1. jpg” ~ “t10. jpg”，将其拖放到“我们的家园是这样的……”字幕的后面。双击“视频”文件夹中的“阳光落瀑. wmv”素材，在“源”面板打开该素材，设置入点为 00:00:00:00，出点为 00:00:03:24，把时间指针移动到 00:00:36:00 处，单击“源”面板的“插入”按钮，将其插入到“t8. jpg”和“t9. jpg”素材之间。把“视频”文件夹中的“鹤飞翔”视频拖放到“t10. jpg”图片的后面，使用“剃刀

工具”在 00:00:52:00 处切开，删除后面的视频片段，设置“缩放比例”为 120.0。为每个素材之间添加“交叉叠化”转场，“镜头一”序列如图 9-69 所示。

图 9-69　添加图片和视频素材后的“镜头一”序列

⑧ 选中“t1.jpg”素材，在“特效控制台”面板中，单击“运动”选项前面的三角折叠按钮，展开“运动”选项的参数，单击“缩放比例”前面的“切换动画”按钮，设置在 00:00:04:00 处为 130.0，在 00:00:07:24 处为 100.0。选中“t2.jpg”素材，单击“缩放比例”前面的“切换动画”按钮，设置在 00:00:08:00 处为 100.0，在 00:00:11:24 处为 130.0。将设置的“t1.jpg”素材的关键帧复制粘贴到“t3.jpg”、“t5.jpg”和“t7.jpg”和“阳光落瀑.wmv”素材上。将设置的“t2.jpg”素材的关键帧复制粘贴到“t4.jpg”、“t6.jpg”和“t8.jpg”素材上。

⑨ 选中“t9.jpg”素材，设置“缩放比例”为 150.0；在 00:00:40:00 处设置“位置”为“20.0,288.0”，在 00:00:43:24 处设置“位置”为“560.0,288.0”。选中“t10.jpg”素材，在 00:00:44:00 处设置“位置”为“385.0,288.0”，在 00:00:47:24 处设置“位置”为“235.0,288.0”。设置“鹤飞翔”素材的“缩放比例”为 120.0。

⑩ 新建名称为“镜头二”的序列，把“然而……”字幕拖放到“视频 1”轨道上。将“镜头一”中“我们的家园是这样的……”字幕设置的关键帧复制粘贴到“然而……”字幕上。将“图片”文件夹中的“t11.jpg”~“t20.jpg”拖放到“然而……”字幕的后面，设置“t11.jpg”~“t20.jpg”各图片的持续时间均设置为 2 秒。将“音频”文件夹中的“快门声”分别拖放到 4、6、8、10、12、14、16、18、20 和 22 秒处，即每个图片的入点处。“镜头二”序列如图 9-70 所示。

图 9-70　添加图片和音频素材后的“镜头二”序列

⑪ 为素材“t11.jpg”添加“风格化”组中的“闪光灯”视频特效，在“特效控制台”面板中设置“闪光灯”下的“与原始图像混合”视频特效在 00:00:04:00 和 00:00:04:20

均为100.0%，在00:00:04:10为0.0%，如图9-71所示。将设置好的“闪光灯”视频特效复制粘贴到“t12.jpg”~“t20.jpg”上。

图9-71　设置“闪光灯”视频特效

⑫ 为素材“t11.jpg”添加“图像控制”组中的“黑白”视频特效。为素材“t12.jpg”添加“图像控制”组中的“色彩平衡(RGB)”视频特效，在“特效控制台”面板中设置“色彩平衡(RGB)”下的“红色”为132，“绿色”为90，“蓝色”为133，设置及效果如图9-72所示。

⑬ 为素材“t13.jpg”添加“色彩校正”组中的“色彩平衡(HLS)”视频特效，在“特效控制台”面板中设置“色彩平衡(HLS)”下的“色相”为-16.0°，“明度”为0.0，“饱和度”为0.0，设置及效果如图9-73所示。

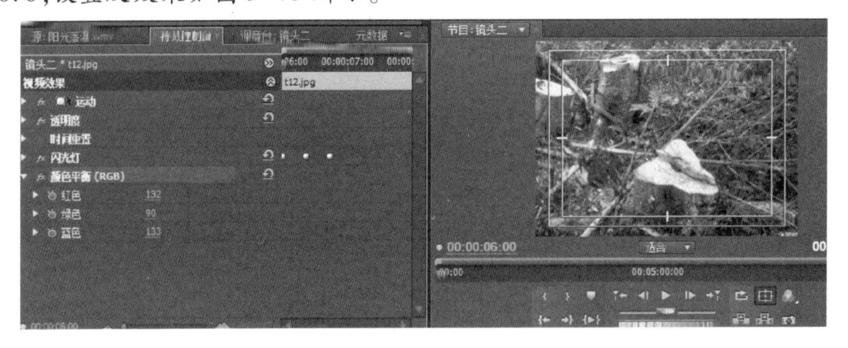

图9-72　设置“色彩平衡(RGB)”特效及效果

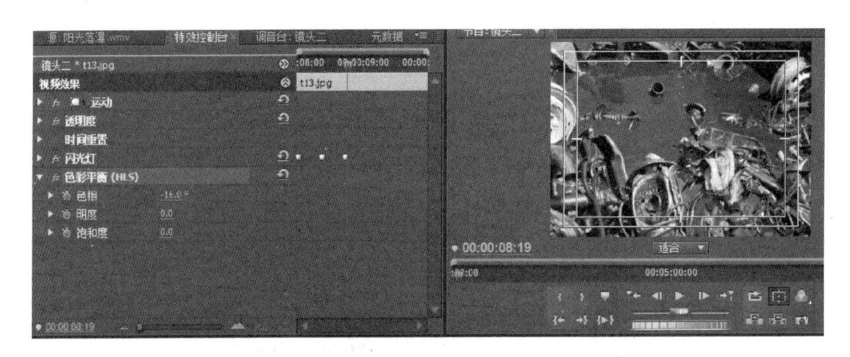

图9-73　设置“色彩平衡(HLS)”特效及效果

⑭ 为素材“t14.jpg”添加“色彩校正”组中的“色彩均化”视频特效，在“特效控制台”面板中设置“色彩均化”下的“色调均化量”为64.0%，设置及效果如图9-74所示。

⑮ 为素材“t15.jpg”添加“色彩校正”组中的“亮度与对比度”视频特效，在“特效控制台”面板中设置“亮度与对比度”下的“亮度”为-60.0，设置及效果如图9-75所示。

⑯ 为素材“t16.jpg”添加“色彩校正”组中的“分色”视频特效，在“特效控制台”面板中设置“亮度与对比度”下的“脱色量”为75.0%，“要保留的颜色”的“R:19，G:24，B:20”，设置及效果如图9-76所示。

⑰ 为素材“t17.jpg”添加“色彩校正”组中的“亮度校正”视频特效，在“特效控制

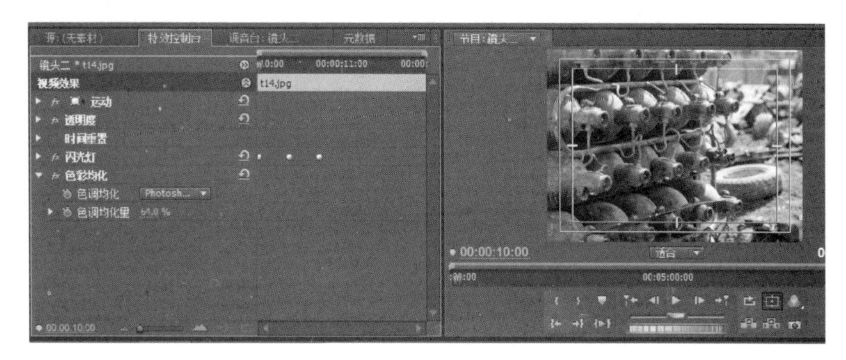

图 9-74　设置“色彩平衡(HLS)”特效及效果

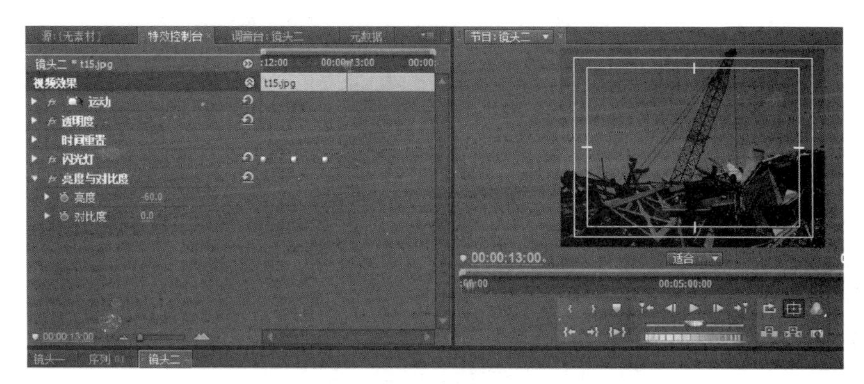

图 9-75　设置“亮度与对比度”特效及效果

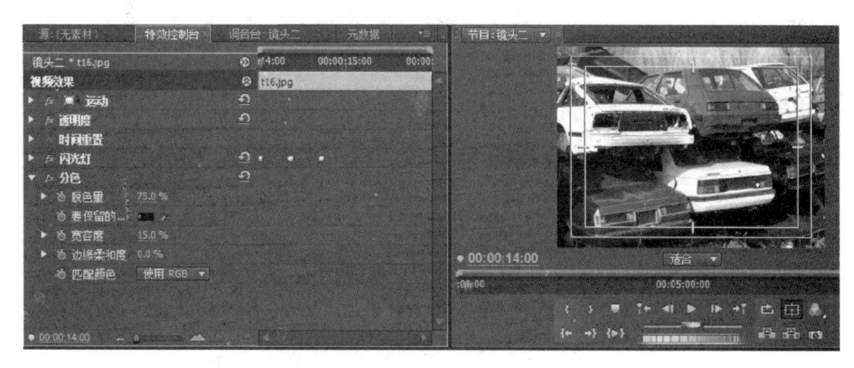

图 9-76　设置“分色”特效及效果

台”面板中设置“亮度校正”下的“亮度”为 29.00,“对比度”为 20.00,“对比度等级”为 1.00,“Gamma”为 1.50,设置及效果如图 9-77 所示。

⑱ 为素材“t18.jpg”添加“色彩校正”组中的“亮度曲线”视频特效,设置及效果如图 9-78 所示。

⑲ 为素材“t19.jpg”添加“色彩校正”组中的“亮度与对比度”视频特效,在“特效控制台”面板中设置“亮度与对比度”下的“亮度”为-68.0,“对比度”为 12.0,设置及效果如图 9-79 所示。

⑳ 为素材“t20.jpg”添加“图像控制”组中的“灰度系数(Gamma)校正”视频特效,在“特效控制台”面板中设置“灰度系数(Gamma)校正”下的“灰度系数(Gamma)”为

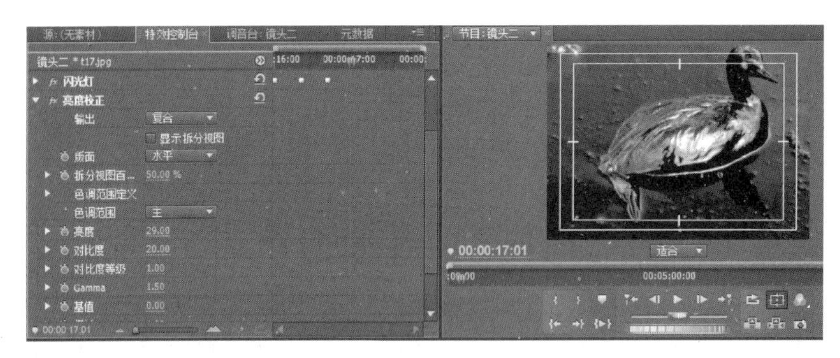

图 9-77　设置"亮度校正"特效及效果

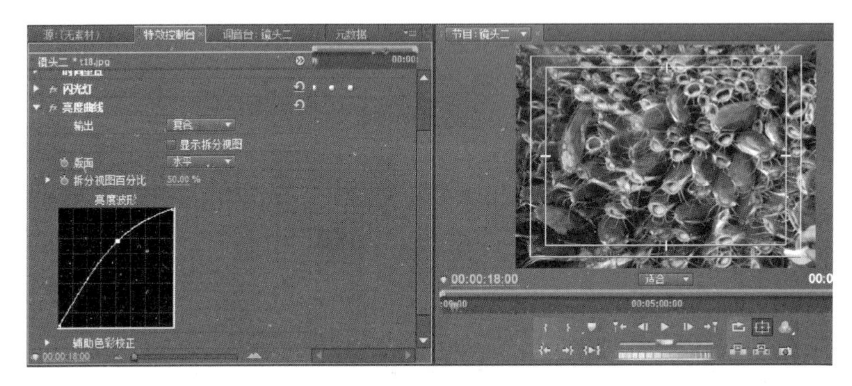

图 9-78　设置"亮度曲线"特效及效果

图 9-79　设置"亮度与对比度"特效及效果

16,设置及效果如图 9-80 所示。

㉑ 在"项目"面板上右击"镜头一"序列,在弹出的快捷菜单中选择"副本"命令,在"项目"面板上会新建一个"镜头一副本"序列,将"镜头一副本"序列改名为"镜头三"。按住 Alt 键的同时拖动"项目"面板上字幕文件夹中的"所以,我们正承受着……"素材到"镜头三"序列"视频 1"轨道上的"我们的家园是这样的……"素材上,选中"图片"文件夹中的"t21.jpg"文字素材,右击"t1.jpg"素材,在弹出的快捷菜单中选择"素材替换→从文件夹"命令,使用此种方法依次将"t2.jpg"替换为"t22.jpg","t3.jpg"替换为"t23.jpg","t4.jpg"替换为"t24.jpg","t5.jpg"替换为"t25.jpg","t6.jpg"替换为"t26.jpg","t7.jpg"替换为"t27.jpg","t8.jpg"替换为"t28.jpg","阳光落瀑.wmv"替换

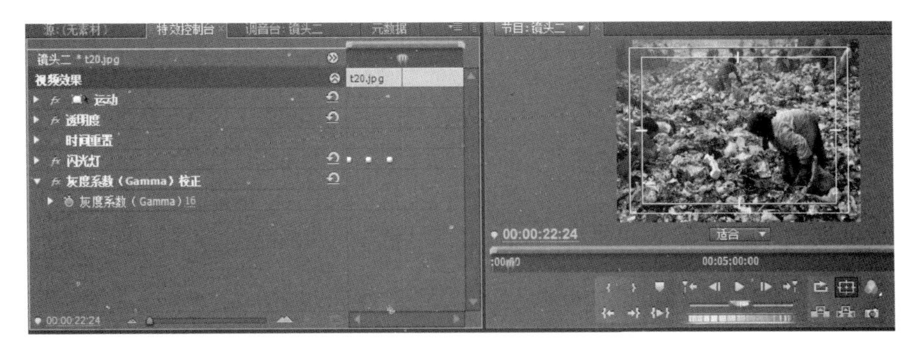

图 9-80　设置“灰度系数(Gamma)校正”特效及效果

为“t29.jpg”，“t9.jpg”替换为“t30.jpg”，“t10.jpg”替换为“t31.jpg”，“鹤飞翔”替换为“t32.jpg”，替换后的“镜头三”序列效果如图 9-81 所示。

图 9-81　“镜头三”序列

㉒ 将素材“t31.jpg”的“缩放比例”设置为 130.0。设置素材“t32.jpg”的“缩放比例”，在 00:00:48:00 处为 100.0，在 00:00:51:24 为 130.0。

㉓ 新建名称为“镜头四”的序列，将“希望每个人都能……”字幕拖放到“视频 1”轨道上。将“镜头一”中“我们的家园是这样的……”字幕的关键帧复制粘贴到“希望每个人都能……”字幕上。把“hand”素材拖放到“希望每个人都能……”字幕的后面，更改持续时间为 5 秒，“位置”设置为“350.0,435.0”，“缩放比例”设置为 70.0，在入点处添加“擦除”转场，出点处添加“交叉叠化”转场。选中“擦除”转场，在“特效控制台”面板中设置“持续时间”为 2 秒，设置“从南到北”的擦除效果，如图 9-82 所示。

㉔ 把时间指针移动到 00:00:04:00 处，将“项目”面板上“视频”文件夹中的“地球”拖放到“视频 2”轨道上，解除视音频链接，删除音频部分；使用“剃刀工具”在 00:00:09:00 处剪切，删除后一段视频；在其入点和出点处都添加“交叉叠化”转场，选中入点处的“交叉叠化”转场，在“特效控制台”面板中设置“持续时间”为 2 秒。“镜头四”序列如图 9-83 所示。

㉕ 选中“视频 2”轨道上的“地球”素材，设置其“位置”为“355.0,200.0”，“缩放比例”为 160.0，为其添加“键控”组中的“亮度键”和“色彩校正”组中的“色彩平衡(HLS)”视频特效，在“特效控制台”面板中设置“色彩平衡(HLS)”下的“色相”为 0.0，“明度”为 3.0，“饱和度”为 52.0，设置及效果如图 9-84 所示。

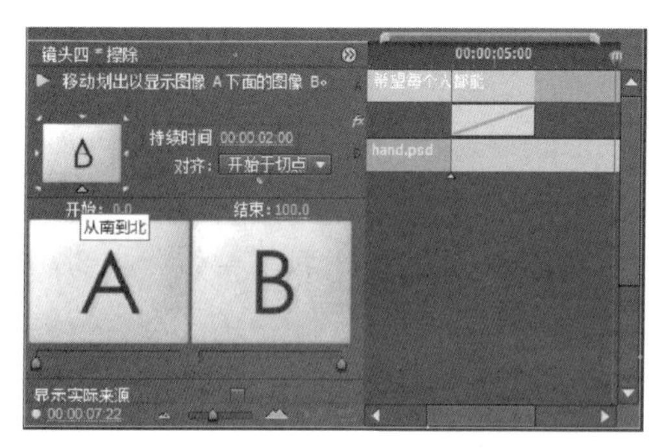

图 9-82　设置“擦除”转场

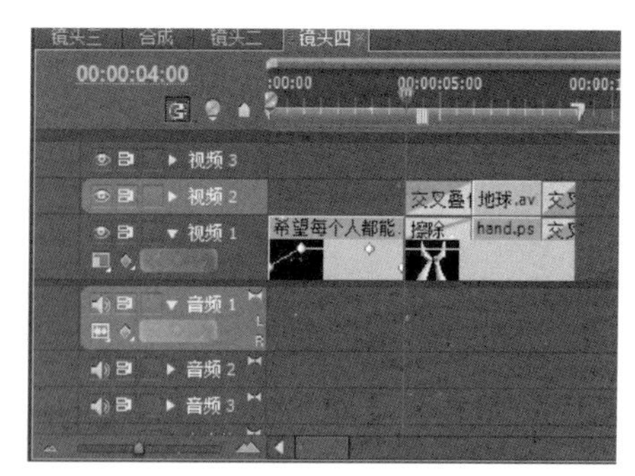

图 9-83　“镜头四”序列

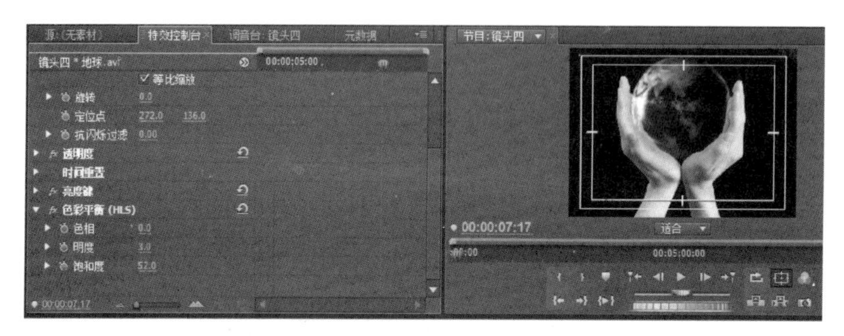

图 9-84　“地球”素材的设置及效果

㉖ 在“项目”面板上双击“合成”序列，将“音频”文件夹中的“music. mp3”拖放到“音频 1”轨道上，并将其锁定。依次将“镜头一”、“镜头二”、“镜头三”和“镜头四”拖放到“视频 1”轨道上，如图 9-85 所示。

图 9-85　组合音频和各序列

㉗ 单击“项目”面板底部的“新建分项→字幕”按钮，新建名为“取景框”的字幕，在“字幕工具”面板中选择“矩形工具”，在上、下部各绘制一个矩形。上部矩形的属性设置如图 9-86 所示，下部矩形的属性设置如图 9-87 所示。

㉘ 把“取景框”字幕拖放到“视频 2”轨道上，入点为 0 秒处，更改持续时间为 2 分 17 秒。将“音频 1”轨道解锁，把时间指针移动到 00:02:17:00 处，使用“剃刀工具”剪切“music. mp3”音频，删除后面的音频，为其出点处添加“恒定功率”的音频过渡效果。“合成”序列如图 9-88 所示。

㉙ 把时间指针移动到 00:01:20:00 处，将“地震”字幕拖放到“视频 3”轨道上，更

图 9-86　上部矩形的属性设置

图 9-87　下部矩形的属性设置

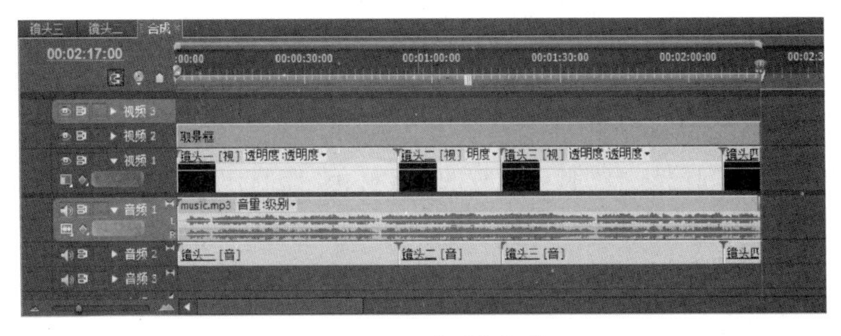

图 9-88　“合成”序列

改持续时间为 8 秒,为其入点和出点处添加“擦除”转场,并更改“擦除”转场的持续时间为 2 秒。将“洪水”字幕拖放到“地震”字幕后,更改持续时间为 12 秒,为其入点和出点处添加“擦除”转场,并更改“擦除”转场的持续时间为 2 秒。将“沙尘”字幕拖放到“洪水”字幕后,更改持续时间为 8 秒,为其入点和出点处添加“擦除”转场,并更改“擦除”转场的持续时间为 2 秒。将“干旱”字幕拖放到“沙尘”字幕后,更改持续时间为 8 秒,为其入点和出点处添加“擦除”转场,并更改“擦除”转场的持续时间为 2 秒。将“雪灾”字幕拖放到“干旱”字幕后,更改持续时间为 8 秒,为其入点和出点处添加“擦除”转场,并更改“擦除”转场的持续时间为 2 秒。将“气候变暖”字幕拖放到“雪灾”字幕后,为其入点和出点处添加“擦除”转场。将这几个字幕的“位置”均设置为“360.0,

530.0”。添加字幕后的“合成”序列如图 9-89 所示。

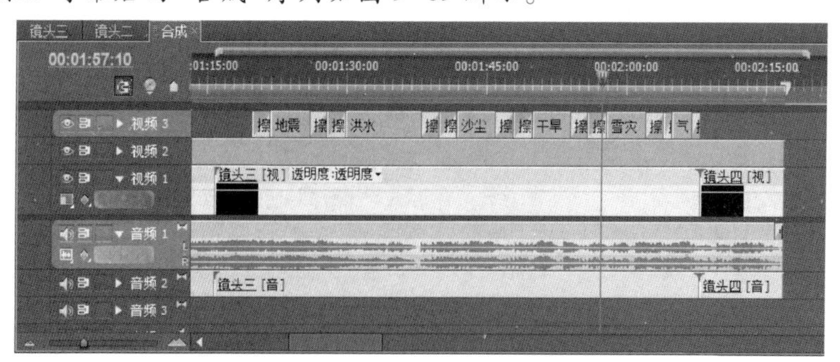

图 9-89　添加字幕后的“合成”序列

㉚ 按空格键观看效果。选择“项目→项目管理”菜单命令，打开“项目管理”对话框，指定项目路径，单击“确定”按钮，将项目及素材进行打包处理。

综合实训

1. 使用提供的图片、音频、视频、文本等素材，制作一段介绍“格莱美”奖获得者米兰达·兰伯特(Miranda Lambert)的短片。要求：字幕形式灵活多样，根据内容剪辑处理音频。

2. 上网搜集素材，综合运用所学的知识，为“时尚点击”电视栏目制作一段 15 ~ 20 秒的片头视频。

3. 搜集生活中和网络上“低碳生活”的素材，设计制作一个长度为 3 分钟左右的“低碳生活”公益广告。

4. 搜集生活中和网络上“失学儿童”的素材，设计制作一个长度为 2 分钟左右的“关爱失学儿童”公益广告。

5. 搜集生活中和网络上“职业规划”的素材，设计制作一个长度为 3 分钟左右的“做好职业规划，成就精彩人生”公益广告。

学习卡账号使用说明:

本书所附防伪标兼有学习卡功能,登录"http://sve.hep.com.cn"或"http://sv.hep.com.cn"进入高等教育出版社中职网站,可了解中职教学动态、教材信息等;按如下方法注册后,可进行网上学习及教学资源下载:

(1) 在中职网站首页选择相关专业课程教学资源网,点击后进入。

(2) 在专业课程教学资源网页面上"我的学习中心"中,使用个人邮箱注册账号,并完成注册验证。

(3) 注册成功后,邮箱地址即为登录账号。

学生:登录后点击"学生充值",用本书封底上的防伪明码和密码进行充值,可在一定时间内获得相应课程学习权限与积分。学生可上网学习、下载资源和提问等。

中职教师:通过收集5个防伪明码和密码,登录后点击"申请教师"→"升级成为中职计算机课程教师",填写相关信息,升级成为教师会员,可在一定时间内获得相关教学资源。

使用本学习卡账号如有任何问题,请发邮件至:"4a_admin_zz@pub.hep.cn"。